农业农村部农业农村资源农业信息化发展专项

中国农村信息化发展报告

（2019）

李道亮　主　编

机 械 工 业 出 版 社

本书客观、全面、系统地记录了2018—2019年我国农村信息化发展的进程，是一本关于我国农村信息化发展的蓝皮书。全书内容包括理论进展篇、基础建设篇、应用进展篇、地方建设篇、企业推进篇、科研创新篇、发展政策篇、专家视点篇、实践探索篇、大事记篇，共十篇二十七章。本书得到了农业农村部“农业农村信息化监测预警”项目和“农业农村大数据资源收集”项目的支持，凝聚了众多农村信息化领域领导、专家与科研人员的智慧和见解，有较高的参考价值。

本书可供从事农业农村信息化的管理人员和技术人员参考，也可供相关专业的在校师生和研究人员参考。

图书在版编目（CIP）数据

中国农村信息化发展报告．2019 / 李道亮主编．—北京：机械工业出版社，2020.6
ISBN 978-7-111-65632-6

Ⅰ．①中…　Ⅱ．①李…　Ⅲ．①信息技术－应用－农村－研究报告－中国－2019
Ⅳ．① S126

中国版本图书馆 CIP 数据核字（2020）第 084450 号

机械工业出版社（北京市百万庄大街 22 号　邮政编码 100037）
策划编辑：陈保华　　　　责任编辑：陈保华　王永新
责任校对：王　欣　陈　越　封面设计：马精明
责任印制：常天培
北京虎彩文化传播有限公司印刷
2020 年 6 月第 1 版第 1 次印刷
184mm × 260mm · 13.75 印张 · 322 千字
标准书号：ISBN 978-7-111-65632-6
定价：129.00 元

电话服务　　　　　　　　　网络服务
客服电话：010-88361066　　机　工　官　网：www.cmpbook.com
　　　　　010-88379833　　机　工　官　博：weibo.com/cmp1952
　　　　　010-68326294　　金　　书　　网：www.golden-book.com

机工教育服务网：www.cmpedu.com

编　委　会

Preface 前言

2007年，我们主编的《中国农村信息化发展报告（2007）》，作为我国农村信息化发展的第一本蓝皮书出版；2019年，该报告已经走过了13个年头，一直忠实地记录着我国农村信息化发展的全貌。13年来，我们严格按照三个基本定位记录该年度农村信息化总体进展、发展特色和重大事件，第一个基本定位是要客观、全面、系统地记录我国农村信息化事业的年度进展；第二个基本定位是要总结实践、凝练提升、丰富和完善农村信息化的理论体系；第三个基本定位是要洞察新动向、提炼新模式、总结新观点、发现新探索、阐明新政策，以期对全国农村信息化发展有指导作用。本书也秉承这三个基本定位展开。

2018年9月，中共中央、国务院印发《乡村振兴战略规划（2018—2022年）》，提出要提升农业装备和信息化水平。要推进我国农机装备和农业机械化转型升级，加快高端农机装备和丘陵山区、果菜茶生产、畜禽水产养殖等农机装备的生产研发、推广应用，提升渔业船舶装备水平。要促进农机农艺融合，积极推进作物品种、栽培技术和机械装备集成配套，加快主要作物生产全程机械化，提高农机装备智能化水平。要加强农业信息化建设，积极推进信息进村入户，鼓励互联网企业建立产销衔接的农业服务平台，加强农业信息监测预警和发布，提高农业综合信息服务水平。要大力发展数字农业，实施智慧农业工程和“互联网＋”现代农业行动，鼓励对农业生产进行数字化改造，加强农业遥感、物联网应用，提高农业精准化水平。要发展智慧气象，提升气象为农服务能力。

2019年1月，《中共中央 国务院关于坚持农业农村优先发展做好“三农”工作的若干意见》发布，这是新世纪以来第16个聚焦“三农”的一号文件。文件提出实施数字乡村战略，深入推进“互联网＋农业”，扩大农业物联网示范应用。要推进重要农产品全产业链大数据建设，加强国家数字农业农村系统建设。要继续开展电子商务进农村综合示范，实施“互联网＋”农产品出村进城工程。要全面推进信息进村入户，依托“互联网＋”推动公共服务向农村延伸。

2019年2月，《中央农村工作领导小组办公室 农业农村部关于做好2019年农业农村工作的实施意见》发布，提出实施数字乡村战略，印发实施国家数字农业农村发展规划，加强农村网络宽带设施和农业农村基础数据资源体系建设。要推动农业农村大数据平台和重要农产品全产业链大数据中心建设，扩大农业物联网示范应用。要深入实施信息进村入户工程，加快益农信息社建设，健全完善市场化运营机制，2019年底覆盖50%以上的行政村。要组织实施“互联网＋”农产品出村进城工程，推进优质特色农产品网络销售。要继续做好农民手机应用培训。

2019年5月，中共中央办公厅、国务院办公厅印发《数字乡村发展战略纲要》，明确分四个阶段实施数字乡村战略，部署加快乡村信息基础设施建设、发展农村数字经济、建设智慧绿色乡村等十项重点任务。要通过“填鸿沟”“补短板”“促融合”等一系列措施，充分挖掘信息化在乡村振兴中的巨大潜力，让信息技术连接“三农”，为农业全面升级、农村全面进步、农民全面发展提供新动能。

基于上述分析，本书客观、全面、系统地记录了2018—2019年我国农村信息化发展进程。本书的内容框架主要包括理论进展篇、基础建设篇、应用进展篇、地方建设篇、企业推进篇、科研创新篇、发展政策篇、专家视点篇、实践探索篇、大事记篇，共十篇二十七章。

理论进展篇：从智慧农业的概念和内涵、智慧农业的主要特征、国内外智慧农业发展现状、智慧农业发展典型案例及做法、智慧农业未来发展的五大方向、我国智慧农业发展存在的问题、促进我国智慧农业发展的对策建议等方面进行梳理，提出发展智慧农业是目前农业发展势不可挡的明智选择。

基础建设篇：主要从农村广播、电视网和农村固定电话、移动电话及农村互联网接入三个方面，系统介绍了我国农村信息化基础建设的主要进展，以期对我国农村信息化基础设施建设情况有一个总体的认识。

应用进展篇：主要包括农业生产信息化（设施园艺、果园种植、大田种植、畜牧业、渔业）、农业经营信息化（龙头企业、农民专业合作社、农产品电子商务）、农业管理信息化（农业行业管理、农业产业管理、农村社会管理）、农村信息服务四个部分，对我国农村信息化发展在各个领域的情况进行了介绍，以期让读者对信息技术在农业方面的应用进展有一个全面的了解。

地方建设篇：选择农村信息化建设成绩突出、特色突出、代表性强的北京、广东、贵州、江苏、辽宁、山东、浙江、重庆 8 个省（市），基于这 8 个地方农业农村部门公开发表的相关资料，总结整理了这些地方推进农村信息化建设的发展情况、创新模式以及主要成效，以期为全国各地开展农村信息化建设提供借鉴。

企业推进篇：企业是应用和创新的主体，一大批企业积极推进物联网、移动互联、云计算、大数据等现代信息技术在生产、经营、管理及服务等领域的应用和创新，促进了农村信息化的健康稳定快速发展。主要介绍了农村信息化贡献突出、农村信息化工作扎实、积极性高的农信互联、派得伟业、朗坤物联网等农业信息化企业在推进农业农村信息化方面所做出的探索。

科研创新篇：科研单位为农业现代化和新农村建设提供有力的技术支撑，主要选取了国家农业信息化工程技术研究中心、国家数字渔业创新中心为代表，介绍了科研创新单位的概况与机构设置以及在 2018—2019 年的主要工作和科研成果。

发展政策篇：系统梳理了 2018—2019 年我国农业农村信息化领域出台的相关政策法规，以期读者对我国农业农村信息化的政策法规有一个了解。

专家视点篇：阐述了 2018—2019 年农业农村部领导与知名农业农村信息化专家对农业信息化的认识，重点介绍了如何准确把握农业信息化发展面临的形势和任务，认清农业信息化发展存在的问题和困难，扎实推进农业信息化的各项工作。

实践探索篇：介绍了农业农村部深入推进信息进村入户工程、加快推进农业电子商务发展、加快推进数字农业农村建设、深入开展农民手机应用技能培训、持续推进“互联网+”现代农业、夯实网络安全基础、加强经验总结和宣传等实践工作取得的显著成效。

大事记篇：梳理了 2018—2019 年我国农业农村信息化建设中的重大事件，以期读者对我国举办的农村信息化活动有一个了解。

《中国农村信息化发展报告》（以下简称《报告》）的编写是一个庞大的、需要各位同行共同参与的繁重工作，热切盼望各位同行加入《报告》的编写中来，群策群力。让我们联起手来，共同推进我们所热爱的农业农村信息化事业，为通过信息技术推动现代农业发展、促进社会主义新农村建设、培养和造福社会主义新农民而共同努力！

本书凝聚了很多农村信息化领域科研人员的智慧和见解，首先要感谢我的导师中国农业大学傅泽田教授，他多年来对我在系统思维、科研教学、为人处世方面的教诲和指导让我受益良多。感谢国家农村信息化工程技术研究中心赵春江院士、上海交通大学刘成良教授、浙江大学何勇教授和中国农业科学院许世卫研究员，他们多年来兄长般的关心与支持使我和我的团队不断进步。感谢国家农村信息化指导组王安耕、梅方权、汪懋华、孙九林等老专家对我的关爱和一贯的支持，也感谢王文生、王儒敬等专家在历次农业农村信息化建设工作中给予的支持和帮助。感谢联合国粮食及农业组织总干事屈冬玉，农业农村部于康震副部长，中国农业科学院张合成书记，农业农村部市场信息司唐珂司长、陈萍副司长、宋丹阳副司长与信息化推进处张天翊处长、王耀宗副处长、监测统计处王松处长、邓飞副处长、综合处宋代强处长，农业农村部信息中心王小兵主任、杜维成副主任、刘桂才副主任、张国副主任，在农业农村部物联网区域试验示范工程、农业信息化评价、信息进村入户工程、公益性行业（农业）科研专项等农业信息化工作与项目实施过程中给予的指导和帮助。

同时，本书的出版得到了农业农村部“农业农村信息化监测预警”项目和“农业农村大数据资源收集”项目的支持，在这里表示衷心的感谢。

本书由李道亮提出总体框架，具体分工如下：前言（李道亮），总报告（李道亮、刘利永、张彦军、沈立宏），理论进展篇（李道亮、刘利永、张彦军），基础建设篇（袁晓庆），应用进展篇（贺冬仙、孟志军、孙龙清、王朝元、位耀光、尹国伟、夏雪），地方建设篇 [北京、广东、贵州、江苏、辽宁、山东、浙江、重庆8省（市）农业农村厅信息化处室公开发表的文献资料]，企业推进篇（于莹、吴建伟、刘晓飞），科研创新篇（李奇峰、王亮），发展政策篇（张盼），专家观点篇（农业农村部相关领导与国内知名农村信息化专家公开发表的报告及观点），实践探索篇（张盼），大事记篇（张盼）。在编写过程中，书稿中的每个部分都经过编者多次讨论，最后由李道亮、沈立宏、孙龙清进行统稿。

由于时间仓促，编者水平有限，书中肯定有不足或不妥之处，诚恳希望同行和读者批评指正，以便我们今后改正、完善和提高。农业农村信息化事业前景辉煌，方兴未艾，它是我们大家的事业，需要大家共同参与，再次欢迎各位同行加入到《报告》的撰写中，让我们共同推进我国农村信息化不断向前发展，为实现我国农业农村信息化贡献我们的力量。

作者联系方式如下：

地址：北京市海淀区清华东路 17 号中国农业大学 121 信箱
邮编：100083
电话：010-62737679
传真：010-62737741
Email：dliangl@cau.edu.cn

李道亮

2020 年 3 月 29 日

目录 Contents

总报告

2018年，《中共中央 国务院关于实施乡村振兴战略的意见》和《乡村振兴战略规划（2018—2022年）》相继提出，要大力发展数字农业，实施数字乡村战略。2019年，《数字乡村发展战略纲要》提出，要将数字乡村作为数字中国建设的重要方面，加快信息化发展，整体带动和提升农业农村现代化发展。同时，新一代信息技术创新空前活跃，不断催生新产品、新模式、新业态，推动全球经济格局和产业形态深度变革。

第一节　农村信息化发展现状

一、农村信息化基础设施建设不断夯实

信息化基础设施建设，是农村信息化建设最基本的内容和环节，是推进农村信息化建设有序进行的前提条件，是农村信息化服务和信息技术应用的物质支撑。农村信息化基础设施对于支撑农村信息资源的有效开发利用，提高农业生产效益和农民生活质量，促进农村经济社会发展，缩小城乡发展差距具有十分重要的意义。《"十三五"全国农业农村信息化发展规划》强调推进信息化与农业全面深度融合，信息化成为创新驱动农业现代化发展的先导力量。

（一）乡村网络基础设施水平不断提升

基础设施共建共享得到持续加强，农村宽带通信网、移动互联网、数字电视网和下一代互联网发展明显加快。通过进一步开展实施电信普遍服务补偿试点工作，促进农村地区宽带网络发展，显著提高农村互联网普及率。同时完成推进农村地区广播电视基础设施建设和升级改造。在乡村基础设施建设中同步做好网络安全工作，依法打击破坏电信基础设施、生产销售使用"伪基站"设备和电信网络诈骗等违法犯罪行为。2014—2018年中国农村网民规模及普及率统计见图0-1，2014—2018年中国贫困村宽带用户数统计见图0-2。截至2018年年底，我国农村互联网普及率达38.4%，比2017年年底提升了3%。我国行政村通光纤比例已从电信普遍服务试点前的不到70%提升至96%，行政村4G网络覆盖率达95%，贫困村通宽带比例提升至97%，固定宽带用户数增至4522.9万户，移动宽带用户数增至16854.6万户，已提前实现国家"十三五"规划纲要提出的宽带网络覆盖90%以上贫困村的目标。此外，农户所在自然村电话普及率达99.7%，农户所在自然村有线电视信号普及率达98.1%，农户所在自然村宽带覆盖率已达到95.7%。农村网民数量逐年增加，极大提升了我国农村及偏远地区宽带网络基础设施能力，为乡村振兴和打赢脱贫攻坚战提供

了坚实的网络保障。

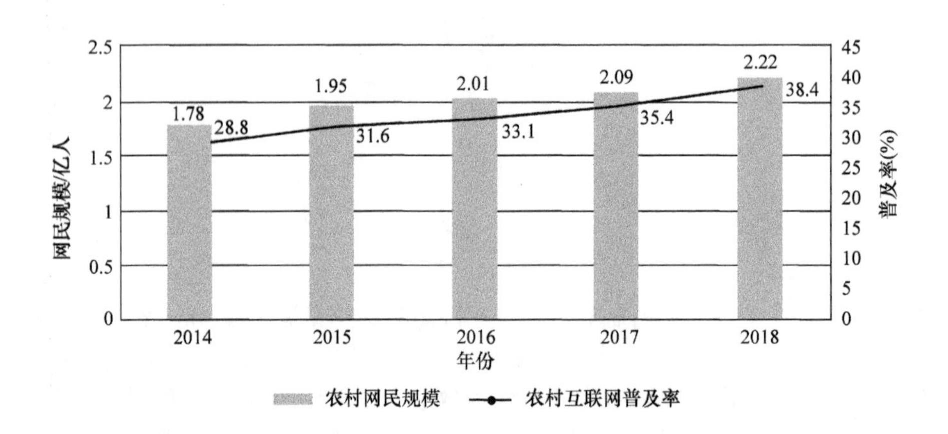

图 0-1　2014—2018 年中国农村网民规模及普及率统计

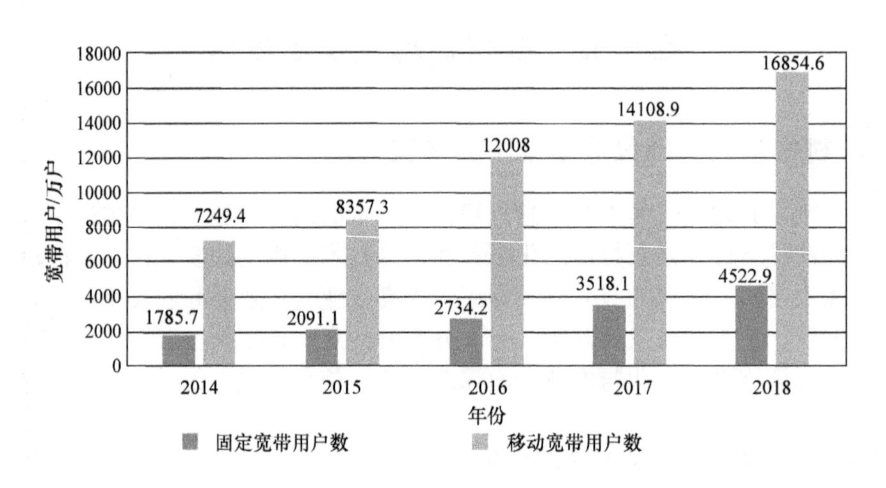

图 0-2　2014—2018 年中国贫困村宽带用户数统计

（二）支撑数字乡村建设的基础设施加速推进

通过加快推动农村地区水利、公路、电力、冷链物流等基础设施的建设及普及，加速了水利、交通、电网、物流等的数字化、智能化进程。在各方面共同努力下，近年来我国农业和农村基础设施建设明显加快，为农业和农村持续发展奠定了坚实基础。

1. 农业水利方面

水利部印发《水利网信水平提升三年行动方案（2019—2021 年）》，明确水利网信提档升级时间表、路线图和主要任务，为今后水利网信规划、设计、建设和应用奠定了坚实基础。截至 2018 年年底，全国落实水利建设投资 6873 亿元，投资结构显著优化，重大水利工程、灾后水利薄弱环节建设、农村饮水安全等重点投入力度持续加大。172 项节水供水重大水利工程累计开工 133 项，在建投资规模达 1 万亿元。

2. 农村公路方面

推进农村公路改造及路面硬化工作，解决农村群众出行问题。2016—2018 年，全国新改建农村公路 90.67 万公里，完成 3.2 万个行政村通硬化路建设。截至 2018 年年底，全国农村公路（含县道、乡道、村道）里程 404 万公里。通公路的乡（镇）占全国乡（镇）总数的 99.99%，其中通硬化路面的乡（镇）占全国乡（镇）总数的 99.60%，行政村通公路比例达 99.44%，全国乡（镇）、行政村通客车率超过 99% 和 97%。预计于 2019 年年底实现全国具备条件的乡（镇）和行政村 100% 通硬化路。

3. 农村邮政方面

统筹优化农村投递网络、路线及人员，增设投递道段 3042 条，增配投递车辆 3159 辆，增加乡邮员 5697 人，投入约 9.5 亿元，全国 55 万多个行政村村民足不出村就可以收到邮件包裹，邮政普遍服务均等化水平得到明显提升。升级改造西部和农村邮政普遍服务基础设施，2019 年总投资 3.57 亿元，改造邮政网点和县级邮政企业用房 382 处。通过整合资源，打造乡村综合服务平台，满足人民群众多种生产生活需求。

二、农业农村信息服务体系不断完善

（一）扩大互联网平台农业信息供给

涉农网站数量稳定，质量不断提升，服务形式不断发展。农业农村部新版门户网站上线运行，成为服务农民最有权威性、最受欢迎的农业综合门户网站。网站及时准确发布政策法规、行业动态、农业科教、市场价格、农资监管、质量安全等信息，日均点击量超 300 万次，全国信息联播栏目年点击量超 3 亿次。

（二）深入实施信息进村入户工程

农业农村部深入实施信息进村入户工程，在 18 个省份开展整省推进示范，推进资源聚合和机制创新，完善农业信息服务体系。普通农户不出村、新型农业经营主体不出户就可享受便捷高效的信息服务。截至 2019 年 8 月，全国建成村级益农信息社 29 万个，累计培训村级信息员 62.5 万人次，为农民和新型农业经营主体提供公益服务 7112 万人次，开展便民服务 2.22 亿人次，实现电子商务交易额 178 亿元。

（三）提升农业农村气象信息服务

农村气象信息服务站、气象信息员构成的农村气象信息服务体系，为农事活动、农情预测提供重要天气信息，并已成为基层防灾减灾救灾的中坚力量。截至 2018 年年底，全国建成乡镇气象信息服务站 7.8 万个，乡镇覆盖率达 93.6%，气象信息员 70.8 万名，行政村覆盖率达 99.7%。突发事件预警发布时效缩短到 5~8 分钟，面向公众的预警信息覆盖率达 86.4%。

（四）创新移动端农业农村信息服务

开发适应“三农”特点的信息平台与移动互联网应用程序（App），创新农业农村信息服务方式。2018 年，全国农民手机应用技能培训平台上线运行，农业农村部组织编写了《手机助农营销实用手册》，向社会推出文化教育类、资讯传播类、生活服务类、助力生产类、促销类五类易于操作的惠农 App。农业农村部行政审批手机客户端“益农 e 审”App 上线，与农业农村部行政审批综合办公系统等业务办理系统无缝对接，切实让“信息多跑路、群众少跑腿”。

三、农村信息化实践初见成效

（一）农业生产信息化

伴随着“互联网 +”在农业领域的应用，智能农业时代已经悄然来临。我国努力建立多条农业高速公路——农业物联网平台——通过网络将各种传感设备、控制设备和执行机构连接起来，运用地面观测、传感器、遥感和地理信息技术等，加强农业生产环境、生产设施和动植物本体感知数据的采集、汇聚和关联分析，完善农业生产进度智能监测体系，加强农情、植保、耕肥、农药、饲料、疫苗、农机作业等相关数据实时监测与分析，提高农业生产管理、指挥调度等数据支撑能力。推进物联网技术在种植、畜牧和渔业生产中的应用，形成农业物联网大数据，真正实现生产智能化。

1. 种植业信息化

（1）构建种植业农情监测体系。整合优化农情调度系统，形成全国统一的农情信息调度平台。健全会商机制，建设省级农情调度远程视频会商系统。开发数据分析功能，提高了田间定点数据自动化比对分析水平。扩展经济作物监测信息系统，完善蔬菜生产信息监测系统、花卉产业综合统计系统，实现网上填报全覆盖。实施园艺作物数字农业试点，2018 年试点总数达 16 个，覆盖全国 12 个省（区、市），在重点县采集跟踪 30 种蔬菜 42 个产品的生产信息。

（2）丰富种植业技术指导服务。科学施肥信息服务成效明显，测土配方施肥补贴项目自启动实施以来，积累了大量数据和信息，建立了县域科学施肥专家咨询系统，依托信息化手段提升了测土配方施肥技术的入户率。优化绿色高质高效行动平台设计，收录粮油作物生产技术应用情况，开展横向关联、纵向比较，为绿色高质高效技术推广提供重要支撑。升级全国农作物重大病虫害监测预警信息系统，完善物联网监测设备和数据的接入功能。

（3）上线种植业行政管理服务平台。上线中国农药数字监督管理平台，初步建立全国农药质量追溯体系，实现“一瓶一码”可追溯。平台已归集农药生产许可证 901 个，经营许可证 19 万个，生成追溯码约 38 亿条。开发农资进销存管理系统，建立电子台账，14 万家单位注册安装农资进销存管理系统。肥料登记审批系统持续完善，实现肥料登记全程网上审批和信息公开，向社会公众开放查询和监督功能。

2. 畜牧业信息化

（1）创新畜禽养殖精准管理模式。研究编制“畜牧业生产经营单位信息代码”，赋予每个经营单位唯一“身份证号”，完成了畜牧业信息系统整合和数据共享。持续推进“畜禽规模养殖信息服务云平台”和“数字奶业信息服务云平台”建设，信息服务延伸至养殖场户，实现鲜乳收购站监管监测一体化。完善升级草原生态保护补助奖励机制管理信息系统，项目管理细化到户。开发“粮改饲”试点项目管理系统，实现项目动态管理。

（2）大力推进兽药“二维码”追溯管理。基本实现兽药生产企业和兽药产品入网全覆盖。在全国范围内开展兽药经营环节追溯试点，完善升级“国家兽药查询”手机客户端，查询效率大幅提升。

（3）完善动物标识及疫病可追溯体系。研究编制《动物标识及动物产品追溯系统数据对接规则》，加强对各省数据中心技术支撑。开发追溯系统企业端数据同步、SIM 卡管理、二维码耳标管理等生产控制模块，进一步完善追溯系统功能。

3. 渔业信息化

（1）实施渔业资源环境动态监测。建立健全海洋遥感立体观测体系与卫星应用体系，遥感卫星技术在基础地理信息地图绘制、鱼类资源及关键栖息地监测与保护、水生生态环境监测、渔业资源分析与评估、近海与内陆养殖水域空间分布监测与规划、近海与内陆养殖区域生态灾害遥感监测与预警、渔情渔场分布预测预报等资源环境监测方面作用显著。

（2）探索渔业装备数字化技术应用。水产养殖装备工程化、技术精准化、生产集约化和管理智能化水平大大提高。数字化技术逐步应用于水体环境实时监控、饵料自动投喂、水产类病害监测预警、循环水装备控制、网箱升降控制等领域。沿海 11 省和大连、青岛、宁波、厦门 4 个计划单列市完成海洋渔船通导与安全装备升级改造 89654 台（套），建设数字渔业岸台基站 147 座，开发海洋渔船动态监控管理系统，确保海洋渔船“看得见”“联得上”“管得住”。

（3）完善国家水产种质资源平台。根据水产种质资源生态分布特点，按照各海区和内陆主要流域建立两级平台运行体系。平台包含 129 个数据库，标准化记录了 3.5 万条资源信息，鱼类图像识别、鱼病诊断准确率等方面的研究取得积极进展。

（二）农业经营网络化

（1）建立健全政策体系。于 2019 年 1 月 1 日实施的《中华人民共和国电子商务法》，搭建了电子商务的法律框架，同时以法律条文明确“ 国家促进农业生产、加工、流通等环节的互联网技术应用，鼓励各类社会资源加强合作，促进农村电子商务发展，发挥电子商务在精准扶贫中的作用。”2015 年，国务院出台的《关于大力发展电子商务加快培育经济新动力的意见》（国发〔2015〕24 号）和国务院办公厅发布的《关于促进农村电子商务加快发展的指导意见》（国办发〔2015〕78 号），对发展农村电商做出了总体布局。商务部等 19 部门于 2015 年印发的《关于加快发展农村电子商务的意见》提出了 4 个方面 15 项重要任务。按照 2018 年 6 月 27 日国务院常务会议部署和 2019 年中央一号文件要求，农业农村部牵头谋划实施“互联网 +”农产品出村进城工程。

（2）完善农村电商物流体系。农村物流基础设施逐渐完善，电商生态体系逐步建立，新业态、新模式不断涌现。2018 年，全国农村电商超过 980 万家，累计建设县级电子商务服务中心和县级物流配送中心 1000 多个，乡村服务站 8 万多个，快递网点已覆盖超过 3 万个乡镇，乡镇覆盖率达 96.36%，形成了覆盖县、乡、村的三级物流配送体系。大力推动村级邮政电商服务站点建设。2019 年前三季度全国新增“邮乐购”站点 2.5 万个，累计建设数量超过 53 万个，搭建起“工业品下乡”与“农产品进城”双向渠道。

（3）推动农产品产销对接。把电商企业作为产销对接的重要手段，充分发挥农业农村部门牵线搭桥的作用，积极引导农产品上线销售，组织开展苹果电商销售月行动、贵州剑河土鸡促销等系列专题活动以及农特产品专场对接活动。在 2018 年中国农民丰收节举办“庆丰收全民购物节”活动，期间各大电商平台农产品销售额超过 200 亿元。在 2019 年中国农民丰收节举办“庆丰收消费季”活动，期间各大电商平台农产品销售额超过 300 亿元。

（4）农村电商快速发展。开展电子商务进农村综合示范，截至 2018 年年底，综合示范县总数达到 1016 个，覆盖国家级贫困县 737 个，占国家级贫困县总数的 88.6%。2018 年全国农村网络零售额达 1.37 万亿元，同比增长 30.4%，全国农产品网络零售额达 2305 亿元，同比增长 33.8%，县域农产品、农产品加工品及农业生产资料网络零售额达4018亿元，继续保持高速增长。农产品电商的产业链条向上下游延伸，与生产、加工、流通的各环节合作，倒逼生产的标准化、规模化、品牌化，提升产品品质，降低生产成本，确保产品稳定供应。农村电商呈现多层次特征，针对不同细分领域进行错位竞争，内容电商、专业电商发展迅速，以移动社交为中心的社交电商模式正在成为新增量市场。

（三）农业服务在线化

（1）完善农村公共数字文化服务。依托公共数字文化工程，初步建成覆盖城乡的公共数字文化服务网络，截至2018年年底，全国共建成2843个数字文化服务县级支中心，32179个乡镇基层服务点，32719个乡镇公共电子阅览室，在乡镇以下的草原牧场、边防哨所、边境口岸、边贸集市、贫困村等地建设了14136个数字文化驿站。

（2）推进乡村优秀文化资源数字化。丰富文化艺术、惠农服务、生活服务等领域的数字文化资源，满足各地文化特色和基层群众基本文化需求，丰富基层数字文化资源内容。运用数字化手段，记录和保存了一批国家级非遗文化项目。各省市文物部门积极推进名镇、名村及传统村落文物资源数字化，建立数字文物资源信息库，加强农村优秀传统文化保护与传承，已完成76.7万处不可移动文物和1.08亿件（套）可移动文物信息数据采集，实现乡村文物资源数字化全覆盖。

（3）搭建"全国农业科教云平台"。运用现代信息技术，聚集各类农业农村科技教育资源，上线运行"全国农业科教云平台"。截至2019年6月，云平台注册用户数已达425万，其中农业专家和农技人员35万人，农民用户390万人，上线精品课程4600多门，"农科讲堂"专家讲座视频80个，累计在线解答农民问题2550万条，发布有效服务日志700余万条、有效农情100余万条。

（4）加快补齐农村教育资源短板。加快实施学校联网攻坚行动，通过光纤、宽带卫星等接入方式，进一步推动了农村中小学互联网应用的普及，基本实现乡村小规模学校和乡镇寄宿制学校宽带网络全覆盖。通过发展"互联网+教育"，有效促进了城市优质教育资源与乡村学校对接，帮助乡村学校开足开好开齐国家课程。

四、农村信息化人才培养持续发力

农业农村部高度重视农业农村信息化人才培训，不断提升新型职业农民运用电子商务等信息化能力，并在农村实用人才带头人和大学生村官示范培训等专门项目中增加信息化课程，每年培训近2万人。2018年，农业农村部举办了5期农业农村电子商务专题培训班，来自20个省份的新型农业经营主体负责人、益农信息社信息员、返乡下乡创业人员等共531名学员参加了培训。农业农村部开展农民手机应用技能培训，每年组织各地农业农村部门和有关企业，通过线上线下相结合的培训方式，培训广大农民运用手机查询信息、网络营销、获取服务。2018年，农民手机培训受众人次超过1000万。

第二节　农村信息化面临的形势

一、发展机遇

党中央、国务院高度重视数字农业农村建设，做出实施大数据战略和数字乡村战略，大力推进“互联网+”现代农业等一系列重大部署安排。各地区、各部门认真贯彻落实，大力推进数字技术在农业农村的应用，取得明显成效。

数字技术与农业农村加速融合，智能感知、智能分析、智能控制等数字技术加快向农业农村渗透。农产品电子商务蓬勃发展，2018年全国农产品网络零售额5542亿元，占农产品交易总额的9.8%。农村信息化基础设施不断完善，全国行政村通光纤和通4G比例均超过98%，提前实现国家“十三五”规划纲要目标，贫困村通宽带比例超过97%。政策支持体系初步建立，农业农村部印发实施《“十三五”全国农业农村信息化发展规划》《“互联网+”现代农业三年行动实施方案》《关于推进农业农村大数据发展的实施意见》等文件，初步构建了数字农业农村建设的政策体系，为发展数字农业农村提供了有力的政策保障。信息化与新型工业化、城镇化和农业农村现代化同步发展，城乡数字鸿沟加快弥合，数字技术的普惠效应有效释放，为数字农业农村发展提供了强大动力。我国农业进入高质量发展新阶段，农业供给侧结构性调整，乡村振兴战略深入实施，为农业农村生产经营、管理服务数字化提供广阔的空间。

二、主要挑战

（一）农业信息化基础设施薄弱

近年来，我国加大贫困地区、边远山区脱贫攻坚投入，农村信息化建设短板明显改善，但和城市相比仍有不小差距，县、乡、村信息化基础设施建设相对薄弱，特别是中西部地区的农村信息化基础设施建设十分落后。农村信息网络和传播体系不完善，信息技术的研发费用短缺，信息服务业落后，互联网使用率低下。

（二）信息化资源利用率低

信息资源的管理机制不健全，各部门之间的信息交流和共享较少，农业信息数据库的建设处于初级层次。不重视对农业信息资源的开发，农业信息的利用效率低。农业信息的收集、整理、分析和应用没有形成相应市场系统，尤其是广大的农村地区没有建立完善的信息产品市场，农民的信息来源单一，获取的农业信息不足。

（三）信息化平台服务意识薄弱

农业网站对用户的需求分析不足，表现为农业网站的信息资源在数量和质量方面均难如人意。信息化平台展示的内容类型单一，个性化不足，服务效果差。

信息化平台在用户细分程度上仍然存在较大不足，具体体现在用户类型识别不明确、用户需求不明确、信息与信息服务的针对性差等方面。大部分用户需要通过较长时间过滤与筛选信息，因而信息获取效率较低，客户需求整体满意程度较低。距我国农业网站服务在线化、生产智能化、管理数字化、经营网络化的要求，尚有较大距离。

（四）专业的农业信息化人才匮乏

我国农民文化素质偏低，不少农民信息意识淡薄，信息资源利用的积极性不高，缺乏有效利用信息技术的知识和能力，使农业信息传播效率不高，农业生产的盲目性较大。以农村电商为例，调研中受访农村电商企业经营者中高中（中专）文化程度以下的占43.1%，高学历经营者较少，整体学历层次不高。

第三节 对策及建议

一、加强信息化基础设施建设

进一步增加资金投入，切实加大农村信息化基础设施建设力度，大力推进数字技术与农业农村的深度融合。政府要发挥主导作用，培育新的投资主体，吸引社会力量介入，扩大宽带网络在农村地区的覆盖，重点扶持老、少、边、穷地区宽带接入网络建设，改善贫困地区学校的宽带网络接入条件，加快完善农村的互联网基础体系；通过多种途径加快消除农村广电和电信网络死角，提高农村宽带覆盖率，逐步实现无线宽带覆盖，并努力实现无线宽带的免费使用，实现城乡信息基础设施和服务的均等化。

二、大力培养信息化专业人才

信息化人才是农村信息化建设的保障，要推动农村信息化建设，人才培养是根本。加强数字农业农村业务培训，开展数字农业农村领域人才下乡活动，普及数字农业农村相关知识，提高“三农”干部、新型经营主体、高素质农民的数字技术应用和管理水平。在对农民进行基础性培训的基础上，进一步加强对农业信息化专业人才的培训，逐步建立一支专业技术和分析应用相结合、精干高效的农业农村信息专业队伍。成立专门的农村信息化建设技术服务团队，从新型农业经营主体和益农信息社入手，培养一批有先进理念、有经营头脑、掌握一定农业技术的农民作为农民信息员，推进农业农村信息化的顺利开展。

三、加快构建综合信息服务平台

在我国加快推进农业农村信息化的背景下，综合信息服务平台将迎来一个新的发展机遇期，并将最终成为促进我国现代农业发展的重要内容和积极因素。信息进村入户工程整省推进示范地区要通过行政、技术、市场等手段，探索农村地区公共服务资源接入方式，推动服务资源的数据化和在线化，创新服务资源融合共享机制。以国家信息进村入户公益平台为基础，逐步整合现有各类农业信息服务系统。加强 12316 公益服务能力建设，加大涉农部门信息资源和服务资源整合力度，加快公共服务体系与基层农业服务体系融合，为农技推广、农产品质量安全监管、农机作业调度、动植物疫病防控、测土配方施肥、农村“三资”管理、政策法律咨询等业务体系提供服务农民的信息通道、沟通手段和管理平台。引导气象、交通、教育、文化、科技、医疗、就业、银行、保险、电信、邮政、供销等涉农资源信息接入，有效对接全国党员干部现代远程教育网络、农村社区公共服务设施和综合信息平台，推动涉农服务事项一窗口办理、一站式服务。

四、大力发展农业农村电子商务

农业农村电子商务是转变农业发展方式的重要手段，是精准扶贫的重要载体。加快发展以农产品、农业生产资料、休闲农业等为主要内容的农业农村电子商务，对于创新农产品流通方式、促进农民收入特别是贫困地区农民收入较快增长、全面建成小康社会具有重要意义。

把农产品电子商务作为发展农业农村电子商务的重要内容，推动农产品电子商务提档升级，大力发展内容电商、品质电商、社交电商、视频电商。推动农业农村电子商务成为农民增收致富的重要渠道。在基础设施方面，要以加强产地基础设施建设作为突破口，突破“网”“端”“流”的限制，打通“最初一公里”。加强“网”的建设，推进农村网络基础设施建设，提高网络覆盖率，降低使用费用，为农产品上行创造基础网络条件。加强“端”的建设，加快推进分等分级、包装、初加工等设施设备向前端布局，提升产地农产品商品化处理和加工能力。加强“流”的建设，完善全程冷链物流体系，扩大产地冷链的覆盖范围，让优质农产品能够安全送到消费者手中。

理论进展篇

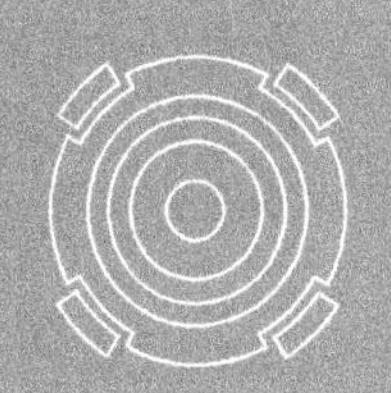

第一章 1

国内外智慧农业发展特征、典型案例及趋势分析

人类社会经历了农业革命、工业革命，正在经历智能革命。农业智能革命的核心要素是信息、装备和智能，其表现形态就是智慧农业（Smart Agriculture）。当前，智慧农业在我国农业发展中成为潮流，并在国外现代化农业中普遍实施。传统的农业耕作模式已经不能满足信息化时代的要求，环境恶化、产品质量问题突出、市场产品单一和农业资源不足等诸多问题，滞留了农业发展的步伐。因此，发展智慧农业是目前农业发展的明智选择。

一、智慧农业的概念和内涵

（一）基本概念

智慧农业是以信息和知识为核心要素，通过将互联网、物联网、大数据、云计算、人工智能等现代信息技术与农业深度融合，实现农业信息感知、定量决策、智能控制、精准投入、个性化服务的全新的农业生产方式，是农业信息化发展从数字化到网络化再到智能化的高级阶段。

（二）内涵

智慧农业是在现代信息技术革命中探索出来的农业现代化发展的新模式，是集集约化生产、智能化远程控制、精细化调节、科学化管理、数据化分析和扁平化经营于一体的农业发展高级阶段。

智慧农业产业链是现代信息技术与农业生产、经营、管理和服务全产业链的“生态融合”和“基因重组”，可以彻底升级传统的农业全产业链，提高效率，改变产业结构。

智慧农业以智慧农业生产为核心，智慧农业产业链为其提供信息化服务支撑。智慧农业产业链中的营销、物流、消费构成智慧农业生产的可靠信息支撑网络，引导农业生产信息化决策、高效化生产、差异化服务。

（三）运行概述

智慧农业通过3S技术和物联网技术，利用多样、多源遥感设备、智能监控录像设备和智能报警系统监测农产品生产环境和生长状况，利用智能农业生产要素遥控设备实时管理农产品生产状况，实现水、肥、药、食自动投放管理，提高农产品品质和产量，降低生产成本。智慧农业还通过大数据分析技术、农产品物流管理技术以及农产品品质检测技术，根据农产品生长信息、需求信息和物流信息，针对性地确定农产品具体采摘时间段（精确到小时）、采摘数量、物流情况以及农产品品质规格，降低农产品损耗，保证农产品的新鲜度。

二、智慧农业的主要特征

（一）精确性

智慧农业可利用现代化信息技术最节约地使用农业资源。它可以根据时间、空间、空

气温湿度、土壤温湿度、二氧化碳浓度、光照强度等信息，调节对作物的投入。它一方面可以对土壤、空气等环境参数进行准确的测量及记录，另一方面可以确定农作物的生产目标，从而达到少投多得的效果。

（二）高效性

智慧农业运用现代化智能机械代替一部分的人工操作，不仅提高了农业生产率，而且减少了因人工操作不当而引起的损失，大幅减少生产所需的人力、物力以及财力。智慧农业可以降低农业资源的消耗，实现农业工厂化生产；还可以提前预测农业生产的自然灾害及人为灾害，减少经济损失，推动传统农业向着现代化农业转化。

（三）可追溯性

智慧农业不仅对生产企业有精确性和高效性的特点，还对消费者的质量安全提供了全透明化的追溯。智慧农业可以记录农产品生产过程中的生长环境、农事、气候、农药残留检测及加工、配送等信息展现给消费者，消费者通过扫描农产品的二维码即可快捷地追溯到该农产品的全部信息。

（四）生产模式改革

智慧农业具有完善的农业科技及电子商务网络服务体系。通过网络，农业相关人员足不出户即可进行学习、咨询，从而获取农业相关技术及市场情况。农业专家库为农业相关人员提供农业生产的理论知识，为他们的生产提供指导，彻底地改变了传统农业生产依靠经验来进行农业操作的模式。智慧农业不仅提升质的安全，还会保证量的提升。农业智能化程度的提高，将逐步淘汰小规模的农业生产，使农业经营模式越来越庞大，逐渐发展成大规模农业组织的体系结构。

三、国内外智慧农业发展现状

（一）国外智慧农业发展现状

智慧农业已成为当今世界农业发展的大趋势，世界多个国家相继推出了智慧农业发展计划。2014 年，日本启动实施战略性创新推进计划（Cross-ministerial Strategic Innovation Promotion Program），并于 2015 年启动了基于“智能机械＋现代信息”技术的下一代农林水产业创造技术。2017 年 10 月 12 日，欧洲农机协会（European Agricultural Machinery Association）召开峰会，提出在信息化背景下，农业数字技术革命正在到来，未来欧洲农业的发展方向是以现代信息技术与先进农机装备应用为特征的农业 4.0（Farming 4.0）——智慧农业。英国国家精准农业研究中心（The National Centre for Precision Farming）正实施智慧农业项目，研发除草机器人替代化学农药进行除草作业，目前已经在 100 亩（1 亩 =666.6̇ 平方米）的田块上实现了从播种到收获的全过程机器人化农业。加拿大预测与策划组织（Policy Horizons Canada）在其发布的《元扫描 3：新兴技术与相关信息图（MetaScan3: Emerging Technologies）》报告中指出，土壤与作物传感器、家畜生物识别技术、变速收割控制系统、农业机器人、机械化农场网络、封闭式生态系统、垂直（工厂化）农业等技术将在未来 5~10 年进入到生产应用中，并改变传统农业。美国农业在经历了机械化、杂交种化、化学化、生物技术化后，正走向智慧农业（Smart Agriculture），到 2020 年，美国平均每个农场将拥有 50 台连接物联网的设备。

据国际咨询机构研究与市场（Research and Market）预测，到 2025 年，全球智慧农业市值将达到 300.1 亿美元，发展最快的是亚太地区，2017—2025 年复合增长率达到 11.5%，主要领域包括大田精准农业、智慧畜牧业、智慧渔业、智能温室，主要技术包括遥感与传感器技术、农业大数据与云计算服务技术、智能化农业装备（如无人机、机器人）等。

（二）国内智慧农业发展现状

近年来，在政府的大力支持下，我国智慧农业发展快速。农村网络基础设施建设不断加强，“互联网 + 现代农业”行动取得了显著成效。截至 2018 年 7 月，全国 21 个省市开展了 8 种主要农产品大数据的试点，通过完善监测预警体系，每日发布农产品批发价格指数，每月发布 19 种农产品市场供需报告和 5 种产品供需平衡表，实现了用数据管理服务，引导产销；以山东、河南等为代表的全国 18 个省市开展了整省建制的信息进村入户工程，全国 1/3 的行政村（约 20.4 万个村）建立了益农信息社，农村信息综合服务能力不断提升；广东、浙江等 14 个省市开展了农业电子商务试点，在 428 个国家级贫困县开展电商精准扶贫试点，电子商务进农村综合示范工程已累计支持了 756 个县，农村网络零售额达到了 1.25 万亿元，农产品电商迈向 3000 亿元大关。

“十三五”期间，农业农村部在全国 9 个省市开展农业物联网工程区域试点，形成了 426 项节本增效农业物联网产品技术和应用模式。围绕温室智能化管理的需求，自主研制出了一批设施农业作物环境信息传感器、多回路智能控制器、节水灌溉控制器、水肥一体化等技术产品，对提高我国温室智能化管理水平发挥了重要作用。我国精准农业关键技术取得重要突破，建立了“天空地”一体化的作物氮素信息快速获取技术，可实现省域、县域、农场、田块不同空间尺度和不同生长时期的作物氮素信息监测；研制的基于北斗导航与测控技术的农业机械，在新疆棉花精准种植中发挥了重要的作用；研制的农机深松作业监测系统，解决了人工核查作业面积和质量困难的问题，得到大面积应用。

四、智慧农业发展典型案例及做法

（一）美国：利用大数据打造精准农业

美国农业正在采用大数据和互联网技术提升农业生产率和效益，以极少的农业人口维持庞大的农业生产体系，生产的粮食不仅满足美国本土需要，而且还可大量出口。

罗德尼·席林（Rodney Schilling）是美国伊利诺伊州的一个农场主，他和父亲二人经营着 1300 英亩（1 英亩 =4046.856 平方米）田地。他的父亲已经 83 岁了，地里的活儿全靠席林自己上阵，但即便在农忙时节他也不用雇工，他最好的帮手是农场里的那几台农业机械。

与国内常见的农业机械比，这些机器高大得多，一台喷药机完全张开“臂膀”，翼展可达 36m。更重要的是，这些“大家伙”还很有“头脑”——驾驶室里配备全球定位系统（GPS）和自动驾驶系统。即使在下田作业时，席林也远没有传统农民那么辛苦，只要他愿意，他完全可以坐在驾驶座上，一边喝着咖啡，一边用手机浏览新闻。机器会按照设定的路线工作，施肥、打药完全自动化，哪些地方打过、哪些地方没打，机器绝对不会搞混，因为 GPS 上都记录得清清楚楚。大多数时候，手机软件（App）会提醒他下地查看情况，并提供实时和未来几天的天气数据。

在美国，像席林这样“劳作”的农场主越来越多。农业生产模式正在从机械化向信息化转变，以精准为特征的农业，正在让种植变得更加容易。

席林对农场的土地情况了如指掌，他聘请了专业服务公司做土壤的分析测试。测试完成后，他得到一份书面报告，除了给出各个地块详细的土壤成分数据，还有种植不同作物时所需要的肥料、水分及未来产量等数据。据此报告，他可以精确安排农场的生产计划。

随着种植活动的进行，土壤的成分是动态变化的。因此，每三年，席林会重新做一次土壤分析测试，每次要花费 5000 多美元。不过，由于精确数据意味着几乎最高的投入产出比，席林还是很乐意花这笔钱的。

在席林的手机里安装了气象数据软件。他把农场的坐标和相关信息通过软件上传网络，即可获得农场范围内的实时天气信息，如温度、湿度、风力、雨水等，这些信息可以帮助他判断每个地块的播种、收获、耕作时间。

事实上，从生产规划、种植前准备、种植期管理、直到采收，席林每年要做 40 多项决策。这些决策大多环环相扣，如果哪一步他选错了，那就不得不接受减产的后果。

影响作物生长的因素有很多，土壤、气候、水分、品种、病虫害和杂草等，作物产量是这些因素的综合结果。因此，在现代农业领域，农民光凭经验做出决策已远远不够，需要依靠科学、概率和专业分析得出最优决策。

大数据让农民开始用移动设备管理农场，农民可以掌握实时的土壤湿度、环境温度和作物状况等信息，大幅度提高了决策的精确性。然而，再好的决策，也需要硬件设备去实施。

Precision Planting 公司专门制造与精准农业配套的设备，这些设备可以固定在拖拉机、播种机和其他设备上。以播种为例，经过数据加载，它们能够根据天气的变化进行不同深度、不同间距以及不同品种的播种活动。

在大田中，即使相隔两三米远的两块土地，土壤的水分含量、营养情况、农作物的生长情况都可能不相同。过去几千年中，农民并不区分这种差异，会把同样的品种以等间距播种下去。如今，精准农业颠覆了这一传统，在肥力高的地方密植，在肥力低的地方稀植，还可以更换种子品种。这些作业都是随着播种机的行进自动完成的。仅此一项改变，即可给玉米带来每公顷 300~600 公斤的增产。

精准农业下的农业机械必须是智能化的，通常安装有全球定位系统（GPS）、自动驾驶系统、计算机设备，以及必要的传感器，这样才能“理解”大数据分析软件给出的信息，并准确地执行作业任务。

智能化的农业机械也大大提高了作业质量，单粒播种率可以提高到 99%。农民可以实时监控播种机的准确率，如果出现大面积异常，可以马上停机，检查纠正播种机。以前，如果播种机出了毛病，农民很难立即发现，只能接受损失。现在，智能化的农机可根据土地的松软程度，自动调节播种动作，以便所有种子处于同样的深度。

通过全流程的精打细算，精准农业可以极大地节约化肥、水、农药等投入，把各种原料的使用量控制在非常准确的程度，让农业经营像工业流程一样连续地进行，从而实现规模化经营。

（二）英国：大数据整合精准农业

近年来，由于气候变化和全球农业生产竞争强度的提升，英国农业部门的收入经历了多次明显波动。英国环境、食品和农村事务部认为，应对上述挑战，一方面，英国农业需要向精准农业迈进，结合数字技术、传感技术和空间地理技术，更为精准地进行种植和养殖作业；另一方面，需要提升农业生产部门和市场需求的对接，加强其对于市场的理解。

而这一系列需求的基础就是强大的数据搜集和分析处理平台。

在此背景下，英国政府于 2013 年开始专门启动农业技术战略，该战略高度重视利用大数据和信息技术提升农业生产率。参与制定该战略的爱丁堡大学信息学院科林·亚当姆斯教授认为，农业可能是最后一个面临信息化和数字化的产业，大数据将是未来提升农业产量的关键。

（三）法国：打造欧洲大数据农业典范

传统农业正在遭遇着互联网的冲击，传感器、物联网、云计算及大数据等新技术不但颠覆了日出而作日落而息的手工劳作方式，也打破了粗放式的传统生产模式。农业生产正迈向集约化、精准化、智能化、数据化，因此，农业生产获得了“类工业”的产业属性。

法国农业部在 2017 年建立了一个大数据收集的门户网站，该项目由法国农业科学与环境研究院院长让马克·布尔尼嘉尔负责。布尔尼嘉尔院长表示，大数据将颠覆目前法国农业的生产方式，为农民带来更多机会，改变农民与银行、保险公司、农业互助合作社等利益相关者之间的关系。目前每天有成百上千的农业相关数据出现在互联网上，如何有效地甄别有利于农业发展的数据是目前面临的挑战，这也成为很好的创业机会。布尔尼嘉尔院长还指出，如果这些农业数据仅被少数几个互联网企业获取，很容易形成垄断，不利于法国发展多样化的农业生产方式。

（四）德国：积极扶持数字农业

德国农民联合会的统计数据显示，目前每个德国农民可以养活 144 人，这一数字是 1980 年的 3 倍。但要想解决全球饥饿问题，每个农民需要至少养活 200 人。这就需要更加高效、可持续的农业新技术。目前，德国正致力于发展更高水平的数字农业。

数字农业基本理念与工业 4.0 并无二致。通过大数据和云技术的应用，一块田地的天气、土壤、降水、温度、地理位置等数据上传到云端，云平台进行处理分析，然后将处理好的数据发送到智能化的大型农业机械上，指挥它进行精细作业。

德国在开发农业技术上投入大量资金，并由大型企业牵头研发数字农业技术。在汉诺威的消费电子、信息及通信博览会上，德国软件供应商 SAP 公司推出了数字农业解决方案。该方案能在计算机上实时显示多种生产信息，如某块土地上种植何种作物、作物接受光照强度如何、土壤中水分和肥料分布情况，农民可据此优化生产，实现增产增收。

拥有百年历史的德国农业机械制造商科乐收集团与德国电信开展合作，借助工业 4.0 技术实现了收割过程的全面自动化。利用传感器技术加强机器之间的交流，使用第五代移动通信技术（5G）作为交流通道，使用云技术保证数据平安，并通过大数据技术进行数据分析。

德国电信推出了数字化奶牛养殖监控技术。农民购买温度计和传感器等设备并安装在养殖场，这些设备可以监控奶牛何时受孕、何时产仔等信息，而且可以将监控信息自动发送到养殖户的手机上。

德国农民的工作现在离不开计算机和网络的支持，农民每天早上一开始的工作就是检查当天天气信息、查询粮食价格和查收电子邮件。现在大型农业机械都是由全球定位系统（GPS）控制。农民只需要切换到 GPS 导航模式，卫星数据便能让农业机械精确作业，误差可以控制在几厘米之内。

信息通信技术的发展也让农民的工作更加高效便利。柏林的一家名为 365FarmNet 初创企业为小型农场主提供了一套包括种植、饲养和经营在内的全程服务软件。该软件可以提供详细的土地信息、种植和饲养规划、实时监控以及经营咨询等服务，还可以帮助农场主与企业取得联系，以便及时获取相应的服务协助。

目前，德国农业数字化建设面临的一个重要问题是农村地区宽带覆盖率还不够高，尤其是德国东部农村地区。另外一个问题是数据平安问题。目前，并不是所有农民都愿意将自家农场的数据上传到网络，很多人对网络安全的可靠性仍持怀疑态度。

（五）加拿大：打造智慧农业提高农业生产

加拿大位于北美洲最北端，地处高纬度地区，大部分地区气候寒冷，可耕地面积达10亿亩，是世界上农业最发达、农业竞争力最强的国家之一。

在萨斯喀彻温省中部城市Battleford的南部，农场主Trevor Scherman的农场占地面积为4400英亩。试想一下，如果Scherman某天在农田里播种时种子不够用了，那意味着需要等待很长时间才能重新播种。所以，管理这么大农场的关键点就是效率。

所幸的是，Scherman的手机上有个App，让他能够接触到在10年前难以想象的一系列数据和管理工具。App从Scherman和临近农场的3个气象站收集数据，这些数据会让Scherman知道天气是否影响农药喷洒效果。

这个App还包括土地的网格地图，从卫星图像中提取的精确信息会与网格上每个方格的土壤样本对应起来。

所有这些信息都在App构建的一个预测模型中，该模型包含着从加拿大西部5000万英亩土地上收集而来的数据。然后App会告诉Scherman的自主驾驶拖拉机，每个方格需要多少种子和肥料。当然，App还会帮他安排农场工人的日程，追踪他的财务状况等。在作为软件用户的7年里，他亲眼看见了自己在投入上的减少和收入上的增加。现在他花同样的成本，能获得更多的产出，而且节省了大量的时间。

这就是大数据在农田里的应用，而且正在整个耕种世界中迅速扩散。

（六）澳大利亚：大数据工具来解决农业问题

作为一个畜牧业大国，澳大利亚十几年前就建立了国家牲畜标识计划（NLIS），即畜产品质量安全追溯系统。采用由NLIS认证的瘤胃标识球或耳标对牛、羊进行身份标识，由国家中央数据库对记录的信息进行统一管理，可以对动物个体从出生到屠宰的全过程实现追踪。

比如说，澳大利亚的奶牛从出生到死都会戴着NLIS耳标。每次挤奶后，农业人员会对每只奶牛耳标上的计算机芯片做一次扫描，记录当日的产奶量；再通过分析产奶量的变化，调整翌日的饲料，以及了解牛的身体状况。

澳大利亚部分企业已经逐步加入全球质量溯源体系，其中澳大利亚珀斯的Deaken&Associates PtyLtd橄榄油已经加贴了二维码，导入了包括原产地、溯源证书的商品溯源信息。消费者只要通过相关手机应用进行扫码，就可了解商品“从哪来、到哪去”，企业也可精准掌握货物去向，从而构成一套覆盖生产、物流、仓储、消费各环节的全链条监管体系。食品可追溯一直是农业大数据前进的目标之一。用大数据工具来解决农业行业中数据采集、数据挖掘等技术难题，进而可促进食品可追溯系统的落地。

（七）日本：大数据互联网技术实现智能农业

日本的人均耕地面积有限，没有美国那样的大规模农业，而且随着日本社会老龄化不断加剧，农业人口正在不断减少，农业就业人口平均年龄已经达到约67岁，日本媒体称之为“老爷爷老奶奶农业”。在这种情况下，利用互联网技术振兴农业的呼声越来越高。

包括互联网技术在内的信息技术有望引领日本农业新潮流，实现农业的绿色数字革命。互联网技术可以将熟练农户积累的技术和知识数据化，从而有利于让下一代农户或农业企业继承。通过高精度传感器收集到的气象大数据及农作物生长数据，可实时发送给农户或管理人员，从而让他们能够合理浇灌和施肥。

此外，通过互联网实时监控消费者动向，农民能够抓住最佳时机生产和销售农作物或农产品；利用全球定位系统，无人驾驶拖拉机能够在大规模农场实现24小时耕作，有效解决农业人口不足问题；而利用大数据分析，专家们能够处理很多迄今为止尚未弄清的信息，例如能够发现气象条件与病虫害发生的关联性等。

随着手机的普及，农业耕作人员使用云分析App，不断提高农场管理效率和农业耕作效果。农业人员利用记录农产品生产过程的技术，可以把生产过程的数据作为食品信息的一部分，直接提供给消费者参考，从而实现农业的可追溯管理。

日本政府一直注重发展高科技农业，农林水产省把利用机器人和信息技术的农业称为智能农业，力争发展节省劳力的高质量农业，并加紧制定智能农业的“路线图”。

由众多日本企业和机构组成的“实现智能农业研究会”，研制出了农业机械自动行走系统、草莓收获和装盒机器人、除草机器人、畜舍自动清洗机器人等项目。在提高生产率和农产品高附加值方面，智能农业蕴藏着巨大潜力。

（八）荷兰：卫星＋大数据实现智慧精准农业

荷兰政府使用卫星数据提高荷兰农业发展的可持续性。卫星数据包括土壤、温度、水分含量和水的质量等多种详细信息。专业公司将对这些数据进行分析，有针对性地为农民提供有关灌溉、施肥和农药喷洒作业的建议。荷兰政府决定向农民开放这些卫星数据的使用权，保证每个人都可以免费使用。这将有助于荷兰巩固其农业和园艺业在全球领先的位置，并使该国为日后解决粮食危机做出前期努力。

地球观测卫星每天可收集大量数据，通过使用专业度非常高的远程测量和遥感设备，卫星可以收集有关土壤质量、温度和大气条件等数据信息，同时还可以分析农作物的生长情况及农作物体内氮和淀粉的存储量。此外，卫星还可收集环境变化情况，为即将到来的气候变化提供分析数据。

（九）以色列：科技创新助力信息农业

当今世界，各种纷繁复杂的数据以爆炸式速度不断增加，如何更好地运用日益庞大的数据资源正越来越受到全世界的关注，大数据时代已悄然来临。在很多国家仍在尝试摸索大数据运用途径和方式时，被誉为“创新国度”的以色列已经在这条道路上取得了丰硕成果，做出了自己的特色，展示了大数据运用的缤纷画卷。

以色列一直以强大的科技创新能力闻名于世。在大数据产业兴起以后，以色列诸多科技创新公司迅速挖掘大数据的潜力，并将之融入企业运作的各个环节，为以色列在科技创新领域不断取得突破增添了新的动力源。

以色列超过一半的土地为荒原和沙漠，农业发展的自然条件十分严酷，但以色列人民用自己的智慧和创造力走出了一条高科技农业发展道路。经过多年的努力，以色列在水利灌溉技术、农业自动化、机械化和信息化等技术领域已走在世界前列。而大数据的运用使以色列本就高度发达的农业实现了再一次飞跃。

以色列农业有较高的信息化和数字化基础，诸多农业技术创新公司利用大数据帮助以色列农民，根据不同农场的具体情况提供更加个性化的耕种方案。以色列农业技术企业Taranis利用大数据分析法推出了建模技术，该技术利用卫星图像、作物实地生长报告及当地病虫害分布等大数据资源建立植物生长模型，并通过随时获取的可视化数据预测植物病虫害风险和气候变化，使农民能够根据预测数据进一步精确肥料及杀虫剂的使用数量，增加产量，降低成本。

（十）中国：中粮农业生态谷

中粮主要是打造四个平台：第一个，打造农业创业平台，企业可与院校合作，为大学生农业创业提供支持；第二个，打造惠农利农的平台；第三个，打造销售推广平台，将新型食品、花卉及家庭农业设施推广到千家万户，提高居民生活质量；第四个，打造交流研发平台，企业可与中国农业大学开展深入合作，将一些新成果在农场进行试种。

中粮农业生态谷的核心是中粮智慧农场，整个农场的智能体现在两点上：一是融合国内外先进的智能农业技术，二是采用全流程智能控制。中粮智慧农场将成为现代农业示范项目。

五、智慧农业未来发展的五大方向

（一）整体思维和系统认知分析技术是实现农业科技突破的首要前提

农业系统是复杂巨系统，已经很难再依靠“点”上的技术突破实现整体提升。跨学科研究和系统方法将成为解决重大关键问题的首选项。系统认知就是要从系统的要素构成、互作机理和耦合作用来探索问题解决的途径。“山水林田湖草是一个生命共同体”，农业领域的科学突破必须突破单要素思维，从资源利用、运作效率、系统弹性和可持续性的整体维度进行思考。我国农业生态效率尚且不高、竞争力不强的问题主要是在土地资源的利用方式上。因此，农业领域的科技突破需要从土地资源的治理、修复、提升入手。

（二）新一代传感器技术将成为推动农业领域进步的底层驱动技术

量值定义世界，精准决定未来。美国将高精度、精准、可现场部署的传感器以及生物传感器的开发、应用作为未来技术突破的关键。当前传感器技术已经广泛应用在农业领域，但主要还集中在对单个特征上（如温度的测量），如果要同时了解整个系统运行的机理，连续监测多个特征的联动能力才是关键。值得注意的是，新一代传感器技术不仅仅包括对物理环境、生物性状的监测和整合，更包括运用材料科学及微电子、纳米技术创造的新型纳米和生物传感器，对诸如水分子、病原体、微生物在跨越土壤、动植物、环境时的循环运动过程进行监控。新一代传感器所具备的快速检测、连续监测、实时反馈能力，将为系统认知提供数据基础，赋予人类“防治未病”的能力，即在出现病症前就能发现问题、解决问题。新一代传感器技术能在资源要素的利用环节即可精准发现和定量识别可能出现的风险问题，并能够实时进行优化调整，将彻底改变我国农业生产利用方式。因此，新一代传感器技术将是我国必须掌握的关键技术。

（三）数据科学和信息技术是农业领域的战略性关键技术

数据科学和分析工具的进步为提升农业领域研究和知识应用提供了重要的突破机遇。尽管收集了大量粮食、农业、资源等各类数据，但由于实验室研究和生产实践中的数据一直处于彼此脱节的状态，缺乏有效的工具来广泛使用已有的数据、知识和模型。大数据、人工智能、机器学习、区块链等技术的发展，提供了更快速地收集、分析、存储、共享和集成异构数据的能力和高级分析方法。数据科学和信息技术能够极大地提高对复杂问题的解决能力，将农业、资源等相关领域的大量研究成果应用在生产实践中，在动态变化条件下自动整合数据并进行实时建模，促进形成数据驱动的智慧管控。

（四）应当鼓励并采用突破性的基因组学和精准育种技术

随着基因编辑技术的出现，人类可以以传统方法无法实现的方式对植物和动物进行改良。通过将基因组信息、先进育种技术和精确育种方法纳入常规育种和选择计划，可以精确、快速地改善对农业生产力和农产品质量有重要影响的生物性状。这种能力为培育新作物和土壤微生物、开发抗病动植物、控制生物对压力的反应，以及挖掘有用基因的生物多样性等打开了技术大门。我们应当鼓励并采用其中一些突破性技术，以提高农业生产力、抗病抗旱能力以及农产品的营养价值。

（五）微生物组技术对认知和理解农业系统运行至关重要

通过近年来大量的研究报道，我们知道了人体微生物对身体健康的重要性。相比而言，我们对农业中土壤、植物和动物的微生物组及其影响还不够了解。随着利用越来越复杂的工具探测农业微生物组，美国有望在未来十年实现突破性进展，建立其农业微生物数据库，更好地理解土壤、植物和动物微生物组之间的相互作用，并通过改善土壤结构、提高饲料效率和养分利用率以及提高对环境和疾病的抵抗力等增强农业生产力和弹性，甚至彻底改变农业。其中，土壤和植物微生物组之间的相互作用表征至关重要。土壤微生物组与气候变化中的碳、氮和诸多其他要素的循环息息相关，并通过一些尚未被人类认知的过程影响着全球关键生态系统服务功能。加深对基本微生物组成部分的理解以及强化它们在养分循环中的作用对确保全球可持续农业生产至关重要。

六、我国智慧农业发展存在的问题

（一）高素质农业生产管理人才匮乏

当前我国农村高素质人力资本流失严重，农民对互联网信息技术了解和应用较少，现代化农业生产意识比较淡薄。并且我国当前职业农民教育体系尚不健全，新型农民培训机构较少，培训内容不全面。高素质农业生产管理人员匮乏，导致智慧农业的农村初创者和支持者较少，智慧农业建设发展的内生动力不足，且在我国农村本土化发展较慢。

因此，高素质农业生产管理人才匮乏已成为困扰我国智慧农业发展的重大难题，亟须健全新型职业农民教育系统。

（二）智慧农业科研体系不健全

当前，我国农业科研体系仍不健全，科研成果转化生产力能力不足，农业科研进度缓慢且较少应用于智慧农业建设发展之中。

首先，我国还未建立顶层系统化组织全国农业科研体系的组织部门，众多农业科研机构未形成统一体系，没有明确的科研分工、合作指导以及沟通渠道，众多科研机构的小型科研课题重复，突破性的大型科研课题难以系统化合作完成。

其次，由于我国农业科研机构缺少统一指导和支持，科研成果应用推广力度不够，使我国当前许多农业科技系统运行的标准参数难以根据大规模生产数据确定，许多科研成果缺乏应用检验，导致一些智慧农业科研成果体系精准度不够，运行波动过于频繁。

（三）智慧农业基础设施落后

当前，我国部分地区的农业基础设施仍旧落后，大型现代化农机设备仍有不足。牲畜禽舍的基础设施功能较为单一，其他现代化养殖设备尚显不足；农业灌溉设施较简陋，喷灌和滴灌等高效节水灌溉尚未全面使用，导致农业用水浪费较严重，农田土壤板结、养分流失。另外，农机设备的市场投放量不足、价格偏高，分散经营的小微型农业生产者较少使用农机设备，许多现代化农机无法走进农田。

（四）设备及软件服务成本仍然过高

农民人均可支配收入虽然在逐年提高，但是仍然不足以用于购买信息化设备及服务。以大疆 MG-1 农业植保机为例，它标准荷载 10 公斤，每小时作业面积达 40~60 亩，作业效率是人工作业的 40 倍以上，但其单机售价超过 5 万元。价格因素限制了高新设备及技术进入市场。

（五）交通物流系统不够完善

阿里巴巴集团的“农村淘宝”业务，旨在利用电子商务平台，通过搭建县村两级服务网络，充分发挥电子商务的优势，突破物流和信息流的瓶颈障碍，实现“网货下乡”和“农产品进城”的双向流通功能。但这项业务在部分偏远地区遇到瓶颈，偏远地方交通不便，使得物流成本增加，高物流成本会影响物流公司的服务质量。而电子商务平台也是智慧农业的一个重要组成部分，所以交通物流系统不完善对智慧农业的实施有一定负面影响。

七、促进我国智慧农业发展的对策及建议

（一）升级生产领域，由人工走向智能

智慧农业发展趋势表明，在种植、养殖生产作业环节，减少人力依赖，构建集环境生理监控、作物模型分析和精准调节为一体的农业生产自动化系统和平台，根据自然生态条件改进农业生产工艺，进行农产品差异化生产；在食品安全环节，构建农产品溯源系统，将农产品生产、加工等过程的各种相关信息进行记录并存储，并能通过食品识别号在网络上对农产品进行查询认证，追溯全程信息；在生产管理环节，特别是一些农垦区、现代农业产业园、大型农场等单位，智能设施与互联网广泛应用于农业测土配方及农场生产资料管理等生产计划系统，提高效能。

（二）升级经营领域，突出个性化与差异性营销方式

物联网、云计算等技术的应用，打破农业市场的时空地理限制，农资采购和农产品流通等数据将会得到实时监测和传递，有效解决信息不对称问题。智慧农业发展趋势表明，目前一些地区特色品牌农产品开始在主流电商平台开辟专区，拓展农产品销售渠道，有实力的龙头企业通过自营基地、自建网站、自主配送的方式打造一体化农产品经营体系，促进农产品市场化营销和品牌化运营，预示农业经营将向订单化、流程化、网络化转变，个性化与差异性的定制农业营销方式将广泛兴起。定制农业，就是根据市场和消费者特定需求而专门生产农产品，满足消费者的特定需求。此外，近年来各地兴起农业休闲旅游和农家乐，通过网站、线上宣传等渠道推广、销售休闲旅游产品，并为旅客提供个性化旅游服务，成为农民增收新途径和农村经济新业态。

（三）升级服务领域，提供精确、动态、科学的全方位信息服务

我国部分地区已经应用基于北斗卫星导航系统的农机调度服务系统，一些地区还通过

室外大屏幕、手机 App 等灵活便捷的信息传播方式向农户提供气象、灾害预警和公共社会信息服务，有效地解决信息服务“最后一公里”问题。智慧农业发展趋势表明，面向“三农”的信息服务为农业经营者传播先进的农业科学技术知识、生产管理信息以及农业科技咨询服务，引导龙头企业、农业专业合作社和农户经营好自己的农业生产系统与营销活动，提高农业生产管理决策水平，增强市场抗风险能力，做好节本增效，提高收益。同时，云计算、大数据等技术也推进农业管理数字化和现代化，促进农业管理高效和透明，提高农业部门的行政效能。

（四）多部门合作，积极引导，做好带头作用

相关部门应开展合作，鼓励科研院所、高等院校、网络运营商等力量集中到智慧农业项目建设中，政府鼓励和支持企业发展智慧农业生产模式，全面建设以物联网为核心的智慧农业，提高生产水平，推动高效示范园区的建设，完善体制，提升技术服务标准、应用标准、推广标准，从而促进农民增收，让农民实实在在地得到利益。

（五）制定相关补贴政策

鉴于农业的社会公益性、生态区域性、高度分散和个性化特点，推广智慧农业不可能像工业那样大规模复制，因此实施成本高，市场利润低。建议相关部门类比农机购置补贴政策，对智慧农业技术产品和应用主体给予政策性补贴，减免农村地区互联网接入费用和农民移动通信、数据传输等费用。

（六）加强技术标准建设

相关部门应依托联盟、协会等团体和组织，快速建立包括数据标准、产品标准、市场准入标准等团体标准，并积极推动国家和行业标准的建设；建立国家和行业认可的第三方产品、技术检测平台。

（七）开放数据共享

农业数据具有散、乱、杂等特点，政府部门应加强农业数据的收集和整合，并在一定范围内开放相关数据，建立共享机制。对于进入国内市场的外国企业产品，要求其提供数据接口标准。

（八）全面培养技术性人才，鼓励创新

加强智慧农业发展策略，相关部门应将智慧农业建设项目作为惠农政策，培养智慧农业技术人才作为培养计划，联合高校、企业及科研院所加强专业技术性人才的培训，提升大家的创新及应用能力。此外，相关部门还可以制定奖励制度，调动人们的积极性，满足智慧农业对技术人才的需求。

基础建设篇

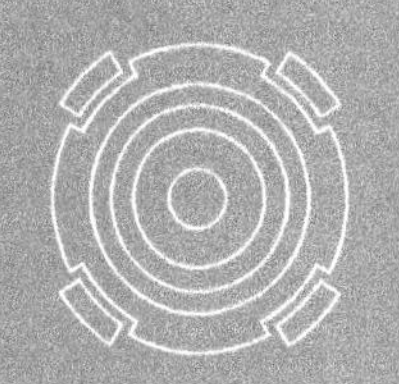

第二章 农业农村信息化基础设施

2

党的十九大报告提出要“更好发挥政府作用，推动新型工业化、信息化、城镇化、农业现代化同步发展，主动参与和推动经济全球化进程，发展更高层次的开放型经济，不断壮大我国经济实力和综合国力”。农业农村信息化是农业现代化的重要组成部分，也是乡村振兴战略的重要基础内容。《中共中央 国务院关于坚持农业农村优先发展做好“三农”工作的若干意见》（2019 年中央一号文件）明确提出了一系列农村信息化、数字化的要求，如深入推进“互联网 + 农业”、加强国家数字农业农村系统建设、继续开展电子商务进农村综合示范、全面推进信息进村入户等。

尽管我国农业农村信息化进程已经进入快速发展阶段，但是农业农村信息化建设的滞后性仍然制约着农业现代化的发展。农业农村的信息化建设，是发展农业现代化、转变农业生产经营生活方式、推进农业供给侧结构性改革的重要着力点，信息技术是先进农业生产力的突出表现和重要抓手。推进农业农村信息化建设，必须基于农业农村信息化的原有基础设施展开，只有农村广播和电视网的广泛覆盖，固定电话和移动电话持续普及，农村互联网的广泛接入等都实现，才能使农业农村的信息化建设有实现的可能。因此，农业农村信息化基础设施建设是摆在先行位置的。当前，农业农村信息化基础设施建设发展迅速，广播、电视网络的覆盖比例较高，移动电话替代固定电话日益普及，互联网特别是移动互联网大量接入农户，所有这些，不仅方便了农村居民的生产生活，更带来了深刻的变化。

本章将在详细梳理一年来我国农村信息化发展现状和所存在问题的基础上，提出未来一个时期推进我国农村信息化的对策与建议。

第一节　农村广播、电视网

一、全国整体情况

农业农村信息化建设一直以来备受国家高度重视，历经多年发展，农村广播和电视网的建设已取得显著成效，基本形成了一个覆盖范围广、渗透层级深的广播电视网络。硬件方面，近年来随着农村居民可支配收入不断提升，彩色电视机在农村中的保有量不断上升；同时在 2018 年，由于手机、计算机等替代品的推广普及，又在一定程度上抑制了彩色电视机在农村中数量的增加，但总体看，电视机仍然是农业农村信息化的一种重要基础设施。内容方面，公共广播节目、电视节目等数量不断增多，进一步促进了广播和电视在农村中的普及应用，有效提高了农业农村信息化水平。

农村平均每户彩色电视机保有量变化见图 2-1，公共广播、电视节目套数变化见图 2-2。截至 2018 年年底，全国广播节目综合人口覆盖率为 98.94%，其中农村地区广播节目综合人口覆盖率为 98.58%。电视节目综合人口覆盖率均为 99.25%，其中农村地区电视节目综合人口覆盖率为 99.01%。全国有线广播电视实际用户数达到 21832.4 万户，其中农村有线广播电视实际用户为 7404.0 万户，占农村家庭数量的 31.19%。

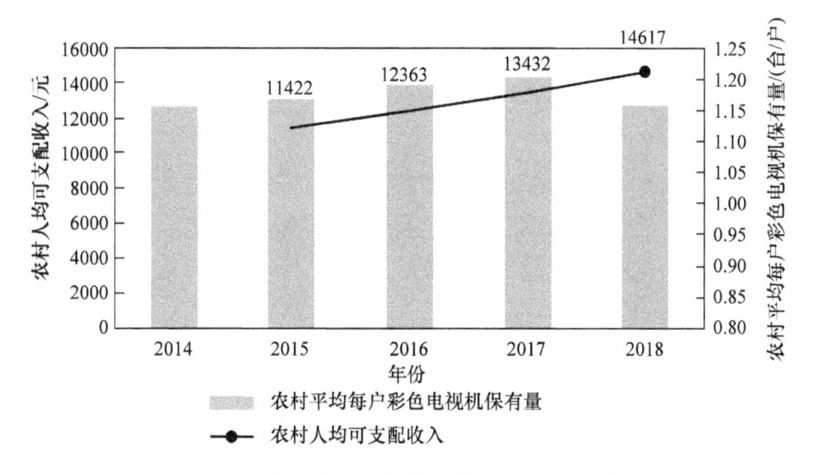

图 2-1　农村平均每户彩色电视机保有量变化

注：数据来源于国家统计局。

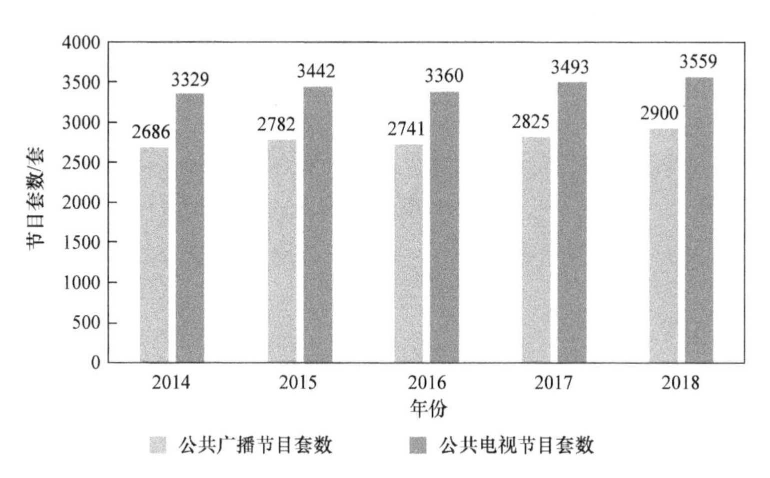

图 2-2　公共广播、电视节目套数变化

注：数据来源于国家统计局。

（一）华北地区

北京：2018 年年底，北京市广播节目综合人口覆盖率、农村地区覆盖率均为 100%，电视节目综合人口覆盖率、农村地区覆盖率均为 100%。有线广播电视实际用户数达到 594.6 万户，其中农村有线广播电视实际用户为 89.7 万户，占农村家庭数量的 87.60%。

天津：2018 年年底，天津市广播节目综合人口覆盖率、农村地区覆盖率均为 100%，电视节目综合人口覆盖率、农村地区覆盖率均为 100%。有线广播电视实际用户数达到 352.9 万户，其中农村有线广播电视实际用户为 56.0 万户，占农村家庭数量的 45.61%。

河北：2018 年年底，河北省广播节目综合人口覆盖率为 99.36%，其中农村地区覆盖率为 99.17%；电视节目综合人口覆盖率均为 99.29%，其中农村地区覆盖率为 99.09%。有线广播电视实际用户数达到 734.6 万户，其中，农村有线广播电视实际用户为 166.9 万户，占农村家庭数量的 10.74%。

山西：2018 年年底，山西省广播节目综合人口覆盖率为 98.8%，其中农村地区覆盖率为 98.11%；电视节目综合人口覆盖率均为 99.57%，其中农村地区覆盖率为 99.35%。有线广播电视实际用户数达到 382.0 万户，其中农村有线广播电视实际用户为 112.3 万户，占农村家庭数量的 23.30%。

内蒙古：2018 年年底，内蒙古自治区广播节目综合人口覆盖率为 99.24%，其中农村地区覆盖率为 98.82%；电视节目综合人口覆盖率均为 99.22%，其中农村地区覆盖率为 98.71%。有线广播电视实际用户数达到 228.4 万户，其中农村有线广播电视实际用户为 19.7 万户，占农村家庭数量的 5.38%。

（二）东北地区

辽宁：2018 年年底，辽宁省广播节目综合人口覆盖率为 99.09%，其中农村地区覆盖率为 98.41%；电视节目综合人口覆盖率均为 99.17%，其中农村地区覆盖率为 98.64%。有线广播电视实际用户数达到 732.8 万户，其中，农村有线广播电视实际用户为 194.1 万户，占农村家庭数量的 30.04%。

吉林：2018 年年底，吉林省广播节目综合人口覆盖率为 99.01%，其中农村地区覆盖率为 98.82%；电视节目综合人口覆盖率均为 99.10%，其中农村地区覆盖率为 98.67%。有线广播电视实际用户数达到 453.5 万户，其中农村有线广播电视实际用户为 157.7 万户，占农村家庭数量的 36.16%。

黑龙江：2018 年年底，黑龙江省广播节目综合人口覆盖率为 99.04%，其中农村地区覆盖率为 99.40%；电视节目综合人口覆盖率均为 99.07%，其中农村地区覆盖率为 99.55%。有线广播电视实际用户数达到 591.6 万户，其中农村有线广播电视实际用户为 125.9 万户，占农村家庭数量的 20.50%。

（三）华东地区

上海：2018 年年底，上海市广播节目综合人口覆盖率、农村地区覆盖率均为 100%，电视节目综合人口覆盖率、农村地区覆盖率均为 100%。有线广播电视实际用户数达到 484.0 万户，其中农村有线广播电视实际用户为 41.7 万户，占农村家庭数量的 53.13%。

江苏：2018 年年底，江苏省广播节目综合人口覆盖率、农村地区覆盖率均为 100%，电视节目综合人口覆盖率、农村地区覆盖率均为 100%。有线广播电视实际用户数达到 1640.5 万户，其中农村有线广播电视实际用户为 713.7 万户，占农村家庭数量的 50.59%。

浙江：2018 年年底，浙江省广播节目综合人口覆盖率为 99.73%，其中农村地区覆盖率为 99.70%；电视节目综合人口覆盖率均为 99.80%，其中农村地区覆盖率为 99.77%。有线广播电视实际用户数达到 1434.7 万户，其中农村有线广播电视实际用户为 892.6 万户，占农村家庭数量的 74.46%。

安徽：2018 年年底，安徽省广播节目综合人口覆盖率为 99.84%，其中农村地区覆盖率为 99.81%；电视节目综合人口覆盖率均为 99.83%，其中农村地区覆盖率为 99.79%。有线广播电视实际用户数达到 796.0 万户，其中农村有线广播电视实际用户为 281.7 万户，占农村家庭数量的 19.4%。

福建：2018年年底，福建省广播节目综合人口覆盖率为99.04%，其中农村地区覆盖率为98.79%；电视节目综合人口覆盖率均为99.19%，其中农村地区覆盖率为98.99%。有线广播电视实际用户数达到716.2万户，其中农村有线广播电视实际用户为475.1万户，占农村家庭数量的64.24%。

江西：2018年年底，江西省广播节目综合人口覆盖率为98.54%，其中农村地区覆盖率为98.18%；电视节目综合人口覆盖率均为99.09%，其中农村地区覆盖率为98.77%。有线广播电视实际用户数达到618.2万户，其中农村有线广播电视实际用户为439.2万户，占农村家庭数量的71.59%。

山东：2018年年底，山东省广播节目综合人口覆盖率为99.12%，其中农村地区覆盖率为98.88%；电视节目综合人口覆盖率均为99.09%，其中农村地区覆盖率为98.91%。有线广播电视实际用户数达到1684.2万户，其中农村有线广播电视实际用户为748.8万户，占农村家庭数量的40.97%。

（四）华中、华南地区

河南：2018年年底，河南省广播节目综合人口覆盖率为99.05%，其中农村地区覆盖率为98.89%；电视节目综合人口覆盖率均为99.04%，其中农村地区覆盖率为98.94%。有线广播电视实际用户数达到974.9万户，其中农村有线广播电视实际用户为308.9万户，占农村家庭数量的14.75%。

湖北：2018年年底，湖北省广播节目综合人口覆盖率为99.68%，其中农村地区覆盖率为99.57%；电视节目综合人口覆盖率均为99.58%，其中农村地区覆盖率为99.42%。有线广播电视实际用户数达到1082.8万户，其中农村有线广播电视实际用户为394.2万户，占农村家庭数量的36.14%。

湖南：2018年年底，湖南省广播节目综合人口覆盖率为99.02%，其中农村地区覆盖率为98.29%；电视节目综合人口覆盖率均为99.64%，其中农村地区覆盖率为99.45%。有线广播电视实际用户数达到1014.6万户，其中农村有线广播电视实际用户为311.0万户，占农村家庭数量的32.22%。

广东：2018年年底，广东省广播节目综合人口覆盖率为99.98%，其中农村地区覆盖率为99.97%；电视节目综合人口覆盖率均为99.98%，其中农村地区覆盖率为99.97%。有线广播电视实际用户数达到1844.9万户，其中农村有线广播电视实际用户为368.6万户，占农村家庭数量的52.13%。

广西：2018年年底，广西壮族自治区广播节目综合人口覆盖率为97.56%，其中农村地区覆盖率为96.92%；电视节目综合人口覆盖率均为98.78%，其中农村地区覆盖率为98.44%。有线广播电视实际用户数达到689.3万户，其中农村有线广播电视实际用户为217.1万户，占农村家庭数量的19.91%。

海南：2018年年底，海南省广播节目综合人口覆盖率为99.06%，其中农村地区覆盖率为98.52%；电视节目综合人口覆盖率均为99.08%，其中农村地区覆盖率为98.56%。有线广播电视实际用户数达到226.7万户，其中农村有线广播电视实际用户为70.3万户，占农村家庭数量的46.84%。

（五）西南地区

重庆：2018年年底，重庆市广播节目综合人口覆盖率为99.04%，其中农村地区覆盖率为 98.64%；电视节目综合人口覆盖率均为 99.27%，其中农村地区覆盖率为 99.03%。有线广播电视实际用户数达到 736.8 万户，其中农村有线广播电视实际用户为 83.8 万户，占农村家庭数量的 11.90%。

四川：2018 年年底，四川省广播节目综合人口覆盖率为 97.84%，其中农村地区覆盖率为 97.24%；电视节目综合人口覆盖率均为 98.79%，其中农村地区覆盖率为 98.57%。有线广播电视实际用户数达到 1181.6 万户，其中农村有线广播电视实际用户为 337.3 万户，占农村家庭数量的 16.85%。

贵州：2018 年年底，贵州省广播节目综合人口覆盖率为 93.92%，其中农村地区覆盖率为 93.72%；电视节目综合人口覆盖率均为 96.76%，其中农村地区覆盖率为 96.70%。有线广播电视实际用户数达到 702.9 万户，其中农村有线广播电视实际用户为 368.6 万户，占农村家庭数量的 44.05%。

云南：2018 年年底，云南省广播节目综合人口覆盖率为 98.69%，其中农村地区覆盖率为 98.28%；电视节目综合人口覆盖率均为 98.90%，其中农村地区覆盖率为 98.52%。有线广播电视实际用户数达到 460.3 万户，其中农村有线广播电视实际用户为 134.7 万户，占农村家庭数量的 15.23%。

西藏：2018 年年底，西藏自治区广播节目综合人口覆盖率为 97.14%，其中农村地区覆盖率为 96.62%；电视节目综合人口覆盖率均为 98.21%，其中农村地区覆盖率为 97.80%。有线广播电视实际用户数达到 24.1 万户。

（六）西北地区

陕西：2018 年年底，陕西省广播节目综合人口覆盖率为 98.84%，其中农村地区覆盖率为 98.48%；电视节目综合人口覆盖率均为 99.34%，其中农村地区覆盖率为 99.06%。有线广播电视实际用户数达到 730.7 万户，其中农村有线广播电视实际用户为 234.9 万户，占农村家庭数量的 48.20%。

甘肃：2018 年年底，甘肃省广播节目综合人口覆盖率为 98.45%，其中农村地区覆盖率为 98.12%；电视节目综合人口覆盖率均为 98.81%，其中农村地区覆盖率为 98.54%。有线广播电视实际用户数达到 191.6 万户，其中农村有线广播电视实际用户为 29.6 万户，占农村家庭数量的 5.90%。

青海：2018 年年底，青海省广播节目综合人口覆盖率为 98.62%，其中农村地区覆盖率为 98.00%；电视节目综合人口覆盖率均为 98.65%，其中农村地区覆盖率为 98.12%。有线广播电视实际用户数达到 95.8 万户，其中农村有线广播电视实际用户为 1.9 万户，占农村家庭数量的 2.04%。

宁夏：2018 年年底，宁夏回族自治区广播节目综合人口覆盖率为 98.98%，其中农村地区覆盖率为 98.39%；电视节目综合人口覆盖率均为 99.79%，其中农村地区覆盖率为 99.61%。有线广播电视实际用户数达到 105.7 万户，其中农村有线广播电视实际用户为 3.5 万户，占农村家庭数量的 4.07%。

新疆：2018 年年底，新疆维吾尔自治区广播节目综合人口覆盖率为 97.83%，其中农村地区覆盖率为 97.53%；电视节目综合人口覆盖率均为 98.07%，其中农村地区覆盖率为 97.84%。有线广播电视实际用户数达到 325.1 万户，其中农村有线广播电视实际用户为 24.5 万户，占农村家庭数量的 7.15%。

二、发展规律分析

（一）农村广播仍是最基础的农业农村信息化设施

我国农村地域广阔，地理环境复杂多变，许多信息化技术手段难以实现全部覆盖。而广播具有适用环境广、速度快、穿透能力强等优势，与报纸和电视相比具有更强的渗透率，能够以较低的成本将信息传递到每户农村家庭。虽然新一代信息技术在全球范围突飞猛进，但是受限于农村的经济水平和地理环境等因素，农村广播仍是理论上覆盖范围最广的农业农村信息化设施，在丰富农民生活、提高新闻传播速度、扩大政府职能等方面发挥着不可替代的重要作用。

（二）农村电视仍是重要的农业农村信息化设施

电视作为一种日常生活耐用品，在农村中传播新思想、新技术和新模式等方面具有重要作用。电视作为一种可视化设备，可生动、形象、及时地传输信息，可强化受众对于传播内容的印象。随着有线网络在农村中的应用范围进一步扩大，具有更多优点的智能电视将会更具吸引力，电视仍将长期是农业农村的重要信息化设施。

（三）农村广播和电视的全方位智能化升级趋势不可逆转

随着信息技术的发展、制造工艺的提升和城乡交流日益密切，广播和电视设备的生产成本进一步下降，农村居民对于产品的智能化需求也愈加强烈。农村广播和电视的智能化升级趋势有以下几点：第一，产品外观智能化，个性化、小巧化、集成化的硬件产品在农村中的应用比例正逐步提升，显著提升了农村居民的用户体验和生活水平；第二，产品功能智能化，通过硬件升级和软件整合，实现单个产品的功能最大化和多个产品的协同互联，高效满足农村居民的生活和生产需要；第三，产品内容智能化，为了进一步提高广播和电视的保存性、互动性、精准性，产品内容收集、处理、分发等环节正在加速智能化，有效从源头上提升广播和电视的内容质量。农村广播和电视的全方位智能化升级，将是农业农村信息化发展的必然趋势，农村广播和电视仍是农业农村信息化基础设施的关键组成部分。

第二节　农村固定电话、移动电话

一、全国整体情况

在移动互联网普及的时代，通信建设是农村基础设施建设的重要部分，是农民进行信息化生产生活不可或缺的保障。农村固定电话、移动电话的基础设施建设和普及情况，是农村经济接入新时代互联网经济的表现特征之一。根据工信部运行监测协调局数据显示，截至 2018 年年底，全国共有固定电话用户 18224.8 万户，同比下降 5.9%（2017 年年底为 19376.2 万户）。其中，城市固定电话用户 13862.3 万户，同比下降 5.9%（2017 年年底为 14731.3 万户）；农村固定电话用户 4362.4 万户，同比下降了 6.1%（2017 年年底为 4644.9 万户）。截至 2018 年年底，全国共有移动电话用户 156609.8 万户，同比增长 10.5%（2017 年年底为 141748.8 万户）。其中，4G 移动电话用户 116546 万户，比 2017 年年底净增 16857 万户；3G 移动电话用户 14018 万户，比 2017 年年底净增 555 万户。截至 2018 年年底，我国固定电话普及率为 13.1 部 / 百人，比 2017 年年底下降 0.8 部 / 百人；移动电话普及率为 112.2 部 / 百人，比 2017 年年底增长 10.2 部 / 百人。

截至 2018 年年底，华北地区（北京、天津、河北、山西、内蒙古）共有固定电话用户 2083 万户，同比下降 7.2%（2017 年年底为 2243.7 万户）。其中，城市固定电话用户 1811.9 万户，同比下降 6%（2017 年年底为 1928 万户）；农村固定电话用户 271.1 万户，同比下降 14.1%（2017 年年底为 315.7 万户）。截至 2018 年年底，华北地区共有移动电话用户 20859.2 万户，同比增长 7.5%（2017 年年底为 19403.1 万户）。

截至 2018 年年底，东北地区（辽宁、吉林、黑龙江）共有固定电话用户 1489.9 万户，同比下降 12.4%（2017 年年底为 1700.1 万户）。其中，城市固定电话用户 1235.4 万户，同比下降 13.7%（2017 年年底为 1432.1 万户）；农村固定电话用户 254.5 万户，同比下降 5%（2017 年年底为 268 万户）。截至 2018 年年底，东北地区共有移动电话用户 11715.4 万户，同比增长 3.8%（2017 年年底为 11281.6 万户）。

截至 2018 年年底，华东地区（上海、江苏、浙江、安徽、福建、江西、山东）共有固定电话用户 5729.8 万户，同比下降 6.1%（2017 年年底为 6103.5 万户）。其中，城市固定电话用户 4289.1 万户，同比下降 4.9%（2017 年年底为 4509.5 万户）；农村固定电话用户 1440.7 万户，同比下降 9.6%（2017 年年底为 1594 万户）。截至 2018 年年底，华东地区共有移动电话用户 46527.5 万户，同比增长 10.1%（2017 年年底为 42269.4 万户）。

截至 2018 年年底，华中、华南地区（河南、湖北、湖南、广东、广西、海南）共有固定电话用户 4511.2 万户，同比下降 8.7%（2017 年年底为 4942.5 万户）。其中，城市固定电话用户 3356.4 万户，同比下降 8.3%（2017 年年底为 3659.7 万户）；农村固定电话用户 1154.8 万户，同比下降 10%（2017 年年底为 1282.8 万户）。截至 2018 年年底，华中、华南地区共有移动电话用户 44180.7 万户，同比增长 12.1%（2017 年年底为 39419.7 万户）。

截至 2018 年年底，西南地区（重庆、四川、贵州、云南、西藏）共有固定电话用户 2884.3 万户，同比增加 3.0%（2017 年年底为 2799.1 万户）。其中，城市固定电话用户 1971.4 万户，同比增加 0.6%（2017 年年底为 1960.4 万户）；农村固定电话 912.9 万户，同比增加 8.8%（2017 年年底为 838.7 万户）。截至 2018 年年底，西南地区共有移动电话用户 21631.1 万户，同比增长 14%（2017 年年底为 18972.9 万户）。

截至 2018 年年底，西北地区（陕西、甘肃、青海、宁夏、新疆）共有固定电话用户 1526.5 万户，同比下降 3.5%（2017 年年底为 1582 万户）。其中，城市固定电话用户 1258.5 万户，同比下降 1.35%（2017 年年底为 1241.7 万户）；农村固定电话用户 268 万户，同比下降 21.2%（2017 年年底为 340.3 万户）。截至 2018 年年底，华东地区共有移动电话用户 11695.8 万户，同比增长 12.4%（2017 年年底为 10402.2 万户）。

二、发展规律分析

随着世界各国农业农村信息化建设的蓬勃发展，信息技术已经在农村农业中广泛应用。信息技术不但改变了传统的生产方式、经营方式、管理方式和服务方式，而且在农村建设中发挥着越来越重要的作用，成为促进农村繁荣和经济发展的助推器。

（一）固定电话用户规模减少，移动电话普及率大幅提升

随着新一代信息技术的飞速发展，我国电话用户的总量稳步提升。截至 2018 年年底，全国电话用户净增 1.37 亿户，总数达到 17.5 亿户，电话用户总量稳步增长，同比增长

8.5%。其中，全国移动电话的用户量大幅增长，而固定电话的需求减少，用户量逐渐降低。固定电话用户总量减少 1151.4 万户，同比下降 5.9%，普及率降为 13.1 部 / 百人。移动电话用户增长 14861 万户，同比增长 10.5%，移动电话普及率进一步提高，达到 112.2 部 / 百人。电话普及率趋势见图 2-3。

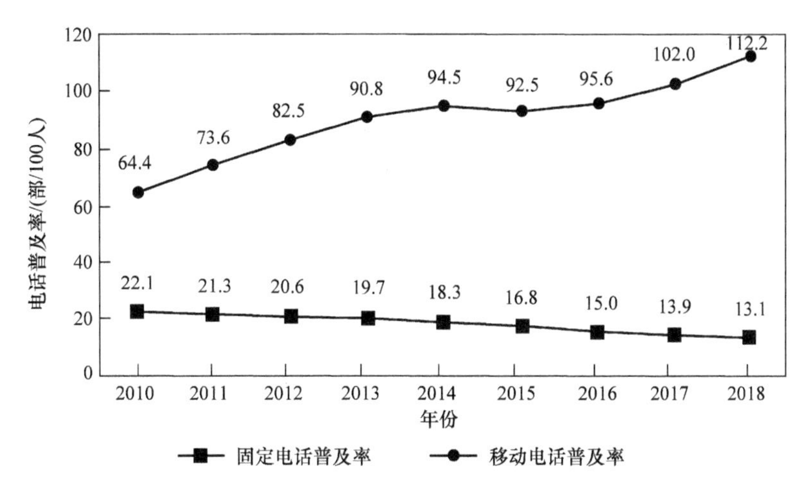

图 2-3　电话普及率趋势

注：数据来源于工信部运行监测协调局。

（二）4G 移动电话用户占比稳步提高

随着 4G 网络的普及，4G 通信逐渐成为主流。截至 2018 年年底，三家基础电信企业的移动电话用户总数达 156609.8 万户。其中，4G 移动电话用户共有 116546 万户，占比 74.4%；3G 移动电话用户共有 14018 万户，占比 25.6%。而截至 2017 年年底，移动电话用户总数为 141748.8 万户，其中 4G 移动电话用户 99689 万户，占比 70.3%；3G 移动电话用户 13463 万户，占比 29.7%。4G 移动电话用户在移动电话用户总数中的占比率提高 4.1%。

（三）农村、城市固定电话变化率差异明显

截至 2018 年年底，全国城市固定电话用户 13862.3 万户，同比减少 5.9%（2017 年年底为 14731.3 万户）；农村固定电话用户 4362.4 万户，同比减少 6.1%（2017 年年底为 4644.9 万户）。全国城市和农村的固定电话变化率差别不大，但是具体到各个地区，农村与城市固定电话用户变化率差异较大。华北地区、华东地区、（华中、华南）地区、西南地区、西北地区农村固定电话用户变化率大于城市固定电话用户变化率，只有东北地区的农村固定电话用户变化率小于城市固定电话用户变化率。农村与城市固定电话用户变化率对比见图 2-4。

（四）地区差异化明显

截至 2018 年年底全国固定电话用户变化率随着地区的不同差异化明显，华北地区、东北地区、华东地区、（华中、华南）地区、西北地区的固定电话用户量有所减少，只有西南地区的固定电话用户量呈增长态势。移动电话用户变化率方面，华东地区、（华中、华南）地区、西南地区、西北地区同比增长超过 10%，只有东北地区同比增长 3.8% 和华北地区增长 7.5%。各地区固定电话和移动电话用户变化率对比见图 2-5。

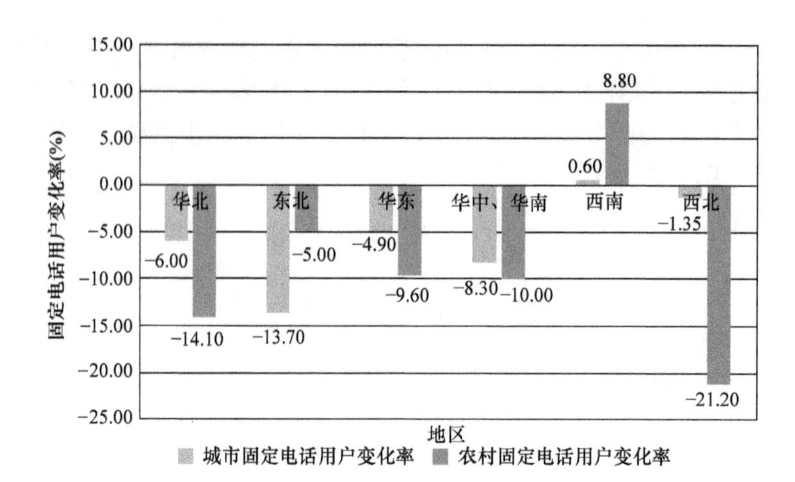

图 2-4　农村与城市固定电话用户变化率对比

注：数据来源于工信部运行监测协调局。

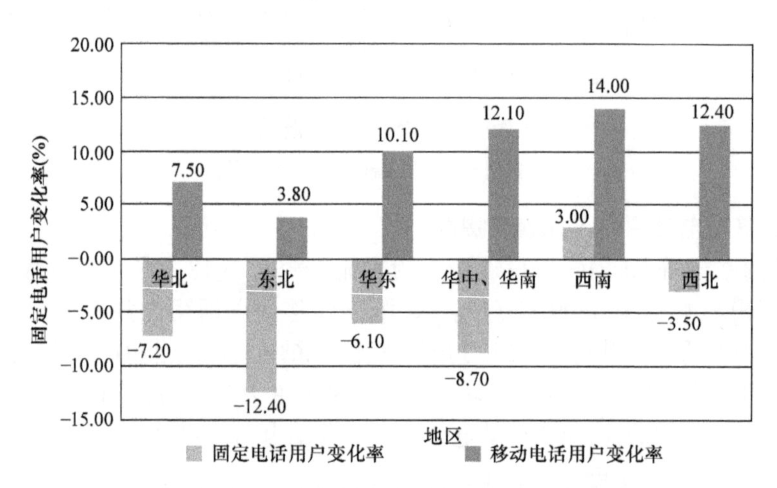

图 2-5　各地区固定电话和移动电话用户变化率对比图

注：数据来源于工信部运行监测协调局。

第三节　农村互联网接入

一、全国整体情况

要想富，先修路，这句耳熟能详的话语如今有了新的解释。修路，不仅要修实实在在的公路，还要修信息高速公路，即互联网高速路。在打赢脱贫攻坚战的关键时期，完善乡村网络基础设施，打通信息高速公路对贫困地区脱贫攻坚有着重要的意义。互联网已经成为乡村脱贫、乡村振兴的关键所在。近年来，中央网信办、国家发改委、工信部等有关部门深化实施宽带乡村工程，持续推进农村地区电信普遍服务，农村互联网基础设施优化明显，“互联网＋农业”支撑条件加速改善。截至 2018 年年底，我国行政村通光纤比例已提升到 98%，贫困村通宽带比例达 95%，4G 网络覆盖率超过 98%，极大提升了我国农村及偏远地区宽带网络基础设施能力，为乡村振兴和打赢脱贫攻坚战提供了坚实的网络保障。为了缩小数字鸿沟，加快农村宽带建设步伐，财政部和工信部进行了电信普遍服务试点的工作。

2018 年，中央财政资金总体上提高了对电信普遍服务试点的支持力度，补贴比例从以前东部、中部、西部和自治区的 15%、20%、30%、35% 统一提到了 30%，取得了较好的效果，我国广大农村地区宽带互联网的覆盖面积和网民规模都在不断增长。截至 2018 年 12 月，中国网民规模达 8.29 亿人，全年共计新增网民 5653 万人，互联网普及率为 59.6%，较 2017 年年底增长 3.8 %。其中农村网民规模达 2.22 亿，占整体网民的 26.7%，较 2017 年年底增加 1291 万人，增长率为 6.2%；农村地区互联网普及率为 38.4%，较 2017 年年底增长 3.0%。全国城市宽带用户达到 2.9 亿户，而农村宽带用户达 1.17 亿户。农村宽带用户全年净增 2364 万户，比 2017 年年底增长 25.2%，增速较城市宽带用户高 11.4%；农村宽带接入用户在固定宽带接入用户中占 28.8%，占比较 2017 年年底增长 1.9%。农村宽带接入用户数量变化见图 2-6。

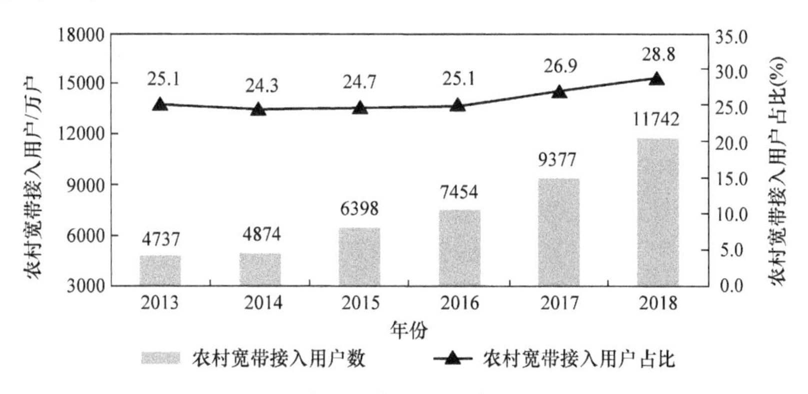

图 2-6　农村宽带接入用户数量变化图

注：数据来源于工信部。

二、发展规律分析

（一）农村互联网运营商竞争逐步升级

近年来，随着“互联网 +”和物流业的快速发展，农民网上开店直销农产品、线下搞旅游观光等“互联网 +”融合业态层出不穷。随着越来越多的网店村和网店镇的出现，互联网的红利在农村得到不断释放。依托电商精准扶贫工程，电子商务进农村综合示范逐渐向贫困县倾斜，农村互联网整体应用水平得到明显提升。中国农村网民规模及普及率变化见图 2-7。

同时，随着精准扶贫和农业电商的兴起，农村互联网的配置要求也越来越高。目前，部分用户存在同时安装中国联通、中国电信、中国广电等多个运营商宽带的情况，原因是部分用户虽然家中已有宽带，但是由于其带宽不高，无法满足其从事淘宝、直播等业务的需求，于是又同时安装了其他品牌宽带配合使用。对于选择在家创业，从事电商、直播等互联网事业，或者有远程教学、品牌宣传等互联网需求的农村用户来说，网络的高速性、稳定性等客观需求正在逐渐提高。

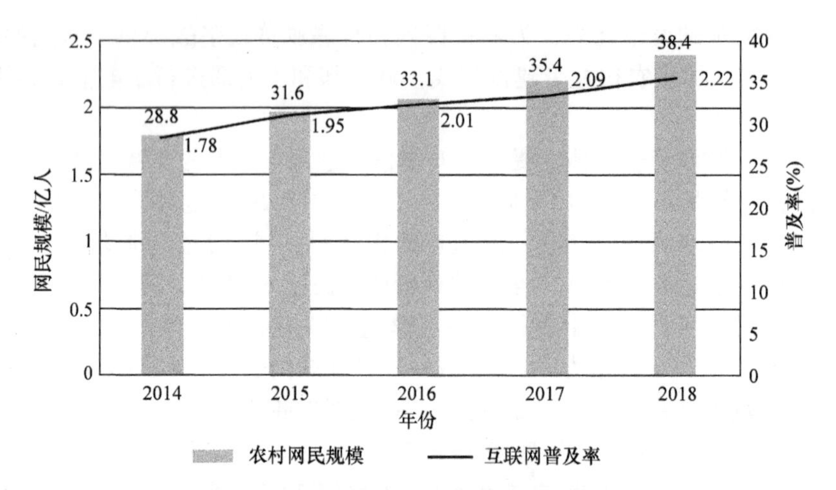

图 2-7　中国农村网民规模及普及率变化图

注：数据来源于网络整理。

目前，我国北方地区中国联通和中国移动信号覆盖较广，南方地区中国电信信号相对比较稳定。但农村宽带带宽并不高，网络技术条件过硬、资费水平实惠的运营商将赢得用户的青睐。

（二）互联网基础建设进入重点攻坚期

虽然我国互联网普及率保持稳定增长，但相比城市，农村信息基础设施尚有待完善。无论从规模上还是增速上，农村互联网的普及率和城市相比还存在较大差距。一方面，部分边缘地区互联网设备普及仍未到位。在偏远的乡村地区，落后的交通设施与不健全的物流体系，使得乡村信息数据平台建立难以实现，科技含量高的智能设备及互联网覆盖率不足。部分学校上网硬件设施配置较低，教师与学生无法及时获得优质教育资源，乡村教学方式和质量难以深入发展。中国贫困村宽带用户数统计见图 2-8。

图 2-8　中国贫困村宽带用户数统计

注：数据来源于国家互联网信息办公室。

另一方面，农村互联网接入应用意识有待提升。近年来，在政府的大力扶持下，农村信息基础设施实现跨越式发展，但由于经济发展的不平衡，农民对信息重要性的认识不够，还不能充分有效地利用现有信息基础设施。电子商务等互联网应用在乡村地区的发展迟迟得不到突破，成为乡村经济发展的阻碍。同样，由于部分地区对于互联网的使用缺少必要的入门培训和讲座学习机会，乡村地区的互联网教育工作进展缓慢。

（三）农村互联网应用呈现多元化趋势

在互联网接入农村之后，户外直播、农村电商、文化旅游等“互联网 +”应用层出不穷。不少农村山区所蕴含的丰富自然资源和生物资源被发掘，旅游资源也得到了宣传。更为可喜的是，农民生活有了极大的改善，在先进农业生产技术的应用下，农业产品的附加值得到了提高。互联网作为一个平台，成功地让农产品“走出去”，大大提高农民的收入，改善农民的生活，助其走上脱贫致富的道路。实际上，我国不少农村并不缺乏富有竞争力的产品，只是受限于经济和科技的发展，农村人口自身也存在一定的思维局限性，导致部分产品都在产地或者产地附近的地区流通，无法真正发挥产品的竞争优势。

电子商务正成为脱贫攻坚的重要手段，受到各级政府的高度重视。由商务部指导，29家单位成立了中国电商扶贫联盟，帮扶对象覆盖351个贫困县，推动企业为贫困地区农产品开展“三品一标”认证，提升品牌化、标准化水平，促进农产品上行取得新进展。2018年，我国农村网络零售额达到1.37万亿元，同比增长30.4%；全国网络零售额达到2305亿元，同比增长33.8%。阿里研究院的数据显示，2018年在阿里巴巴平台经营的贫困县网络销售额超630亿元,100多个贫困县网络销售额达到或超过1亿元。罗霄山区、大别山区、秦巴山区、武陵山区、燕山太行山区等集中连片特困地区的网络零售额排名靠前。

正是基于互联网红利和帮助农村脱贫的双重考量，越来越多的电商企业开始将目光着眼于农村。例如，阿里巴巴通过兴农扶贫平台，将“亩产一千美金计划”落实到了全国600多个县，全年支持贫困县小企业展示和销售的商品超过1亿件；菜鸟网络聚合超过10万条快递路线，连通集中连片特困地区与全国城市，实现“快递县县通”；蚂蚁金服则聚合众多金融机构向贫困县创业者和小企业提供金融服务。

应用进展篇

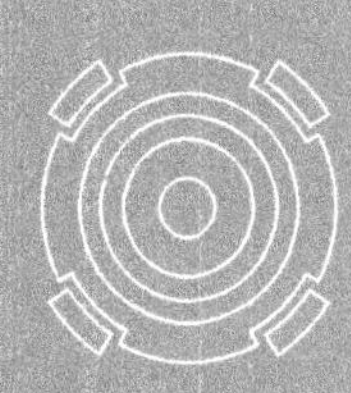

第三章 农业生产信息化

3

第一节　种植业信息化

一、大田种植信息化

（一）发展现状

1. 信息化研发和应用体系完善

随着3S技术、传感器技术、自动控制技术、无线通信技术等技术的飞速发展，信息技术已开始应用于种植业的各个环节，实现了产前农田资源管理、产中农情监测和精细农业作业及产后农机指挥调度等具体应用。产前农田资源管理，是通过各种传感器的应用，利用土壤含水量测试仪、土壤电导率测量仪、农田小气候观测仪等，实现农田资源环境信息、农田小气候、土壤肥力、含水量、温度、病虫草害等的全面感知；产中农情监测和精细农业作业，是通过对信息的采集和处理，实现自动化灌溉和精准施肥等作业；产后农机指挥调度，是通过对收割机等农机设施进行车辆定位和设备监控，实时掌握各项设施的运行状况和位置信息，实现了生产环节的智能化、信息化和机械化。

顺义都市型现代农业万亩示范区主要种植小麦和玉米，该示范区实现了信息化技术集成应用（如农田环境监测、农机精准作业、节水灌溉智能控制和农机调度）和大田种植全程信息化。示范区将物联网技术、北斗导航、无线通信技术全面融入生产领域，在示范区9个行政村中选择典型地块分别安装了9个气象监测站、18个墒情监测站、18个苗情监测站，实现了示范区内核心示范村典型地块的气象、墒情、苗情远程监测；并以此数据为基础，采用喷灌方式，通过无线通信技术进行灌溉控制，实现大田节水灌溉智能控制系统；通过农机调度系统，实现了农机的合理调度和使用。

2. 信息化服务平台逐步完善

大田种植属于附加值低的行业，因此，其信息化建设主体推进意识不强、积极性不高。通过国家行政力量的推动，建设全国性的大田种植信息化相关服务平台，建立健全国家、省、县等多级信息采集、汇总和应用的综合网络体系，有利于实现全国农业管理的规范化和科学化，为指导农业生产、防灾减灾提供依据。

目前，农业农村部围绕大田种植信息化关键环节推出了一系列面向全国的公共服务和管理平台，如全国农机化生产信息服务平台、全国耕地质量大数据平台、国家测土配方施肥数据管理平台及农情信息调度系统，这些系统主要功能是进行基情、灾情、行情、苗情、产情等信息的采集、传递、处理和发布，实现部—省—地市三级农情信息调度网络化报送、自动化处理；同时，还建立了500个部属农情基点县信息调度网络，实现了全国农情信息的集中采集、处理和分析。

3.“天空地”一体化

大田种植的生产环境是一个复杂系统，所涉及的种植区域多为野外区域，不仅种植区域面积广阔，而且种植区域内的地势、气候等多变，尤其是山地地区，这对于只通过在地面进行人工实地勘测或者通过信息化设备进行数据采集、实时分析及实际作业来说，效率较低，工作量非常大，费用也较高，因此通过信息化多种技术实现“天空地”一体化信息监测和作业就成为一种趋势。无人机通过携带农业专用传感器在种植区域飞一遍，便可快速获得农业旱情、苗情、病虫情、灾情等信息，并根据对无人机获得数据的处理结果，利用航空植保对种植区域进行作业，在几十分钟内可为数十亩农田喷洒农药；同时，可以根据获得的信息对地面灌溉进行指导。

如北京延庆地区植保作业中应用的由北京农业信息技术研究中心研发的航空植保作业实时监管与面积计量系统，该系统为国内领先的航空植保作业实时监控系统，能实现作业数据采集—通信网络传输—后端作业数据处理的智能化全流程解决方案，可对航空植保作业航时、里程、面积进行精确计量，系统通过无线蓝牙方式接收指令，确定每亩喷洒量；进行喷洒作业时根据无人机飞行速度以及初始化设置的喷洒量，实时计算出当前最合适的喷洒流量参数，并进行流量闭环控制。经测试，在幅宽 3 米，每亩 1 升的常用作业条件下，作业控制误差小于 5%，可节约 50% 的农药使用量、90% 的用水量。

（二）存在的主要问题

1. 大田种植信息化发展基础设施投入不足，信息技术开发应用滞后于大田种植发展

由于我国大田种植信息管理机制和运行机制不健全，部分地区还没有完整的信息收集、整理、传播等体系，信息的采集、处理、加工、发布等手段落后，农业规模化生产落后，农业信息化基础设施建设难以满足大田种植信息化发展的需求，农户和农业企业运用信息化种植手段不够、方法不多，致使大田种植信息技术不能深入乡村，不能面向广大农民开展有效的农业信息服务。在人工智能系统、农田管理信息系统、作物长势模拟技术、3S 技术、精细农业等方面的研究与我国现在的大田种植发展实际情况不相称，取得的成果数量少、种类单一，我国大田种植信息化程度不能满足现阶段农业生产发展的需要。

2. 农业信息化人才缺乏，农民信息化意识和利用信息能力不足

农业信息化在我国实施的时间不是很长，各种基础设施不完善，我国还处于传统农业和现代农业的过渡阶段，大田农业种植大多还是依靠传统农民进行人工经验管理，现代农业人才的培训也是刚刚起步，农业部门从事大田种植信息管理的工作人员在专业知识层面不能满足大田种植信息化的管理需求，缺乏对信息的整理、归纳和预测能力。我国农民通过网络获取信息能力有限，接受专业培训人员少，导致其利用信息的能力低、获取先进技术的能力弱，尚未形成充分利用信息资源的能力。

3. 大田种植信息化资源利用率低，农田墒情监测、测土配方系统等应用技术落后

随着农业信息化建设的不断推进，农业部门和农业相关部门都建立了各自的信息资源系统，但是由于信息资源的管理机制不健全，各部门之间的信息交流和共享较少，农业信息数据库的建设处于初级阶段，没有重视对农业信息资源的开发，农业信息的利用效率低，农业信息的收集、整理、分析和应用没有形成相应的市场系统，尤其是广大的农村地区没有建立完善的信息产品市场，农民的信息来源单一，获取的农业信息不足。与国外相比，

我国目前的农田墒情监测技术还存在较大差距，监测方法与手段比较落后，缺乏大面积成本合理、稳定性高的应用成果。测土配方软件都是针对某一特定地区、特定作物的施肥系统，由于我国地域状况差异非常大，数据要根据各个地区的实际情况来定义，因此测土配方软件可移植性差，通用性不强，无法有效地大范围推广。

（三）典型案例

案例一：北京市房山区窦店镇窦店村农业物联网技术示范应用

1. 总体概况

窦店村位于北京市房山区东南部，地处永定河及大石河之间的冲积平原，地势平坦，土壤肥沃，地下水资源丰富。示范区地块分布在窦店村二农场、六农场、十二农场，五七农场共 4 个农场，覆盖农田总面积为 1619 亩，包括 11 眼农用机井，主要种植玉米、小麦等大田作物。

2. 主要做法

窦店村农业生产物联网综合管理平台拟由农业生产资源管理系统、作物病虫害管理及远程诊断系统、农田墒情监测与灌溉管理决策系统、农田苗情监测系统、高效节水灌溉自动控制系统构成，见图 3-1。

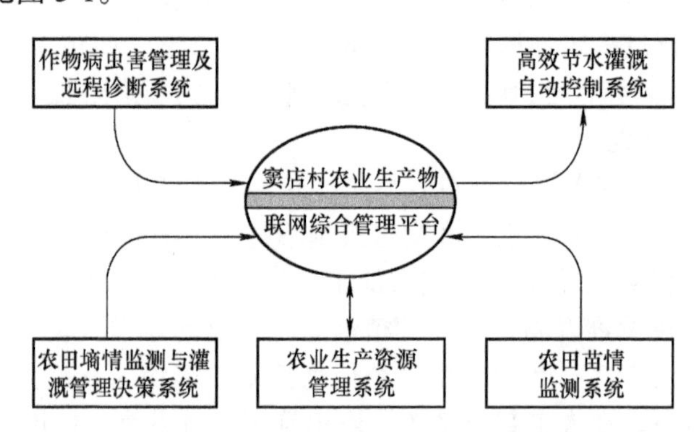

图 3-1　窦店村农业生产物联网综合管理平台工艺流程

（1）农业生产资源管理系统。以地理信息为基础对项目区内各类功能区、设施、资源信息、农田信息等基础信息进行整合，形成统一的资源数据库，使农场管理机构可以方便地掌握各类设施、资源的状况，提高工作效率。

（2）作物病虫害管理及远程诊断系统。通过分析、处理太阳能自动虫情测报灯、手持病虫害信息采集终端等硬件设备获取的实时病虫害及人工录入的信息，为农业生产应用提供实时、动态和准确的作物病虫害诊断与处理信息。

（3）农田墒情监测与灌溉管理决策系统。通过分析、处理气象墒情监测站获取的实时墒情信息，结合系统获取的权威气象预测数据，为农业节水、水资源优化配置、合理灌溉提供科学指导与服务。

（4）农田苗情监测系统。通过分析、处理作物生理信息监测站、作物长势视频监测站获取的实时苗情信息，结合遥感影像获取的作物大尺度生长信息，能够更好、更准确地对作物生长状态进行综合监测和诊断分析，为作物长势、灾害预测和防治提供科学、合理的辅助决策支持。

（5）高效节水灌溉自动控制系统。通过灌溉阀门控制器，实现田间固定高架式微喷启停的自动控制，通过对控制器内设备工作状态的实时测控，大幅降低管理人员的劳动强度。

（6）农场分控中心建设。为各农场提供一个快捷、便利的应用查询平台，及时通过上述各个系统了解所在农场作物“四情”状况（农田苗情、墒情、病虫害情、灾情），以便迅速采取合理有效的应对措施，避免各种病害对作物可能造成的不良影响。

（7）农业物联网信息管理及综合展示中心建设。为农场管理机构及农技服务部门提供一套现代化的农业生产管理软、硬件平台，达到随时随地获取全方位的农田“四情”信息，并对水肥环境进行精确调控，达到促进作物生长、抑制病虫害发生、节约能源、降低生产成本的效果，最终构建适合窦店村特色的农业物联网应用系统。

窦店村农业生产物联网综合管理平台贯穿了农业生产的产前、产中和产后各个关键环节。在产前阶段，利用农业生产资源管理系统对耕地、气候、水利、农用物资等农业资源进行监测和实时评估，为农业资源的科学利用与监管提供依据；在产中阶段，通过作物病虫害管理及远程诊断系统、农田墒情监测与灌溉管理决策系统、农田苗情监测系统等系统实时监测“四情”信息，通过对“四情”信息的分析、处理、挖掘和决策，指导高效节水灌溉自动控制系统对农作物进行精细化水肥调控，提高水肥利用效率；在产后阶段，通过农业生产资源管理系统不断积累作物产量、农资、农药消耗等信息，计算投入、产出比，同时记录大宗货物流向和抽检结果，解决农业生产标准不易掌控、品质不易评估和质量安全溯源等难题，最终实现农业生产全程数字化管理的目标。

案例二：农机深松作业

1. 总体概况

农机深松作业的目的就是在不翻转土壤的情况下，破除土壤板结，增加土壤的蓄水能力，促进作物的根系生长，实现农作物稳产增产的有效耕作技术。在监管深松作业效果、发放补贴的过程中存在作业质量不达标和虚报面积的现象，严重影响深松作业的大范围推广和应用。针对农机深松作业在面积统计和作业质量监控上的薄弱环节，国家农业智能装备工程技术研究中心根据深松作业监管方面的实际需要，结合原有的车辆卫星定位和监管系统，研究开发了深松智能监管系统。

2. 主要做法

国家农业智能装备工程技术研究中心针对农机作业质量缺乏监管手段的问题，研究开发了农机深松作业监管系统，采用卫星定位、无线通信技术，实现对农机深松作业过程、面积等参数实时准确监测，具有深松作业数据统计分析、图形化显示、作业视频监控等功能。

深松监管系统由深松作业实时监测终端与深松作业管理服务客户端软件两部分组成。深松作业实时监测终端采用高性能微处理器，集成卫星定位、无线通信等技术，包括车载终端、耕深测量传感器以及显示屏等安装在拖拉机及深松犁上的一系列设备模块，实现面积测量和数据实时回传，并由监测终端完成深度解算和位置定位，通过移动网络与管理平台交换数据，将数据上传至管理平台，进行统一管理。深松作业管理服务客户端软件是一个农机具作业统计管理系统，包括农机作业实时定位跟踪、作业面积统计、视频监控、农机专业合作社管理、农机管理、农机作业历史轨迹回放、权限管理、用户管理、地图操作等功能模块，能够统计和记录所有安装深松作业实时监测系统的农机具的作业数据，包含深松深度、行驶轨迹、作业面积、作业时间等信息，从而对整个深松作业过程进行监督管理，并且可以为深松补贴的合理发放提供依据。

在农机深松耕数据实时监测方面，系统终端通过监测主机、GPS、机具监测传感器、机具识别传感器、防水摄像机等设备收集实时的深松作业的数据和信息，其中车辆数据包括车牌号码、农机类型、车主姓名、车主电话等；现场作业GPS数据包括时间、位置、速度、GPS状态；记录作业参数数据包括作业面积、作业状态、机具幅宽、机具状态；作业现场可视化信息包括图片、视频。这些信息和数据具有数量大、维度多、增长快、变化大以及价值高等典型特点。

在对实时数据分析评价方面，系统通过对上述大数据进行数据科学的分析，可以还原深松作业现场，对作业质量进行较为精确的综合评价，不仅为深松作业质量监测提供了技术支撑，也为实现各类农机作业远程监控提供了平台。

目前该套系统已经扩展应用到耕、种、管、收、秸秆打捆等农机作业的5大环节13种作业类型，在安徽、山东、新疆、河南、黑龙江、宁夏、天津、陕西、河北、广东、辽宁、江苏等全国23个省市累计推广3万多套，取得良好的应用效果，是物联网和大数据技术在农业领域的成功应用，见图3-2。

a) 安徽应用现场

b) 山西应用现场

c) 新疆应用现场

图3-2 农机深松作业广泛推广应用现场

案例三：基于高精度北斗卫星导航系统的拖拉机自动导航系统

针对农机自动导航系统存在转向控制装置适应性差、应急响应慢、田间复杂地形高速导航误差大、无序行走造成导航效率低等突出问题，北京市农林科学院提出了手动优先农机自动转向控制方法，基于双天线测姿测向的速度自适应农机作业路径跟踪控制方法，优化农田全区域覆盖作业路径，突破了农机作业定位和自动导航关键技术，研制了电液、电机转向两类农机自动导航系统，广泛应用于起垄、播种、开沟、收获、田间管理等多个作业环节，导航作业误差≤ 2 厘米，显著提升了作业质量和效率，降低了作业成本。

案例四：无人驾驶拖拉机

为应对人口老龄化带来的农业劳动力短缺、生产成本增长带来的影响，我国农机装备正在向无人化、机器人化方向发展，无人驾驶拖拉机系统具有 CAN 总线控制发动机、动力换挡变速箱和机具提升系统的功能，可实现远程控制无人作业，为少人化的农场管理奠定了良好的技术基础。协同作业技术可以实现田内多机流水协同，有效提高了作业精度和协同效率。河北省农机部门联合国家农业智能装备工程技术研究中心和省农科院专家团队共同开发的全程无人驾驶智能化作业系统，在赵县姚家庄村试验田成功完成试验。新一代智能作业农机可以更加精准地设定作业路线，最大限度减少农机作业中的重叠和遗漏，显著提高作业质量，增加有效耕地面积。同时，全程无人驾驶系统降低了对农机驾驶员的操作要求，驾驶和操作更加轻松便利，缓解了对高水平农机手的依赖。

案例五：有机枸杞智能化信息技术管理系统

1. 基本情况

宁夏万齐农业发展集团成立于2013年4月，是中卫市最大的一家集设施生态农业开发，现代农业新品种、新技术的推广、引进，农资产品的批发、零售，蔬菜种苗、园林绿化苗木的培育、销售，优质水稻种植、收购、加工、销售，现代冷链物流，生态观光农业的开发应用于一体的大型农（林）集团。目前，宁夏万齐农业发展集团拥有 23880 亩特色种植基地。

2. 实施情况

基于物联网的名品生产质量追溯体系是宁夏万齐农业发展集团于 2013 年投资 1770 万元建设的现代农业智能信息化管理项目。项目建设旨在通过对公司自主生产的无公害水稻、枸杞、蔬菜等作物的种植、收购、加工、仓储、物流和销售过程，利用物联网技术构建整套农产品质量安全的追溯方案，形成符合国家标准的企业名品农产品质量安全溯源编码标准。宁夏万齐农业发展集团利用物联网技术中的传感、RFID、二维码和三维码等关键技术，开发适合大米、枸杞、果蔬等名品农产品质量安全的溯源系统，并利用大数据、云计算和数据挖掘等技术构造适合示范企业实施的农产品质量安全体系解决方案，在企业内实现大米、枸杞等公司主要优特农产品的全产业链质量追溯，达到示范应用的目标。宁夏万齐农业发展集团的物联网应用模式是建立在企业 4000 亩有机枸杞基地的智能化信息技术管理系统基础上，实施包括种植、加工、仓储、物流等方面的体系建设，具体信息化技术和产品的使用情况如下。

（1）枸杞种植生产管理信息系统建设。利用物联网技术和无线传感技术，对有机枸杞的生长环境进行实时监测，对温度、湿度、光、二氧化碳、土壤养分等指标进行精确测量，实现精确的施肥、浇水、施药以及光照和二氧化碳含量控制，从而达到精准化管理，提高农产品的产量、质量和安全性，为农产品的质量安全溯源提供数据依据。

（2）枸杞加工管理系统建设。针对公司自主生产的有机枸杞加工生产设备，由智能信息平台进行数据接口的开发，实现对枸杞加工（烘干窖、冻干库）过程的数据采集和智能化管理，提高枸杞的加工质量。

（3）农产品仓储物流管理信息系统建设。项目建设融合 RFID 技术、智能传感技术、GPS 技术，结合公司的具体业务，利用 WAN、移动通信网络，通过对农产品种植环节、仓储物流环节和配送销售环节的全程数据监控，减少运输损耗，降低运营成本，提高农产品品质。

该项目以农产品质量溯源为目的，贯穿农产品生产流通环节，为农产品生产加工企业提供生产过程的数据采集和生产管理、物料统计、产品管理等功能；提供流通过程中的仓储环境数据采集、仓储管理、物流管理、产品批次管理、销售渠道管理功能；实现农产品质量追溯，可供消费者查询产品来源等详细产品生产加工流通信息；建设了政府监管接口，方便政府相关部门对农业生产流通过程的监管。本项目的实施，可以增加企业名品农产品价值 10% 以上，建设达到效益年后，按新增年产枸杞 2000 吨、市场价格 58 元 / 公斤计算，新增产值 11600 万元，利润总额为 4060 万元，税金 1015 万元，投资利润率 28.2%，投资回收期 3 年。

二、设施园艺信息化

（一）发展现状

设施栽培在我国作为解决“三农”问题的重要抓手得到了快速发展，设施蔬菜年均供应量占蔬菜总供应量的 30% 以上，是涉及国计民生的重要生产领域。目前，我国新建园艺设施类型从塑料大棚和日光温室等简易设施逐渐转向规模化或大型化的环控型温室。为此，设施园艺信息化技术成为设施园艺产业可持续发展的重要保障，这不仅是设施园艺工程领域的技术支撑，更是设施栽培领域实现高产高效化生产的技术支撑，对提高设施生产率和增加设施经济效益具有重要意义。

（1）新建园艺设施在结构、资材、环控、管理等方面有所突破。我国设施园艺面积（除中小拱棚外）超过 189 万公顷，其中 66.6% 为塑料大棚、30.5% 为各类型日光温室，而具有加温、降温等环控功能的环控型温室仅占 2.9%。2018 年，我国新建各种环控型温室 2636 公顷，其中包括 262 公顷玻璃连栋温室和 1943 公顷的薄膜连栋温室。新建的玻璃连栋温室在结构设计上进行了优化，国内部分企业已能够自行设计荷兰式玻璃温室。新型温室资材如 AR 玻璃、散射光薄膜、散射功能遮阳幕、新型内保温被等在实现国产化的同时，还进行了因地制宜的技术改造，使其在国内具有更好的性价比。温室环境控制技术被认为是设施园艺工程领域的信息化蓝海。此外，温室工程公司在开展设施工程建设的同时，已开始培育设施栽培管理技术人员，并开展技术服务，将设施建后管理作为售后服务或技术服务的一个重要环节，这对提高设施建设质量与推动设施栽培水平有重要影响。

（2）信息技术覆盖设施建设、资材销售、育苗生产、温室栽培、采后处理、产品销售等产业链全过程。随着信息技术和电子商务技术的不断深化，物联网技术和人工智能已经渗透设施建设、资材销售、育苗生产、温室栽培、采后处理、产品销售等产业链全过程。近年来成立的中国设施园艺科技与产业创新联盟、温室商城、绿培技术等都能从侧面验证信息技术对温室产业发展变化的影响。借鉴国内外各种温室设计软件和模型技术，国内设施园艺工程学术界和产业界基于各种计算机操作平台和软件技术推出了温室热环境模拟、光环境计算、温室流场仿真、温室结构设计等计算模型和应用软件，国产化温室工程也能提供结构力学计算书。解决温室优化设计和环境模拟计算的技术问题已经成为温室产业的迫切需求。温室商城积极推动了温室资材供应厂家如何规范商品规格、共享价格体系及整合资材优势，更是对下游企业或设施种植户开放温室产业信息的有效途径。对国内技术水平参差不齐的温室工程公司和配套资材生产商而言，站在消费者的生产需求角度优化产品性能和提高资材性价比才可能取得竞争优势。

与设施栽培相比，设施育苗生产是一个集约化程度较高的设施园艺行业的细分领域，国内已形成完整的设施育苗产业链。从大规模、专业化的设施蔬菜育苗和花卉育苗生产，扩展到设施西甜瓜育苗、设施中药材育苗，以及果树苗木和面向露地蔬菜生产的育苗生产。育苗生产过程的基质和水溶肥供应成为专业化服务，订单式计划生产成为主流，种苗生产已经到指定品种和独占品种权的阶段。同时，番茄、茄子、黄瓜等种苗嫁接技术不断推广扩大，叶类蔬菜育苗也成为专业化种苗生产的范畴。设施育苗产业的专业化分工既是设施育苗生产具有经济效益的体现，更是市场需求信息和品种栽培效果能够在全行业得到普遍传播和市场认可的结果。

近年来，大型玻璃连栋温室已经从单栋 3 ~7 公顷规模扩展到 10~20 公顷规模，荷兰式温室的长季节果菜吊蔓栽培成为技术主流，番茄、草莓、彩椒等市场需求大、附加值相对高的温室栽培成为行业蓝海。不同行业的资金涌入大型温室行业，开展工程建设和栽培管理，有力地促进了温室栽培技术的大幅提升和温室信息化技术的变革。目前，温室自动化环境控制、水肥一体化管理、病虫害与作物营养诊断、生物防治等技术基本采用了最新的荷兰温室技术，有荷兰专家培训和指导经验的一批学历较高的技术人员成为大型温室管理人员，传感器信息监控、图像识别、作业机械化等信息化技术成为温室生产常态。高品质和高附加值温室作物生产已经成为大型温室建设项目追求的首要目标。荷兰式玻璃温室建设与栽培技术的推广有效地推动了日光温室和塑料大棚生产技术的提升。目前，水肥精准灌溉技术、水培和基质培技术在日光温室和塑料大棚中逐步得到推广，利用简易设施在节能方面的技术优势开展清洁高效生产成为当前设施绿色生态生产的主流方向。完全不用化肥和农药的有机栽培模式已经逐渐被这种清洁生态的设施绿色生产技术所取代，并有形成主流生产方式的市场趋势。例如，在日光温室和塑料大棚采用深液流水培技术的叶菜生产模式在近两年快速扩张；在日光温室开展荷兰式果菜基质培和中国式基质 - 土壤混合培的农户和企业越来越多；土壤栽培的草莓生产逐渐转变成高架基质培生产。温室栽培技术的转变与国内外信息传播和技术培训息息相关，互联网经济已经成为设施栽培技术转型的重要载体和未来发展趋势。

随着市场信息的透明化和各行各业对设施园艺产业的不断投入，单纯依靠流通和销售获取高额利润的时代基本结束，设施园艺行业在采后处理和产品销售方面开展各种技术创新，从农产品溯源的角度追踪生产过程的各种信息或直接对接生产现场逐渐成为市场竞争点。盒马鲜生和京东 7FRESH 将生鲜电商推到了新高度，线上线下一体化的同时，更加注重 B2C 的产品体验和市场需求，这也是对未来市场对接过程的一种商业模式创新，更是对集成生产方式、生活方式、生态方式为一体的市场需求的尝试。

（3）设施园艺信息获取与智能调控设备和软件的研发需求不断深入。设施园艺产业的基本前提是在环境可控的设施条件下实现园艺生产，产业初级阶段是以反季节生产为主，中级阶段以最佳气候和地理位置生产高品质产品为主，高级阶段以高效优质稳定生产为主。荷兰的设施园艺生产从 20 世纪 70 年代起步，经过近 50 年的发展，已经形成了高度集约化、规模化、标准化的温室设计建设与设施园艺生产的体系化技术，利用不足 10000 公顷的玻璃连栋温室成为全球第二大农产品出口国。近 3 年来，荷兰温室产业界先后在我国建设了

200 公顷的玻璃连栋温室，这比之前合计建设的玻璃连栋温室还要多。我国大型玻璃连栋温室项目也从各地的农业科技示范园或观光园发展为生产型温室，鲜食大番茄、彩椒、樱桃番茄、串番茄、草莓等果菜和浆果生产也成为设施园艺产业的亮点和热点，有效地推动了温室行业对设施智能环境调控技术研发的关注和认可。为此，温室光环境调控和补光需求、二氧化碳增施增产技术、基于植物蒸腾量的智能灌溉、基于离子浓度的水肥调控等技术研发成果和配套传感器等信息获取技术层出不穷，这种技术需求不仅体现在大型连栋温室，日光温室和塑料大棚也有紧迫需求。这表明我国设施园艺行业对设施园艺生产的信息获取与智能调控技术与软硬件的研发需求不断深入，并逐渐转变为面向高产高效生产的信息化与智能化技术需求。

（二）存在的主要问题

我国设施园艺生产水平与发达国家相比，生产率和技术水平的差距依然较大、发展模式和服务体系还存在较多缺陷、农机装备和自动化水平总体不高、设施生产信息化水平难以适应不断升级的消费市场需求、产业工人素质难以达到绿色生产需求、年轻劳动力严重短缺且很难吸引高素质就业人员。面对栽培面积大、蔬菜多样性高且价格低的设施园艺产业现状，针对性地解决相关问题才能实现产业可持续发展。

（1）设施生产仍以简易设施为主，环控能力较差、生产率较低、机械化作业水平较低。当前我国设施类型以水平较低的日光温室和塑料大棚为主，其占设施园艺面积的 97%。由于温室种植种类繁多，设施环控能力较差，粗放的设施环境难以实现标准化设施生产。同时，多样化种植的设施并未形成规模化生产，导致每个大型设施园区常处于五花八门的生产现状，较难实施技术交流和生产指导。设施园艺工程技术人员难以根据生产需求进行针对性地设施结构设计和环控技术改进，单项技术投入很难形成规模化推广，研发市场需求和产业化成本较高，企业投入研发动力不足。目前，全国蔬菜生产机械化水平依然徘徊在 30%~35%，其中播种机械化水平约 22%、育苗机械化水平约 16%、移栽机械化水平仅为 3%、施肥机械化水平约 17%、叶菜采收机械化水平约 78%、茄果类和根茎类采收机械化水平约 10%、农产品加工机械化水平约 24.3%。

（2）设施园艺生产劳动强度大，用工成本高，市场需求信息化程度低。我国设施园艺生产的主要设施类型依然是日光温室和塑料大棚，其生产标准化程度低、环控水平差，保温被、卷帘机和开窗通风等设备依然是电动控制，多数设施未装备遮阳降温设备、加温设备、物流运输设备、自动灌溉设备等，设施环控自动化程度低，更谈不上智能化。这类简易设施的生产效益依赖于种植农户的精心管理和精耕细作，多数设施由于粗放环境和管理水平问题处于低产低效的状态，设施产值基本上与人工成本和资材投入持平。此外，由于市场动态变化和发展不均衡，设施种植户很难通过新闻、电视、网站等渠道获取准确的供需信息，年度和季节性生产技术计划几乎都是依靠上一年度的市场信息和需求来制定，一旦市场供应过剩就导致产品价格下降。市场供需关系的信息化程度低导致了设施园艺生产尤其是设施蔬菜生产常处于供不应求或供大于求的状态。设施园艺低效益和高风险的特性，导致年轻劳动力逐渐离开农业行业，中老年劳动力又很难适应高强度的设施作业。设施种植企业用工成本逐年提升，但设施效益和技术水平却很难提高。

（3）设施园艺生产专用传感器与智能装备的技术水平、标准化程度有待提高。传感器与智能装备是设施园艺生产信息化发展的核心部件，也是实现智能环境控制的基本手段。但是，我国设施园艺生产专用传感器和智能装备依然处于初级阶段，标准化程度较低。大多数高端设施几乎都是直接购买国外设备，而中端设施的技术水平虽然实现了国产化，但实用化程度难以适应设施节能与精准调控的要求，低端简易设施几乎无力配置先进设备。虽然政府大力发放补贴或研发费用，但智能化设备的实用程度难以满足生产现场需求，无法得到设施生产者和管理者的信赖。设施园艺生产最为重要的温室环控系统的软硬件研发也存在同样的问题，设备研发企业未能深入了解生产现场的技术需求，很难实现温室环境的多因素耦合控制，复杂的逻辑控制又缺乏算法的支撑。温室环境监测常用的温湿度传感器由于防辐射罩设计不合理而常受到辐射影响，二氧化碳浓度传感器价格偏高，光照强度传感器准确度不高。目前，温室环境监测用的一体化传感器的测量精度尚未达到产业化需求。简易设施能有一套传感器设备进行环境监测就被称作智能温室或物联网温室，实质上并未达到智能反馈控制的水平。即使是中高端的大型连栋温室也很少设置多套传感器设备以分析温室环境分布和优化环境控制，尤其是光照环境优化和通风调控很难达荷兰式温室的精准控制水平。温室专用传感器和智能装备的标准化已成为行业发展急需解决的瓶颈问题。

（三）发展趋势

（1）人工光型和自然光型植物工厂成为新兴产业投资热点。随着国家工业化发展进程的推进，农业产业投资成为各行各业进行产业转型和结构调整的重点内容，尤其是植物工厂投资成为新兴产业投资热点。植物工厂是农业产业化进程中吸收和应用高新技术成果最多的领域之一，在高端和健康农产品生产与果蔬育种等方面前景广阔，在解决粮食问题、减少环境污染、促进资源保护等方面具有重要意义。以日本为代表的人工光型植物工厂产业化发展带动了我国的产业投资。目前，以三安光电和富士康集团等光电和 IT 企业投资建设了占地面积 5000 平方米以上的 LED 植物工厂，但大多数企业建设的是 100~500 平方米规模的小型 LED 植物工厂。拥有农业工程和园艺学科的农业大学和科研院所都建设了小型实验室开展 LED 植物工厂方面的研究。但是，我国的 LED 植物工厂的产业化进程依然处于初级阶段，生产成本过高、未能实现盈利性运营、系统能耗过高、作业自动化程度差等问题依旧是制约该技术实现产业化推广的重要因素。同时，自然光型植物工厂成为产业投资新宠，海升集团、中建材、宏福集团等先后建设了 7~20 公顷的玻璃连栋温室，开展番茄栽培且成效显著。目前，市场上销售的高端串番茄或樱桃番茄几乎都来自于玻璃连栋温室，这为设施果蔬生产提供了一种新型解决方案。在未来五年内，我国必然存在各种类型设施并存的现象，但是新建温室将以具有环控功能的大型连栋温室或植物工厂为主体，植物工厂技术的产业化推广也会带来设施信息化和自动化水平的高度发展。

（2）设施园艺机械化作业能力、自动化环境控制能力和信息化管理水平不断提升。设施园艺生产信息化的核心是自动化环境控制能力和机械化作业能力，与人工智能和表型组学技术融合的农业生产将是未来农业的发展趋势。无论是哪种设施类型的园艺生产，都需要对温室环境的光、温、水、气、肥等环境要素进行综合动态调控。设施环境控制的技术水平不仅与先进的智能化设备有关，更在于如何能够因地制宜地实现环境精准调控。因此，在不同地域针对季节气候特点进行靶向性作物的规模化和标准化生产，是目前设施园艺行业较为现实的一种商业模式。我国的气候多样性及其园艺生产的多样性与荷兰有很大不同，不能直接套用荷兰温室园艺生产的商业模式，也应该借鉴和学习日本的精细温室园艺生产模式。信息化技术提升和技术集成应用的直接表现是温室作业机械化和自动化环境控制得以实现，并开始吸引高素质人才加入到设施园艺行业。设施园艺产业发展中的最大瓶颈在于专业技术人员不足，而不仅是传感器和智能设备的推广普及不足。

（3）设施园艺有力推动农学、工学、生物学等多学科与多领域技术交叉融合。设施园艺产业发展是工学与农学的交叉学科，未来将融入更多生物学特性以实现领域技术融合。目前，物理环境调控和化学环境调控都已成为设施园艺领域的常规技术，但生物环境调控仍然处于技术发展的初级阶段，专用品种开发和生物防治技术还未能大规模普及推广。为了实现市场需求的高品质果蔬供应，集成各种技术进行温室作物生长调控和品质调控是未来设施园艺生产的核心技术，也是技术研发的主要方向。未来的产业竞争优势在于特定蔬莱产品的有限渠道提供，生产技术和人才优势与品种优势结合在一起，不仅提供技术咨询服务与问题解决服务，更要提供特定品种与新型生产工艺的技术创新服务。因此，设施园艺生产可以将生产方式、生活方式、生态方式整合成三位一体的清洁高效与绿色生态方向，从而更好地满足市场需求与消费升级需求，为未来社会提供技术创新动力和可持续发展要素。

三、果园种植信息化

我国果树种植面积和水果产量居于世界首位。根据国家统计局的统计数据，我国果园种植面积在 2018 年持续扩大，达到 1187.493 万公顷，较 2017 年增长约 6.64%。2018 年，北方水果遭受春季霜冻灾害，水果减产较大，但南方水果产量明显增长。2018 年，我国水果产量达到 25688.35 万吨，较 2017 年增长约 1.77%。随着全国水果产业规模的逐步扩大，果业供给侧出现了许多新情况、新问题，主要表现在总量供过于求与结构性供给不足并存、投入要素结构不合理、生产成本持续增加、市场价格波动大等，各类风险集聚交织，持续健康发展的压力不断加大。

面对新形势、新需求，利用前沿信息技术推动果园种植产业全方位、全角度、全链条信息化改造，释放信息技术对果园种植产业的作用，促进水果种植成本降低、生产要素配置优化、果园管理精准高效，实现果业发展质量变革、效率变革、动力变革，是我国水果产业顺应供给侧结构性改革趋势、加速缩短与发达国家差距、提高国际竞争力的必然途径。

（一）发展现状

近年来，国家十分重视以物联网、移动互联网、大数据、云计算等信息技术促进农业信息化和农业现代化发展。“互联网 +”果园种植的发展模式已经得到社会普遍认可和肯定。信息化技术在果园种植的各个环节得到应用，基本形成了涵盖信息化感知能力、信息化模型和信息化管理作业在内的果园种植信息化体系。

1. 果园种植信息化感知能力持续提高

果园种植信息化感知能力，是通过各种信息化手段实现果园环境和果树生产信息的快速采集、传输、存储和可视化。除了基于传统的 3S 感知技术手段外，地面长距离自组织传感网系统和无人机成为推动果园种植信息化感知的新技术手段。随着传感器技术的不断增强和以 LoRa 为代表的长距离通信技术的出现，自组织传感网系统实现更加灵活的组成，并实现果园环境和果树生产信息的自动、连续、高效获取。自组织传感网系统不仅可以实现气候因子（空气温湿度、风速、风向、光合有效辐射强度、降雨量等）、土壤因子（分层温湿度、有机质、重金属等）、地形因子（海拔、坡度、坡向、高度等）等指标的获取，而且还能借助视觉信息采集设备实现果树长势、果树枝型、萌芽日期、开花日期、结果日期、枝果比例、花果比例、病虫害等果树生长指标的感知和记录。无人机进入农业领域后发展速度迅猛，由于无人机具有成本相对较低、操作方便、获取数据时间短等特点，因此在农情监测、农业植保等多方面得到广泛应用。视觉成像技术的不断成熟和提升，让无人机可以利用可见光、热红外、多光谱、高光谱等成像设备，为果园种植提供近低空的多尺度、多模态信息。通过无人机采集果园冠层图像和光谱信息，农户不仅可以了解果树树冠的大小和形状，还可以对果树进行精准识别并计数，同时也为开展果园的光能利用率、光合作用速率、叶面积指数、光合速率、果树营养状况评估、果树产量预测等提供可靠的信息数据。

托普云农科技以脐橙为对象，打造了果园种植多环节物联网信息平台。通过物联网信息平台实时监控气象变化和脐橙生长状态，获取及时可靠的数据。具有大视野覆盖能力的红外球形摄像机，可以 360° 全方位实时查看果园管理区。部署在果园的多因子传感器，可实时传输土壤温度、土壤水分、空气温湿度、风速风向、光照强度等数据到智慧农业云平台。远程拍照式虫情测报灯利用无线网络，定时采集现场图像并上传至物联网监控平台，形成虫害数据库。同时，通过手机客户端，农户可远程查看田间墒情、虫情、环境气象等数据，直接进行设备远程管理或在线专家咨询。

2. 果园种植信息化模型逐步完善

果园种植中对感知数据的信息化处理依赖于对果树生产的建模分析。果园种植信息化模型的构建可以通过数值模拟，进一步了解果树生长、环境、管理措施之间的定量关系，揭示果树生长发育机理。受益于计算机视觉、深度学习、大数据等人工智能技术的极速发展，果园种植信息化模型的研究工作有了长足进步。目前，对于果园种植信息化模型的研究工作主要聚焦在 3 个方面：一是以整个果园为目标的群体参数研究，利用果园感知系统获取的多模态信息，识别果园中的果树数量、植株高度及长势等群体参数，研究不同栽植密度、不同树形构建、不同营养水平以及不同生长阶段的果树群体光能利用率、生产率，通过建模分析，提出果园最佳群体参数；结合果园环境感知信息，分析干旱、低温冻害、冰雹等气候灾害发生时间、频率和强度，建立果园灾情动态监测与快速预警模型。二是以单株果树为目标的个体参数研究，主要研究果树株形结构、冠层分布、枝条组成、果实分布等相关参数，通过建模分析提出单株果树最优管理指标，满足果树株型设计、整形修剪等需求；结合果树生长的感知信息，建立果树水分及病虫害管理模型。三是以果实为研究对象，通过果实生长过程监测，研究果实生长发育与其周边微环境因子、营养供给等因素之间的关系，构建基于果实管理的单株生长模拟模型，从而以果实生长的需求来确定树体管理指标。

为了实现优质水果的标准化种植，慧云信息从葡萄种类入手，利用农学理论知识 + 算法模型 + 训练数据的研发思路，建立了葡萄种植生产模型，并结合不同物候期采集的果园环境数据、果树生理数据、农资投入数据、标准化作物生长指标和病虫害大数据等多维度数据去训练模型。目前，慧云信息的葡萄生长模型已经通过多个地区的规模化生产验证，服务的园区分布在广西、四川、新疆等地，总面积将近 1 万亩。慧云信息将在前期基础上进一步开发柑橘、西瓜、蜜瓜、草莓等水果品种的生长模型。

3. 果园种植信息化管理与作业水平显著提升

果园生产的智能化管理与作业是果园种植信息化的重要部分。在果园信息化模型的决策支持下，通过将果园管理的园艺措施精准到每棵果树，做到精准施肥、精准灌溉、精准施药、精准花果管理等，进而实现果园生产的精准管理与作业。果园生产的精准管理依赖于功能全面的果园数字化管理平台。这些果园数字化管理平台通常采用云计算模式和云化系统架构，借助果园生产管理综合编码体系，实现果园监控、果园生产过程管理、专家远程诊断与服务、果品库存和溯源管理等果园生产全过程的信息化管理。果园生产的精准作业主要依靠于果园智能装备和机器人。当前围绕果园种植信息化作业环节，重点工作聚焦在果园的智能装备和机器人利用传感器、图像视觉、光谱检测技术，结合机器自动精准导航和控制技术，从空地多维度实现果园精准化植保、果树自动整形、果实自动采摘、品质智能分级分选、自动包装等作业任务。

鸣鸣果园的果园信息化管理系统，贯通柑橘果树栽培、分选、包装、存储、运输、销售等多个环节，形成了完整的果园种采销信息链。鸣鸣果园利用计算机控制的水肥一体化系统，可以实现单人管理600亩果园水肥作业的任务，果园中每一棵沃柑树下都有一根保障沃柑品质的生命滴管与之相连。人只需要通过控制室内计算机连接终端，借助压力系统，通过可控管道系统给果树供水、供肥并使水肥相融，再通过管道和滴头形成滴灌，均匀、定时、定量的浸润沃柑树根部生长区域。即使果园管理人员外出，也可以借助事先设定好的参数，通过App远程遥控果园水肥施放，还可以结合无人机对果树表梢实施喷洒作业。在果园里的每一处都有一套数据标准，确保过程遵循最优方案——土壤有机质含量达3%，pH值为5.8~6.8，出品的沃柑糖酸比为28~35，果径为65~85mm，水果的化渣率高达100%，品质达到最佳标准。

（二）发展趋势

伴随着现代信息技术的飞速发展，高效省力化果园种植必将取得巨大进展，且呈现出智能化、网络化、机械化、综合化的发展趋势，并将在果园种植方式和观念上产生革命性的变化。

1. 果园种植智能化

果园种植智能化将集中在专家知识的表达模型和果树生长模型，形成智能技术的核心和应用基础研究。通过集成开发平台、智能建模工具、智能信息采集工具和人机接口生成工具等一系列技术创新，果园种植将突破果树栽培与管理专家的局限。果树形态结构模型与果园智能管理融合园艺学、生态学、生理学、计算机图形学等多学科，以果树器官、个体或群体为研究对象，构建出主要果树4D形态结构模型，实现对果树及其生长环境进行三维形态的交互设计、几何重建和生长发育过程的可视化表达。

2. 果园种植网络化

果园种植网络化将从根本上打破时空障碍，转变果品经营与流通模式，缩短果品从园地到餐桌的流通环节，促进产品价格、数量、质量等市场信息的快速传递，消除生产者和消费者之间的信息不对等，进入以消费者为中心的果品生产定制时代。水果产品供求信息通过网络传播，将促进产品信息、价格信息、市场信息的传递和产品交易，并降低成本。网络化使得远程咨询、远程诊断和技术信息的快速传播和交流成为可能，信息的网络化交互让果农可以利用微博、微信等方式，方便地找到所需要的生产和市场信息，果农可以随时与专家进行线上技术交流，也可以与果品买家进行线上果品销售。

3. 果园种植机械化

果园种植机械化将会让果园机械精准导航和控制技术、作业决策模型与作业方案实时生成技术得到大范围应用，智能化果园装备将实现果树栽植、树体管理、花果管理、肥水管理、病虫害防控等生产环节的机械化、智能化和机器人化。随着我国制造业水平的不断提升，小型低成本的果园智能机械将会得到进一步发展，并且逐步替代人工，完成果园苗木培育、果树施肥、树体修剪、果实套袋、病虫害防治、中耕除草、果品收获等园艺作业。

4. 果园种植综合化

果园种植综合化发展中，技术的集成和综合将变得越来越重要。信息技术的应用不一定要完全取代或排斥传统的方法和技术，往往采取相互结合、取长补短的集成化策略会更有效、更实用、更受欢迎。例如，专家系统与模拟模型研究相结合，专家系统与实时信号采集处理系统甚至技术经济评估系统相结合，专家系统与精准农机具相结合等。因此，围绕果业发展的实际问题，集成和综合各种农业信息技术将是一个重要的发展趋势。

未来，果园种植信息化必将促进我国果业生产与管理的变革性发展，对果园资源利用率和劳动生产率的提高起到关键作用，我国果园生产将形成“人—资源—环境—生产关系”相互协调的良性循环模式，整个果业将走上高产、稳产、低耗、高效的可持续发展道路。

（三）问题与挑战

1. 核心技术研发较弱，果业信息化标准尚未完善

目前果园种植信息化领域的一些核心技术产品研发实力相对偏弱，在高精度传感器、关键元器件、综合性软件平台、智能机器人等方面，我国与国际先进水平相比仍存在一定差距，绝大多数果园种植信息化关键技术依然处于跟跑阶段，适合果园生产经营服务的多功能、低成本、易推广、见效快的实用技术和装备严重不足。目前，我国果业信息化相关标准尚未形成完备体系，果园种植信息化的传感器网络接口、人机交互等方面缺乏统一的标准和规范，果园种植大数据方面也缺乏数据采集、数据处理和数据开放应用的标准，这导致果园种植信息化产品的适用性还不高。

2. 智能机械化水平亟待提高

果园种植信息化需要以机械化作为支撑，而果园机械的智能化程度将直接反应果园种植信息化的水平。目前，我国果园基本是家庭式零散种植，大多数生产环节靠人工作业，或者半手动、小功率机械作业，是人背机器的果园作业模式，而发达国家的果园多为全程机械化作业，是机器背人的果园作业模式，有完整的产业技术链和农机农艺融合的技术体系。我国果业现在的机械化水平尚无法满足现代果业发展的需要，与我国高速发展的经济水平也不相适应。虽然近几年我国植保环节的果园机械有所发展，出现了风送式喷雾机等机械装备，但是果园采收运输果品和肥料等工作主要依靠人力完成，极少应用果园升降平台和运输轨道等机械装备，并且果园机械的智能化水平依然较低。果园机械化程度不足，使得果园种植信息化缺少了落地支撑和执行机构，制约了果园种植信息化的发展。

3. 果业大数据的服务效能不足

随着大数据技术的不断成熟及知识模型的开发应用，大数据在农业领域的应用不断拓宽至农业生产经营服务的各个环节。然而，我国果业方面的数据目前主要以产量和营销数据居多，果园种植数据获取困难，数据积累较少，并且来自不同生产个体，数据信息的采集和发布零星分散不及时，缺乏统一规范，真实的、可利用的数据较少，无效的、无价值

的信息较多，难以形成具备支持决策能力的大数据，这大大降低了大数据在水果产业中的利用效率，限制了大数据对果园种植信息化的推动作用。

（四）对策与建议

1. 加强关键核心技术研发，加快果业信息化标准体系建设

相关部门应以提高果园种植生产率、资源利用率和果品产出率、促进果业发展方式转变为目标，加强人工智能技术与果园种植领域融合发展的基础理论研究，突破果园种植专用传感器、多功能果园无人机系统、智能果园机器人等关键核心技术。分层次有步骤地开展果业信息化标准规范体系建设，加快编码标识、接口、数据、信息安全等果业信息化的基础共性标准，以及果园种植各环节涉及的信息化关键标准和重点应用标准的研究制定，保证果园种植信息技术及产品的通用性和兼容性。

2. 加强园艺技术与信息化、机械化技术的深度融合

果园种植的高效省力化栽培，依赖于信息化技术与园艺技术的相互融合和互相支撑。促进果业的现代化发展需要建立多学科协作攻关长效机制，一方面要从园艺角度出发，改变果树的行距、株距，并适当控制果树的树形，使之适合果园装备的信息化作业任务；另一方面要从果园装备的角度出发，针对不同规模和不同类型的果园，研发低成本、轻便式、多功能的果园信息化作业装备。通过园艺技术与信息化、机械化技术深度有机融合，让果园种植机械装备在信息收集、智能决策和精准作业方面的能力得到进一步提升，实现果园种植的规模效益。

3. 加强果园种植大数据整合与服务效能的提升

推进果园种植大数据发展应用，必须加快对果业进行全方位、全角度、全链条的数字化改造，建立以果园种植产业链关键环节为支撑的数字资源体系，解决大数据“怎么来”的问题。同时，利用现代信息技术提升大数据的有效服务属性，让大数据渗透到水果生产管理的不同环节，通过关联分析水果生长状况和要素投入结构，打破传统的粗放式生产模式，形成数据驱动型果园种植体系和发展模式，确保果园园艺措施的合理性、精准性、适时性，让果园种植向集约化、精准化、智能化转变，提高农产品投入使用效率，降低环境污染风险，从而推动果园种植的高质量发展。

第二节　畜牧业信息化

随着我国畜牧业集约化、规模化不断发展，特别是大群体、高密度饲养畜禽规模的快速扩大，畜禽舍环境质量成为影响畜禽健康状态、生产性能、资源效率的关键，也成为畜牧业信息化发展的重要内容。为畜禽营造舒适的生长生产环境，不仅关系到畜禽本身的福利健康，更与畜禽产品质量、食品安全和养殖场经济效益密切相关。

一、畜禽舍环境调控因子

对于规模化畜禽养殖，目前的环境调控主要包括热湿环境、空气质量环境及光环境调控。

（一）热湿环境

现代规模化畜禽养殖基本为舍饲饲养。舍饲温湿度环境条件适宜时，动物健康水平良

好，生产性能和饲料利用率都较高，过高或过低的温度会引起动物热应激或冷应激，破坏体热平衡，影响其健康，导致畜禽生产力下降或停止，甚至死亡。环境湿度、气流与温度有协同作用，高温时环境湿度增大10%，相当于环境温度升高1℃，畜禽舍内气流速率及分布均影响动物机体散热。为缓解畜禽高温热应激，规模养殖场常用的降温方式有湿垫—风机蒸发降温、滴水/喷雾蒸发降温和地板局部降温等。此外，对畜禽舍热湿环境的调控，畜禽舍建筑外围护结构的保温隔热性能及其气密性是基础，畜禽舍的通风系统优化设计与调控是关键。

（二）空气质量环境

现代畜禽规模养殖，舍内畜禽数量多、密度大，大量的动物粪尿、饲料、垫料、皮毛等会产生粉尘，其积存发酵会产生有害气体（主要包括氨气、硫化氢、甲烷、二氧化碳等），以及微生物等，造成舍内空气成分非常复杂。当环境调控措施不当时，会造成恶劣的空气质量环境，容易引发以畜禽呼吸道疾病为主的多种疾病，危及畜禽以及饲养管理人员健康。不仅如此，大量空气污染物在不经过处理条件下的持续排放，还会对周围环境造成污染，引发生态环境问题。规模化畜禽舍空气质量调控，常采用源头减量、过程控制和末端净化等方式进行调控，减少对外界环境的排放。

（三）光环境

不同畜禽对光照的敏感度差异较大。家禽对光的反应十分敏感，其生殖活动与光照密切相关。在蛋鸡和种鸡生产中，已普遍采用较成熟的光周期和光照强度调节，以控制饲料消耗、性成熟、开产日龄、产蛋率和改善蛋品质等。随着近年来对畜禽用LED光源的开发与应用，光质（光色）对畜禽生产性能的影响以及光环境节能调控的研究也在不断深入。

二、畜禽舍环境自动监测与精准调控

近年来，以数字化技术为核心的畜禽智能化养殖技术不断深入到畜禽养殖的各个环节。在养殖环境调控方面，将传统的单因素环境调控技术与现代物联网智能化感知、传输和控制技术相结合，再利用先进的网络技术设计养殖环境监测与智能化调控系统。系统通过传感器获取畜禽舍内温度、湿度、光照度和有害气体浓度（二氧化碳、氨气、硫化氢等）等环境参数信息，然后经过一定的方式将其传输到系统控制中心。主控器根据采集的环境数据，并借助相应动物的环境、营养、生长及健康模型，经分析汇总后给出调控决策，并下发给各环境参数控制的终端控制器节点，使其控制相应的现场设备，实现养殖场的环境自动调控。国内外已有多种养殖环境自动监控系统和平台，可实现畜禽养殖环境自动化调控。该技术克服了传统人工监测控制滞后、误差大及采用单一环境因素评价舍内复杂环境不准确等弊端，为动物创造一个能发挥其优良生产及繁殖性能的舒适舍内环境。

自动化畜禽养殖环境监测与精准调控物联网系统主要包括三个重要环节，即在信息感知层，通过不同类型的传感器技术获取畜禽舍内环境参数（温湿度，光照强度，二氧化碳、氨气浓度，空气颗粒物浓度等）；在信息传输层，主要采用有线或无线网络将来自上述感知层的环境数据信息远程传输；在信息应用层，主要通过嵌入式控制器，依据对相关数据库信息的分析决策，对畜禽舍内环境控制设备（风机、光照、水泵等）进行自动调控，见图3-3。

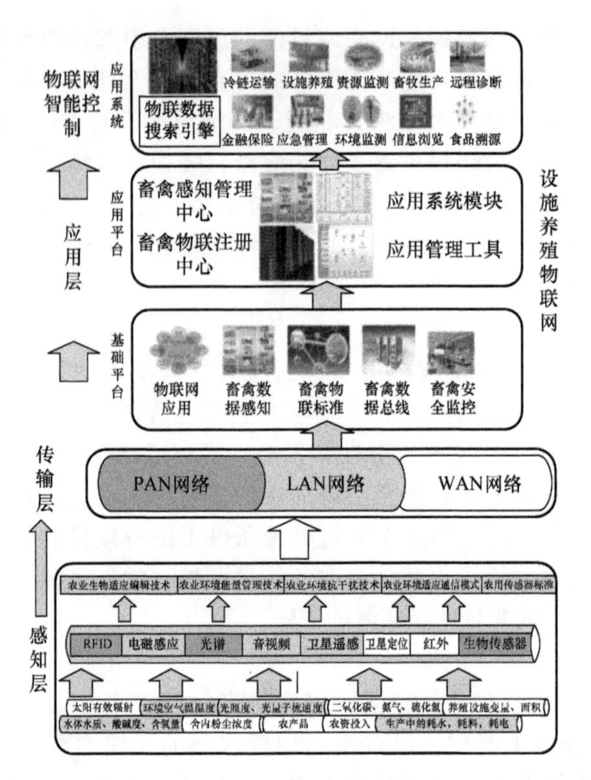

图 3-3 自动化畜禽养殖环境监测与精准调控物联网系统

（一）传感器技术

在物联网感知层中，传感器技术的发展水平是畜禽养殖环境物联网发展的关键，传感器性能决定物联网性能。传感器是物联网中获得信息的重要手段和途径，其采集信息的准确、可靠、实时将直接影响到控制节点对信息的处理与传输。

近年来，畜禽环境自动控制类装备，包括环境参数精密传感器、自动控制器等发展迅速。特别是畜禽舍用有害气体浓度（氨气、硫化氢、二氧化碳、氧化亚氮）、颗粒物浓度（PM2.5、PM10、TSP）精确稳定测量传感器与设备的研发，含有害气体红外传感技术、调谐激光光谱传感方法、粉尘的激光后向散射传感技术等传感技术对恶劣环境适应性的研究，以及空气污染物排放量监测方法的研制，为实施畜禽养殖环境精准调控提供了重要技术支撑。

1. 有害气体检测系统及方法

在畜禽养殖中，规模化、集约化高密度饲养，造成大量有害气体产生，成为农业生产有害气体排放的主要来源。畜舍内的有害气体主要包括氨气、硫化氢、甲烷、二氧化碳等，其中硫化氢和氨气具有刺激性气味，是畜舍恶臭气体的主要组成成分，硫化氢和氨气不仅会对周围环境造成污染，也会对饲养管理人员和畜禽造成伤害。

目前尚无高效低成本的针对畜舍内恶臭气体的在线监测方法。传统的监测方法主要采用化学分析法对待测气体进行采样，在实验室里进行化学分析，得出气体的浓度。使用该方法，测量人员需到现场对畜舍中的空气进行采样，采样后样品气体需在实验室中做化学分析，这需要两天以上的时间。由于是先采样后分析，这种方法不能实时反应畜舍内恶臭气体的情况，很难及时给出预警信息。另外，采样点的设置和样品的运送过程都会对检测的准确性造成影响。为解决上述问题，王纪华等提出了一种省时省力、实时性及准确性高的畜舍恶臭气体监测系统及方法。该系统采用恒定电位电化学气体传感器，对畜舍内的恶臭气体情况进行在线实时监测，不仅能够获得畜舍内主要恶臭气体成分氨气和硫化氢的浓度，同时可根据系统实际的应用场合给出畜舍的恶臭等级。该系统方法弥补了原有恶臭气体监测手段的不足，可通过远程无线通信的方式对大面积区域内多个畜舍的恶臭气体排放情况进行集中监控，对恶臭气体超标的畜舍可以及时地发出警报，避免因恶臭气体超标造成的畜禽病害，预防畜禽疫情的发生，有效避免经济损失。

电化学法虽然可实现畜禽舍内有害气体浓度的低成本在线监测，但是有如下缺陷：

1）电化学传感器中的材料会因持续与高浓度氨气反应达到反应上限临界值而失准，进而使得在畜禽舍内环境中氨气浓度出现变化时，电化学传感器的材料不能再次与氨气反应得出相对应的检测结果。这种误差会在长时间连续检测中不断积累，进而不断降低传感器的检测精度与可靠度，同时也会导致传感器提前达到使用寿命。

2）电化学电极存在基线漂移，需经常对其进行较准。

3）需要接触测量，仅可获得测量位置的气体浓度，不能对一定区域内的气体浓度进行检测。

4）针对禽舍来说，舍内硫化氢气体浓度较低，电化学电极反应不敏感，检测精度不高。

针对上述问题，董大明等提出了一种可实时获取一定范围内的硫化氢气体浓度、使用寿命长且检测精度高的非接触式禽舍硫化氢气体浓度检测系统，通过 DFB 激光器开放光程并发射窄线宽激光，然后测量其光谱吸收强度，在非接触的情况下实现了在线快速检测硫化氢气体的浓度。该系统简单便携，可控光程范围大，适用于大、中、小型各类禽舍的硫化氢气体检测，灵敏度高。

近年来，光谱检测法由于其精度高、灵敏度高、响应速度快、对恶劣环境实用性强和可同时检测多种气体等优点而广泛应用于工业生产环境监测、大气科学光谱测量和痕量分析等领域。光谱检测法包括傅里叶变换红外光谱仪（FTIR）、可调谐二极管激光吸收光谱技术（TDLAS）等，使用该方法检测畜舍中的有害气体需要将检测设备放于畜舍中，根据应用环境对设备进行较准，通过分析特定波长光的吸收谱线得出畜舍内恶臭气体的浓度。

TDLAS 是一种利用激光器波长调制通过被测气体的特征吸收区，在二极管激光器与长光程吸收池技术相结合的基础上发展起来的新的气体检测方法。TDLAS 实现的原理主要包括：首先依据有害气体的吸收谱线，选择合适的激光器光源，通过波长扫描技术驱动激光器发射具有扫描频率和调制频率信息的光束；其次，在气体池传输的光束被有害气体的吸收，吸收后的光束通过光电转换及锁相放大器技术，提取一次谐波和二次谐波信号，通过二次谐波与一次谐波信号的比值来反演实现有害气体浓度的探测。TDLAS 凭借较高的灵敏度，为畜舍有害气体浓度监测提供了有效的手段。但是，基于 TDLAS 的有害气体浓度监测系统中使用单激光光束，仅能实现单激光光束光路中有害气体浓度的测量，并不能实现有害气体的浓度场的实时测量。如果通过 TDLAS 单激光光束在空间中进行扫描，来分别获取空间中不同扫描光路上的有害气体浓度，结合数学模型对空间有害气体浓度场进行反演，这种方法也能够实现空间中有害气体浓度场的测量，但需要多次扫描，费时费力，不能实时反映空间有害气体的浓度。矫雷子等提出了一种基于 TDLAS 的气体浓度场测量方法和装置，通过点阵立体光栅在测量空间中形成多条测量光束，无需通过扫描设备驱动激光器完成测量空间的扫描，节省了测量成本和测量时间，实现了气体浓度场快速实时的测量。

畜舍的甲烷排放是大气中甲烷的重要来源之一，也是温室效应的主要贡献来源。因此，对畜舍中的甲烷进行实时测定，对后续降排措施的采用、新型养殖方式的开发具有重要意义。光学测量方法还被用于测量畜禽舍内甲烷分布，通过让调谐后的激光经可调反射镜发射，而可调反射镜可以在水平方向和垂直方向上转动，使得调谐激光的方向也可以改变，从而实现对不同空间位置的扫描，获得畜舍空间内各个光程甲烷的总体分布。

2. 颗粒物检测系统及方法

规模化畜禽生产会产生大量的颗粒物（PM）等空气污染物。畜禽长时间暴露在高浓度颗粒物中，会显著影响其健康、生产性能与生产率，导致死亡率升高。畜禽场颗粒物主要来源于饲料、皮屑、羽毛、粪便、垫料等。目前发达国家对畜禽场空气颗粒物的研究，主要集中在监测不同畜禽生产环境中的细颗粒物（PM2.5）、可吸入颗粒物（PM10）和总悬浮颗粒物（TSP）的浓度与特性，探讨防控及减排技术与方法等方面。

颗粒物浓度等基础数据的获取是研究其特性的前提与关键。目前，检测大气中颗粒物浓度的常用方法包括称重法、微量振荡天平法（TEOM）、β 射线法或激光散射法等。但是，上述方法均存在一定的缺点，例如测量步骤繁琐、仪器体积庞大、操作不便、价格昂贵等，同时，现有的测量条件无法实现畜禽舍内多点粉尘浓度的同时在线监测，无法及时了解舍内的粉尘空间分布变化情况，更无法提出有效的降尘措施。虽然市面上有很多大气颗粒物在线监测产品，但是并不适用于颗粒物浓度大且环境恶劣的畜禽舍，尤其是当大粒径颗粒物浓度高时极易造成传感器的堵塞，然而现有的颗粒物浓度在线监测设备主要关注小粒径颗粒物在空气中的浓度大小，且精确度和稳定性均有待进一步提高。王朝元等提出了一种具有较高精确度的颗粒物浓度在线监测设备，该设备由于设置有大粒径颗粒物传感器和小粒径颗粒物传感器，能够同时测量畜禽舍内的 PM1、PM2.5、PM10 的数量和质量浓度以及总悬浮颗粒物的质量浓度，同时还能够测量畜禽舍内测点的温度和相对湿度。由于在颗粒物检测装置和无线数据中转站上均设置无线数传模块和 SD 卡，可以实时获取数据并监测畜禽舍内的空气质量环境，也可以实时存储接收到的数据，以便后续数据分析，可以广泛应用于畜牧养殖技术领域中。

畜禽舍内环境特殊，现有的颗粒物浓度测量设备无法长期稳定监测运行，易出现探头堵塞、敏感元器件受腐蚀等问题。宗超等提出了一种基于激光测量单元的畜禽舍颗粒物浓度监测设备，通过金属网过滤羽毛等大颗粒物，防止激光测量探头堵塞，有效提高检测设备在畜禽舍内的使用效果。同时，激光测量单元保持了现有测量设备便携、反应速度快且价格便宜的优势，从而使该设备能够有效满足大规模、多点测量的应用需求。

3. 多元环境参数检测系统

畜禽舍内空气环境质量调控方案需要在对舍内空气质量环境进行系统的检测与评估的基础上才能完成，其中，涉及的检测与评估指标主要包括温度、湿度、粉尘浓度、二氧化碳浓度和氨气浓度。现有的多指标测量仪器，如气体超声或光分析仪等价格昂贵，携带难度大，环境适应性差，不适宜在畜禽场、舍内的恶劣环境下使用。另外，为准确掌握畜禽场区、舍内或运动场上的空气质量环境，往往需要进行多点测量。由于现有检测设备存在的价格及其他的弊端，一般都是采用一台固定检测设备配合多点气体采样的测量方法。除了温度和湿度这两项最为普遍的检测与评估指标外，粉尘浓度、二氧化碳浓度和氨气浓度还未能在畜禽生产领域使用远程与离线采集设备。为解决上述问题，畜禽舍空气环境质量监测设备能够实现实时检测温度、湿度、粉尘浓度、二氧化碳浓度和氨气浓度的目的，见图 3-4。该设备由于设置管路切换装置和洗气管，因此能够有效避免长期连续检测过程中累积误差的问题。此外显示屏、数据存储模块和无线数据传输模块的设置，能够有效地解决地域局限性，提高畜禽舍空气环境质量检测的工作效率。该设备采用箱体设计，因此能够达到便于携带及使用的目的。该设备设计结构简单，成本低，操作简单，能够广泛应用于农业畜禽养殖领域的环境监测过程中。

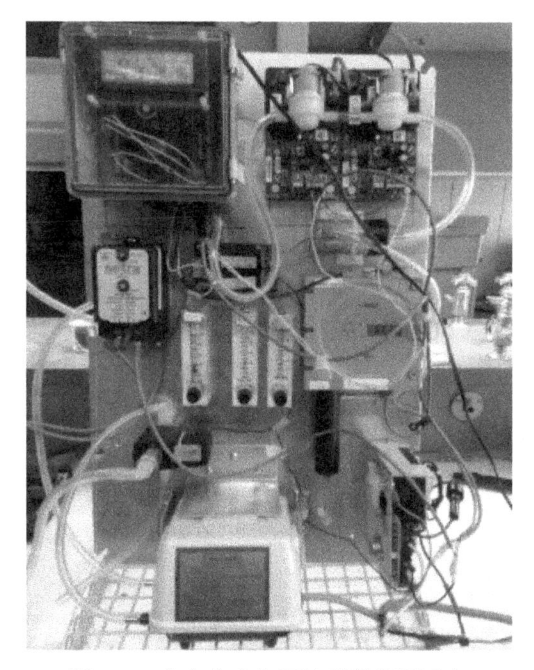

图 3-4　畜禽舍空气环境质量监测设备

4. 声音环境监测系统

畜禽声音识别和定位是研究动物行为、检查动物健康的重要手段之一，对动物声音信号进行特征辨识和定位，能够提高异常行为辨识的准确率，帮助养殖企业及时掌握畜禽健康状况。现有的声源识别和定位技术主要采用传声器、拾音器等收录设备将动物叫声、饮水声和咳嗽声等声音信息实时录制，并建立声音分析数据库，辨识动物异常发声，对早期疾病进行预警。

SoundTalks NV 公司研发的智能化自动监测控制系统，通过对畜禽声音进行监测、对声源进行识别定位，达到对畜禽生产过程实时监测、诊断和预警的目的。该公司的猪咳嗽声音识别技术已经应用到欧洲的猪场实际生产中，可以自动识别不同原因引起的咳嗽声，并排除非呼吸道疾病引起的咳嗽声，从而有效减少抗生素的使用，见图 3-5。

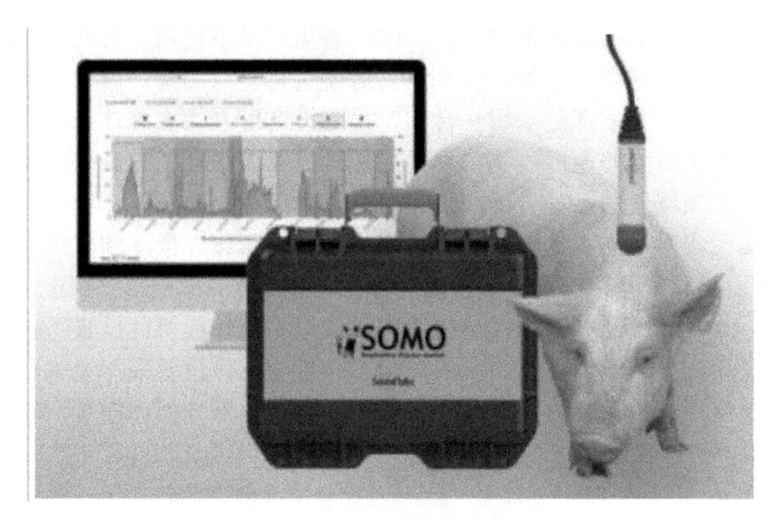

图 3-5 猪呼吸声音监测设备

（二）信息传输技术

1. 农业现场总线技术

农业现场总线（Fieldbus）为恶劣工作环境设计，保证了机械控制系统的高可靠性和实时性。目前，农业现场总线技术主要包括控制器局域网总线（CAN Bus）、RS485 总线。此外，对应于特定厂商的硬件产品，还有 LON 总线、Avalon 总线、1-Wire 总线、LonWorks 总线。CAN 总线协议是汽车计算机控制系统、嵌入式工业控制局域网的标准总线，可靠性高、错误检测能力强，是农机自动化控制、农业物联网、精准农业应用最多的总线技术，基于 CAN 2.0B 协议，国际标准化组织制订了农林业机械专用的串行通信总线标准，广泛应用于农机数据采集传输、农业环境监控、水产养殖监控系统等领域。RS485 总线是串口通信的标准之一，采用平衡传输方式，当采用二线制时，可实现多点双向通信，抗干扰能力强，可实现传感器节点的局域网兼容组网。由于其灵活、易于维护等优点，该技术正广泛应用于农业监控系统。

农业现场总线技术实现了农业控制系统的分散化、网络化、智能化，同时，由于其鲁棒性、抗干扰能力强，故障率低，是确保农业物联网关键节点信息传输的必备技术。由于农业物联网节点的信息传输往往关系到农业业务的正确执行、农业业务信息的准确共享，即使已通过其他信息传输方式实现了通讯，也应尽可能额外配置一条农业现场总线作为其他传输方式故障时的紧急信息传输通道。

2. 农业无线传感器网络

无线传感器网络（WSN）是一项通过无线通信技术把数以万计的传感器节点以自由式进行组织与结合，进而形成的网络形式。根据通信距离和覆盖范围，无线通信技术可以分为无线局域网技术、无线广域网技术。无线局域网技术主要包括 ZigBee、Wi-Fi、Bluetooth 等。无线广域网技术包括蜂窝移动通信技术、低功耗广域网（LPWAN）等。在无线广域网技术中，LPWAN 是近年来物联网研究的热点方向之一，相对于传统的无线广域网中的蜂窝移动通信技术（2G、3G、4G、5G 等），具有低成本，低功耗的特点。LPWAN 依工作频谱是否授权，又可分为为非授权频谱 LPWAN 和授权频谱 LPWAN。其中，LoRa 是非授权频谱 LPWAN 代表，窄带物联网（NB-IoT）是授权频谱 LPWAN 代表。目前国内三大运营商以及华为、中兴等设备供应商已在2017年开始推动NB-IoT的应用，然而NB-IoT对具体行业的需求适应性相对LoRa较弱，更适合分散型应用。LoRa作为最重要的非授权频谱LPWAN技术之一，运营方式更加灵活，可以是以运营商主导的大范围公开网络，也可以是私人部署的专用局域网络。

无线传感器网络具有端节点和路由双重功能，一方面实现数据的采集和处理，另一方面将数据融合经多条路由传送到路由节点，最后经互联网或其他通信网络传送到信息消费者。对于无线局域网而言，已发展出基于不同协议标准的技术：Wi-Fi通信速率高，但功耗高，适合易部署、固定点位的传感器网络组网；Bluetooth安全性高，但通讯距离过短、功耗高，适合短时近距离组网；ZigBee由于功耗较低，同时具有多跳、自组织的特点，每个节点均可作为相邻节点传输数据的中转站，容易扩展传感器网络的覆盖范围，是理想的长距离、大范围传感器组网方式。对于无线广域网而言，以LoRa、NB-IoT为代表的LPWAN是未来农业传感器网络组网的主要途径，虽然架设LPWAN基站的成本高，但低功耗、低运营成本、大节点容量的特点无疑是为农业物联网量身定做的组网技术，必将拥有巨大的应用空间。作为LPWAN的传输速率补充，4G、5G等移动通信技术将使图像、音频、视频为代表的大文件传输变为现实，进一步扩充信息维度。目前，无线传感器网络的研究主要集中于通信、节能和网络控制三方面，将其应用于畜禽环境监测领域是无线传感器网络的研究热点之一。

案例：畜禽养殖环境智能监测网络系统

畜禽养殖环境智能监测网络系统包括安装在现场的环境参数监测子系统、互联网子系统（NB-IoT无线网络基站）以及远程监控子系统。现场环境参数监测子系统采用便携式空气质量监测系统为智能监测节点，对畜禽场颗粒物（PM2.5、PM10、TSP）、氨气、浓度，以及温湿度、风速等环境参数进行24小时连续监测。基于低功耗远程传输技术对各监测节点进行局域组网，并利用滑动窗口与支持向量回归的异常数据实时检测方法筛选和排除噪声数据，无线网络基站封装数据并通过窄带物联网上传至云平台，建立云平台数据库，农户通过访问云平台即可远程监控畜禽场养殖环境情况。

（三）信息处理技术及应用

畜禽环境监测物联网构建的核心不仅仅是实时获得环境监测的状态数据，更重要的是通过对数据的分析，获得对环境控制设备的远程操作依据，从而形成物联网系统的闭环。目前，我国每年产生并被存储的数据总量超过800EB，相当于人类讲过的话的信息总量的160倍。农业每年产生的数据量约为8000PB，其中农业自然资源数据3500PB、农业生产数据2500PB、农业市场数据800PB、农业管理数据1200PB，且每年以50%~80%的速度增长。利用物联网大数据技术推动畜牧业精细养殖是产业升级的需要，美国利用大数据推进精准农业，通过统一的标准和数据规范，美国农业部已积累了大量数据，政府部门通过农业大数据帮助制定各种农业政策，涉农企业也由此获得各种优质的数据服务，比如通过和饲料数据关联匹配对肉制品价格进行预测等服务。欧洲已经通过物联网大数据开展动物福利养殖。数据对畜禽环境精准调控与管理起着关键支撑作用，环境数据蕴含着巨大的价值，因此信息数据处理技术是实现环境精准调控的必要手段。

1. 畜禽环境精准控制阈值

目前，尽管收集了大量畜禽生态、生理及生长过程等各类数据，但由于实验室研究和生产实践中的数据一直处于彼此脱节的状态，实际生产仍缺乏有效的工具来广泛使用已有的数据、知识及模型。另外，畜牧业生产的知识模型及应用控制阈值等相关的研究还远远不够，如何准确可靠感知、正确解读、准确理解畜禽面对其生长环境变化展示的自然行为响应的内涵，由此确定不同畜禽在不同生长生理阶段的最适宜环境参数与阈值，并据此构建完善的畜禽生长生理控制模型是畜禽设施精细养殖成功的关键。在实际开发的环境控制物联网系统中，阈值参数可以因地域、季节及养殖具体品种的变化及特性进行调整，扩大控制系统的广泛适应性，还需要与领域专家、管理者和物联网技术信息专家协同制定，才能使物联网系统的智能控制更加精细化。

2. 基于畜牧业物联网的大数据技术

随着信息技术的不断普及，计算机存储技术快速发展，数据量跨入 ZB 时代，待处理的信息量超过了一般计算机在处理数据时所能使用的内存量，Hadoop 分布式系统基础架构和 MapReduce 计算模型（见图 3-6），以及 Spark 大数据存储和处理平台应运而生，对采集的多类型农业数据进行清洗、转换等预处理和数据入库，基于数据整合关联、实现统一的数据模型，为农业大数据挖掘分析、可视化和辅助决策奠定数据基础。

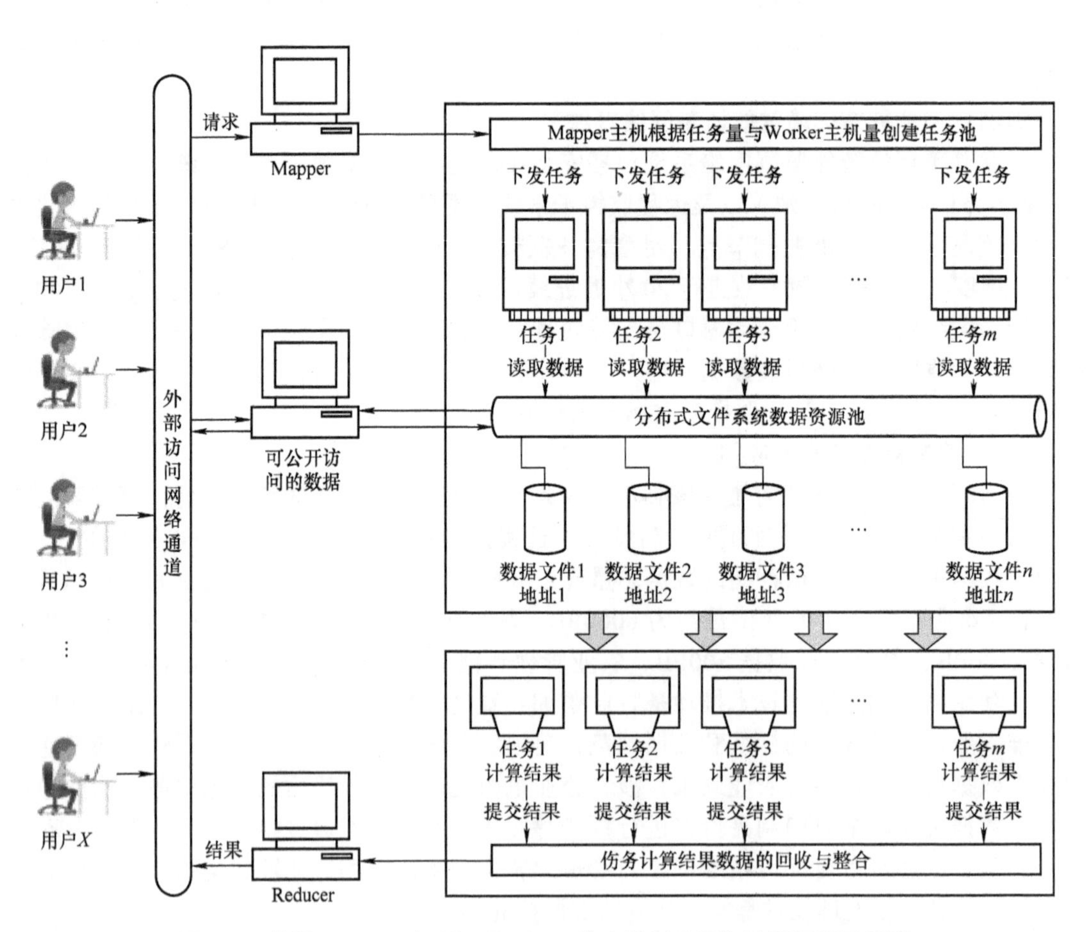

图 3-6 基于 Hadoop 与 MapReduce 的大数据处理与计算框架示意图

案例：蛋鸡设施养殖智能监测管理系统

基于 Hadoop 的规模化蛋鸡养殖设施智能监测管理系统运行于多地不同蛋鸡养殖场，使用物联网、云存储、异步传输等多项技术构建，向用户提供数据的智能处理、实时展示。系统的数据来源为各地不同养殖场中由生产养殖人员填写的生产流程数据，以及各鸡舍部署的环境传感器采集的环境数据，如温湿度、光照强度、二氧化碳浓度、二氧化硫浓度、氨气浓度等；通过拾音器录制的蛋鸡舍内音频数据；使用摄像头拍摄的蛋鸡舍监控图像、视频数据。数据经采集后，暂存于现场服务器中。在现场服务器中部署监控程序监控数据库及采集到的音视频及图像文件。采集到数据后，Kafka 集群将更改的数据按类型分为环境、生产、音频、视频、图像 5 个主题发送给数据中心机房的远端服务器集群，数据中心在接收到数据后进行解析，将环境、生产数据存入数据库，将音视频及图像存入 Hadoop 分布式文件系统（HDFS）中，并更新其在数据库中的文件路径。用户可通过网站及手机 App 对数据实时访问，见图 3-7。

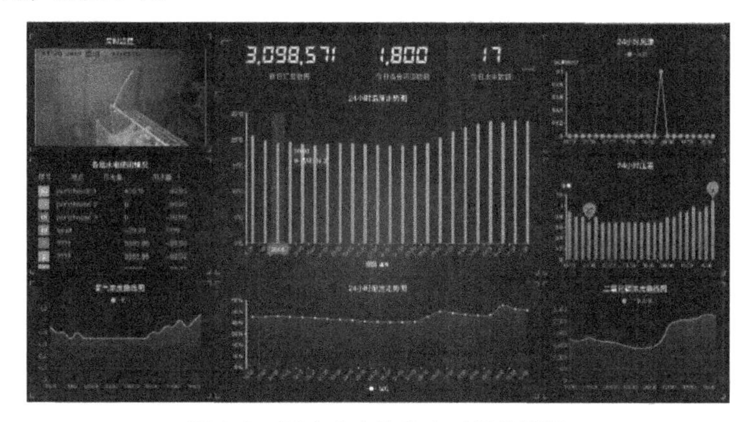

图 3-7　蛋鸡舍内信息实时展示界面

3. 基于畜牧业物联网大数据的人工智能技术

随着大数据技术的成熟、海量基础数据技术不断积累，深度学习算法已在数据预测回归、图像识别、语音识别等模式识别方面应用成熟，在自然语言处理、图像内容的语义表达（看图说话）、图像问答等非数值型数据的特征提取、建模方面不断取得进展，为异构数据的融合提供更加强大的解决方案。

（四）畜禽养殖智能监控与决策平台

畜禽养殖智能监控与决策平台应用专家决策、模糊评判、大数据解析等新兴技术将行业知识数字化并上升为模型化，通过软件匹配技术实现对传统传感器的参数调节、校准数字化，将感知到的各种物理量储存起来并按照指令处理这些数据，从而派生出新数据，实现传感器之间的信息交流、异常数据的舍弃等传输数据的自我决定，并完成分析和统计计算等。伴随着物联网技术在畜牧业中的应用不断拓展，涌现出了很多典型的案例，推动了畜牧业向集约型、规模化转变，提高了畜牧业的资源利用率和劳动生产率，提升了畜牧业的现代化水平。

案例：北京市华都峪口禽业有限责任公司——智慧蛋鸡

北京市华都峪口禽业有限责任公司（以下简称“峪口禽业”）作为世界三大蛋鸡育种公司之一、国家高新技术企业和北京市农业信息化龙头企业，率先开展了企业畜牧业物联网与大数据平台的应用研究与实战搭建，并取得了明显进展。峪口禽业通过移动互联网、大数据等技术的实施，开展了贯穿蛋鸡全产业链的智慧蛋鸡增值服务平台建设。智慧蛋鸡打通了从蛋鸡育种到种鸡扩繁再到鸡蛋生产、销售全过程的数据流，运行中沉淀出种鸡数据库、蛋鸡数据库和产业数据库，通过对三个数据库的提纯、分析，构建蛋鸡行业大数据应用模式，实现了大数据采集、大数据分析、大数据应用的科技闭环。

该平台分为汇资讯、会养鸡、惠交易三大板块，汇资讯板块汇集了养鸡人最需要的信息和技术，包括养殖业最新政策要闻和行业动态、名企管理之道和先进模式、蛋鸡实用技术和科技成果、养殖标杆风采和独家秘方等内容，旨在帮助养殖户实时了解行业动态，开阔眼界，提升养殖技术，规范内部管理。会养鸡模块包括养殖预案提醒、在线视频推送、市场行情发布、坐堂兽医在线、生产记录服务和智能分析服务等多种服务，为养殖户提供自助管理养殖场的平台，通过平台各项功能的应用，提升养殖水平。惠交易模块利用电商平台，提供雏鸡、饲料、药械、鸡蛋等在线交易服务。养殖户的生产物资可以统一集中订购，从而降低采购成本，提高采购效率，而鸡蛋销售则直接面向高校、企业、超市、批发商和零售商等不同集采群体，减少中间流通环节，解决鸡蛋难卖、价低的问题。

智慧蛋鸡深度融合了蛋鸡产业生产链、供应链、物流链、销售链、资金链，打通从蛋鸡育种到种鸡扩繁再到鸡蛋生产、销售的全过程，实现全过程数据互联互通，并以数据流引领技术流、供应流、销售流、资金流，形成蛋鸡行业大数据应用模式，帮助养殖户“快快乐乐养好鸡，轻轻松松卖好蛋”，实现农村电商在蛋鸡行业的先行先试。同时，智慧蛋鸡提升产业链整体生产率，降低生产成本，带动养殖户快速致富并为基础研究、政策制定等提供更有力的信息化数据支撑。

第三节　渔业信息化

2019年1月，十部委联合印发《关于加快推进水产养殖业绿色发展的若干意见》，意见指出“鼓励水处理装备、深远海大型养殖装备、集装箱养殖装备、养殖产品收获装备等关键装备研发和推广应用。推进智慧水产养殖，引导物联网、大数据、人工智能等现代信息技术与水产养殖生产深度融合，开展数字渔业示范”。2019年2月，农业农村部印发《2019年渔业渔政工作要点》，明确提出要“以渔业供给侧结构性改革为主线，坚持提质增效、减量增收、绿色发展、富裕渔民，进一步深化渔业改革开放，不断创新体制机制，加快推进渔业高质量发展，努力开创现代化渔业强国建设新局面。”尽管当前我国渔业发展机遇和挑战并存，但渔业新政策、新目标已经确立，渔业绿色发展的相关政策改革工作力度得以加大，2019年是加速推进渔业转型升级和高质量发展的关键之年。

根据国家农业农村部下发文件，2019年1—7月我国渔业生产保持稳定，渔民收入稳步增长，渔业经济发展总体平稳、结构优化、质量提升。根据对全国20个省（区、市）渔业生产统计，1—7月，国内水产品总产量2934.98万吨，同比下降0.03%。其中，海洋捕捞产量407.36万吨，同比下降5.09%；海水养殖产量1042.17万吨，同比增长2.35%；淡水捕捞产量72.02万吨，同比下降9.86%；淡水养殖产量1413.43万吨，同比增长0.35%。据对全国80家水产品批发市场成交价格情况监测统计，水产品供给充足，价格稳中有降，1—7月份全国水产品综合平均价格为23.55元/公斤，同比下降2.43%。另据可对比的47

家水产品批发市场的成交情况监测统计，1—7 月份全国水产品市场成交量 582.52 万吨，同比上涨 2.73%；成交额 1251.25 亿元，同比上涨 0.07%。受美国上调我国出口水产品关税及国内市场的进一步开放、水产品消费升级等影响，水产品贸易顺差收窄。海关数据显示，1—6 月，我国水产品进口量 296.16 万吨，进口额 87.19 亿美元，同比分别增长 25.89% 和 30.89%；出口量 206.31 万吨，同比增长 3.20%，出口额 100.84 亿美元，同比下降 2.85%；贸易顺差 13.65 亿美元，同比减少 63.29%。据全国渔民家庭收支调查系统统计，渔民收入保持增长态势，但增幅有所收窄。上半年，我国渔民人均纯收入为 11267.57 元，同比增长 8.03%，较上年同期增幅提高了 0.55%；我国渔民人均可支配收入为 10492.21 元，与全国农村居民人均可支配收入相比，渔民收入高出 5892.21 元，渔民收入增幅降低 0.19%（农村居民人均可支配收入及同比增幅为国家统计局发布的第一季度数据）。休闲渔业发展延续增长态势，整体呈现出速度加快、内容丰富、产业融合的良好势头，成为促进渔业高质量发展的高效业态。据全国休闲渔业发展情况监测统计，2019 年上半年，全国休闲渔业产值 278.71 亿元，同比增长 1.1%，接待人数为 6722 万人。

一、《关于加快推进水产养殖业绿色发展的若干意见》为渔业信息化发展指明了方向

党中央、国务院高度重视生态文明建设和水产养殖业绿色发展。党的十九大提出加快生态文明体制改革，建设美丽中国，要求推进绿色发展，着力解决突出环境问题；习近平总书记多次强调，绿水青山就是金山银山，要坚持节约资源和保护环境的基本国策，推动形成绿色发展方式和生活方式。加快推进水产养殖业绿色发展，既是落实新发展理念、保护水域生态环境、实施乡村振兴战略、保障国家粮食安全、建设美丽中国的重大举措，也是打赢精准脱贫、污染防治攻坚战的重要举措和优化渔业产业布局、促进渔业转型升级的必然选择。

为解决好水产养殖业绿色发展面临的突出问题，2019 年 1 月，经国务院同意，农业农村部会同生态环境部、自然资源部、国家发展和改革委员会、财政部、科学技术部、工业和信息化部、商务部、国家市场监督管理总局、中国银行保险监督管理委员会联合印发了《关于加快推进水产养殖业绿色发展的若干意见》（以下简称《意见》）。这是新中国成立以来第一个经国务院同意、专门针对水产养殖业的指导性文件，是当前和今后一个时期指导中国水产养殖业绿色发展的纲领性文件，对水产养殖业的转型升级、绿色高质量发展都具有重大而深远的意义。《意见》的贯彻落实、全面实施必将进一步优化水产养殖业绿色发展的空间布局、产业结构和生产方式，推动中国早日由水产养殖业大国向水产养殖业强国转变。

党的十八大以来，各地区各部门按照党中央、国务院决策部署，切实采取有效措施，大力推进水产养殖业供给侧结构性改革，生态养殖模式迅速铺开，水产养殖业发展亮点纷呈。稻渔综合种养开展得如火如荼，池塘工程化循环水养殖、近海立体生态养殖、工厂化循环水养殖等先进技术示范推广力度不断加大，世界上最大的全潜式大型网箱“深蓝 1 号”在山东成功建造下水并开始进行三文鱼的养殖，千岛湖、查干湖等生态渔业享誉全国。水产养殖业的快速发展为解决城乡居民“吃鱼难”、保障优质动物蛋白的供给、降低天然水域水生生物资源的利用强度、促进渔业产业兴旺和渔民生活富裕等等都做出了突出贡献。

在水产养殖方面，首要任务是推动绿色发展，从过去拼资源要素投入转向依靠科技创

新和提高全要素生产率。其发展基础在于落实养殖空间布局规划，发展大水面生态养殖和深远海网箱养殖，发展稻田综合种养和低洼盐碱地的水产养殖。其中，集装箱养鱼作为一种新技术模式，具有资源节约、环境友好、生态循环的特色优势，具有质量可控、集约智能、产出高效的技术优势，是水产养殖业绿色发展的一次具体实践。推广环保型技术模式和设施装备，开展数字渔业、智慧渔业示范，探索建立养殖容量和轮作养殖制度。实施水产养殖绿色发展示范工程，到 2020 年创建 1500 个水产健康养殖示范场、30 个渔业健康养殖示范县、100 个稻渔综合种养示范区、80 个海洋牧场示范区。在海洋信息方面，我国已取得 3.5 小时内形成覆盖 2 万平方米的应急海域通信网络的项目成果，基于水下无线网络的潜水消费与作业系统正在研发。深圳在粤港澳大湾区启动 5G 智慧港口建设；基于 5G 的无人海洋监测船在福建泉州惠安海域完成首航；山东首家 5G 海洋牧场在荣成爱伦湾国家级海洋牧场建成，在突破核心关键技术的同时也在打造高端装备协同创新产业链。

数字经济也同样成为各地关注的重中之重，当前，物联网与大数据应用正推动水产养殖向智慧渔业转型，走向数字渔业和智能渔业。渔业与光伏的结合是数字化技术的一个体现，华为基于对渔光互补的深刻理解和实践，将多年积累的物联网、云计算、大数据、AI 等数字化技术与渔光产业一体化融合，推出智能渔光互补解决方案。此外，打造智慧渔业和数字渔业，是实现海洋渔业现代化的关键，不仅可以提升海洋渔业的档次和工业化水平，促进海洋渔业生产过程与监督管理的智能化和信息化，也能显著提升海洋渔业生产和渔业管理决策的能力与水平，促进海洋渔业的转型升级。在智慧海洋方面，要针对海洋数据有效性不足、深度利用程度低等问题，利用大数据、人工智能、物联网等新一代信息技术，研建海洋大数据试验场，重点研发高通量海洋数据智能质控系统、基于图像的海洋资源 / 生物智能监测技术与成套监测设备、海洋智能认知系统等，面向海洋生态保护、海洋资源开发、海洋防灾减灾等开展应用示范。围绕大数据“预警、预测、决策、智能”四大要素，开展渔业大数据的创新应用，通过单品种大数据的发展，促进大数据与渔业充分融合，推进渔业科技创新，不断提升渔业数字化支撑能力。首个 5G 基站已应用于陵水 5G 智慧渔业示范项目建设，通过 5G 网络技术，可以对网箱内的水温、盐度、叶绿素、溶解氧等生态特征实时在线监测，及时改善水产养殖环境，减少和避免大规模病害的发生，提高水产苗种存活率，增加养殖企业的经济效益。陵水 5G 智慧渔业示范项目将把数字化测控技术与网箱养殖工艺结合，通过风光互补发电系统、数据采集控制系统、5G 网络技术数据传送系统和数据展示分析系统，建立 5G+ 海洋渔业的水产养殖新模式，对 5G 网络技术在渔业增殖放流、海洋牧场、水生生物资源调查、海洋环境监测、生态修复等其他海洋方面的应用都将起到积极的推进作用。

我国渔业在智能化技术、装备及其应用方面取得一定的代表性成果。珠海万山的大型智能化渔场“德海 1 号”是德海智能化养殖渔场系列技术产品之一，渔场长 91.3 米、宽 27.6 米，养殖水体可达 3 万立方米，共设置有养殖区、生活区、储藏区、控制区等多个功能区，可在 20~100 米水深海域区间进行养殖。该渔场拥有智能化投喂养殖专家系统、养殖环境监测系统装备和风光互补能源装备等，是国内外同类型渔场中唯一通过 17 级台风海况结构安全测试的渔场。渔场养殖容量压力测试峰值技术指标为 450 吨，可实现一体化管理及无人驻守养殖。探鱼仪是渔业领域最典型的仪器设备之一，其中数字多波束探鱼仪为结构最复杂、技术含量最高的渔业声学探测设备。渔业机械仪器研究所谌志新团队针对远洋捕捞过程开展了数字多波束探鱼仪关键技术研究，成功完成了设备研制及海上试验。海上试验结果表明该设备对0分贝目标的探测距离可以达到2600米，部分指标达到国际先进水平。国产化渔用海洋卫星浮标研制成功，渔用海洋卫星浮标是金枪鱼捕捞生产的重要助渔设备，亦可用于海洋环境数据及水产养殖相关数据采集。东海水产研究所戴阳副研究员及其团队自主研制的渔用海洋卫星浮标具有位置、水温以及鱼群声呐探测功能，可探测300米深的渔情信息。该浮标工作稳定、数据质量符合要求，有助于提高我国渔业捕捞设备国产化水平。

随着5G时代的到来，我国智慧渔业驶入快车道。以大数据、智能互联为特征的产业变革正蓬勃兴起，现代化信息技术与渔业生产、管理、经营也愈发深度融合，水产健康养殖方面更要借助现代信息技术等第三产业，打造智慧渔业。大数据、智能化、物联网技术等信息科技为现代渔业发展提供了新思维和新模式。渔业产业正在进入智慧时代，我国也正由渔业大国变为智慧渔业大国。

二、产学研协同创新日益成为渔业信息化发展重要载体

2019年2月，农业农村部印发《2019年渔业渔政工作要点》，明确提出要“加强科技创新，发挥现代农业产业技术体系、国家农业科技创新联盟、国家水产品加工技术研发中心作用，推动重大关键共性技术研发，提升产业素质和竞争力。加快渔业高质量绿色发展相关标准制修订。加强水产推广体系建设，发布《乡村振兴战略下加强水产技术推广工作的指导意见》，开展水产技术员职业技能大赛和职业渔民培训。积极推进浙江省国家海洋渔业可持续发展试点和舟山市国家绿色渔业实验基地建设。加强渔业统计工作，及时监测发布渔情信息，不断完善统计指标，客观科学反映渔业高质量绿色发展成效。立足新机构新职能新要求，加强自身建设，强化部门协作，建立健全科学高效的渔业渔政工作体制机制。贯彻落实全面从严治党、加强政治建设要求，不断强化渔业渔政行风建设。”

政产学研、院校企社一起探讨交流生物技术、科学养殖、动物营养、鱼病防控等方面的前沿技术，既可以推进我国渔业科技创新，也能促进我国现代渔业的建设。各地各部门充分发挥技术和学术优势，以及充分发挥水产技术推广工作在推动渔业绿色转型发展、助力乡村振兴中的作用，着眼“三农”和渔业渔政工作大局，紧紧围绕渔业渔政中心工作和推广工作职能，充分发挥推广体系专业特点和优势，重点抓好先进技术模式示范推广，促进渔业转型升级。

2019年6月，烟台市海洋牧场产业技术创新战略联盟正式成立，此举对于海洋牧场实现全产业链协同创新和产业孵化集聚创新，具有重要的意义。烟台是海洋牧场产业发展的一方沃土，国家级海洋牧场示范区数量和规模均居全国之首；围绕海洋牧场涉及的高端装备、水产种业、生物医药等发展新动能，开展核心技术攻关；申请关键技术专利170余项，制定行业标准21项，海洋战略性新兴产业实现产值239亿元，同比增长16.7%，综合收入达到300亿元。海洋牧场产业已成为烟台海洋经济发展升级的重要引擎之一。烟台市海洋牧场产业技术创新战略联盟由烟台市海洋经济研究院牵头组建，集聚了市内外100余家海洋领域的科研院所、企事业单位，形成了覆盖海洋产业“政、产、学、研”一体化的合作链条，有利于整合海洋牧场优势创新资源，提升产业核心竞争力，为进一步巩固烟台市在全国的优势地位，实现海洋生态文明建设和可持续发展起到积极推动作用。

2019 年 11 月，2019 中国水产学会范蠡学术大会暨第四届范蠡科学技术奖颁奖活动在广西南宁举行。中国水产学会作为科技工作者之家，紧紧围绕国家科技发展战略和渔业中心工作，积极搭建高层次学术交流平台，扎实开展科技成果评价奖励和人才培养举荐，着力加强研究咨询和科学普及，为推动渔业科技创新、促进现代渔业发展发挥了重要作用。范蠡科学技术奖自设立以来，评选出了一批非常优秀的成果，发现了一批优秀的科研团队和人才，在激励渔业科技创新和科学普及、调动广大水产科技工作者积极性、促进渔业科技成果转化应用等方面发挥了重要作用，在水产科技界产生了重要影响。当前，我国渔业仍然面临发展不平衡不充分的问题，渔业发展的主要矛盾已经转化为人民对优质安全水产品和优美水域生态环境的需求，与水产品供给结构失衡和渔业对资源环境过度利用之间的矛盾，渔业发展正处在提质增效、转型升级的关键期。加快推进渔业绿色高质量发展，努力实现 21 世纪中叶建成现代化渔业强国的目标，必须要始终坚持把科技创新作为第一驱动力，必须紧紧依靠、切实调动广大水产科技工作者的积极性。中国水产学会作为全国性渔业科技社团，是党和政府联系广大水产科技工作者的桥梁与纽带，是广大水产科技工作者之家，要提高政治站位，坚持服务大局，推进科技创新，促进绿色发展，强化人才培养，加强智库建设，打造学术品牌，创建一流学会，充分发挥在水产学术交流、科学普及、人才培养和专家智库等方面的职能作用，团结凝聚全国水产科技工作者砥砺奋进，为我国渔业现代化建设发挥更大作用、做出更大贡献。

2019 年 12 月，广州市南沙区举办 2019 中国南沙智慧渔业峰会，该区与中国农业大学签订了合作协议，共同推进智慧渔业产学研一体化发展，并将在南沙建立工厂化鱼菜共生 4.0 基地。根据协议，中国农业大学智慧农业（南沙）产业研究院将落地南沙区，在大田、园艺、畜禽、渔业、种业等领域，开拓科技研发和攻关，全面推进南沙智慧农业产学研用综合发展。

三、新技术、新装备的应用是信息化发展的重要支撑

2019 年 11 月，青岛海洋科学与技术试点国家海洋实验室（海洋试点国家实验室，以下简称“实验室”）在中国船舶集团中船黄埔文冲船舶有限公司（以下简称“黄埔文冲”）举行了我国首艘渔业捕捞加工一体船“深蓝号”入列仪式。“深蓝号”技术先进，常年在南大洋海域作业，是开展南大洋多学科科考的一个不可多得的平台。未来实验室将充分发挥“深蓝”号平台效能，为南大洋环境监测和生物资源可持续利用提供智力支撑和技术支持。“深蓝号”是我国自主研制建造的第一艘渔业捕捞加工一体船，也是世界最大最先进的渔业捕捞加工一体船，主要用于南大洋渔业捕捞，兼顾海洋科考功能。该船取得近 200 项知识产权保护，实现了我国在现代化渔业船舶装备领域的重大突破，达到世界先进水平。该船由黄埔文冲为上海崇和实业集团有限公司建造，其总长约 120 米，型宽 21.60 米，设计吃水 7.3 米，设计航速 15 节，主机功率 8000 千瓦，载重吨约 5000 吨，可满足 ICE-A 冰区（冰厚度 0.8 米）及 −25℃低温环境的营运要求。“深蓝号”不仅是一艘捕捞效率高的渔船，更一座自动化程度高的海上渔产品加工厂，配有目前世界最先进的连续泵吸捕捞系统和全自动生产流水线。同时，该船还是一艘创新型、经济型和环保型远洋渔船，是目前世界上舒适度最高的渔船之一。开发南大洋等远洋渔业资源，对我国加快建设海洋强国、拉动国内消费需求、保障食品安全和维护海洋权益具有重大战略意义。而“深蓝号”的研制成功和

交付使用，填补了我国在高端渔船建造领域的空白，对我国渔业高质量发展具有极强的示范引领作用。

由中国科学院广州能源研究所、招商局工业集团合作建造的全国首座半潜式波浪能养殖网箱“澎湖号”已完成建造并交付。“澎湖号”长66米，宽28米，高16米，工作吃水11.3米，可提供1万立方米养殖水体，具备20余人居住空间，300立方米仓储空间，120千瓦海洋能供电能力。该船还搭载自动投饵、鱼群监控、水体监测、活鱼传输和制冰等现代化渔业生产设备，可以实现智能化养殖。该船集波浪能发电和太阳能发电于一体，可以达到能源供给的自给自足。同时还配备了蓄电池，保证平台的持续供能。

由福建福宁船舶重工有限公司建造的中国智能环保型鲍鱼养殖平台“福鲍1号”正式建成，“福鲍1号”是国内最大的深远海鲍鱼养殖平台，平台主要由甲板箱体结构、底部管结构、浮体结构、立柱结构、养殖网箱、机械提升装置等六大部分组成，为钢质全焊接结构。“福鲍1号”可抵御12级以上台风侵袭，适用于水深17米以上、离岸距离不超过10海里的海域作业，预计年产鲍鱼约40吨。“福鲍1号”也在平台上配备了风光发电、水质监测、视频监控、数据无线传输、增氧装置等先进设备，使其适合深远海规模化养殖。“福鲍1号”的电力主要依赖风力发电，可以给船上的监控系统提供24小时不间断的电源。船上的水质监测系统，可以监测海水的pH值、电导率、溶解氧，监测数据可以实时传输至岸上，实现无线传输，传输距离不小于5公里。

2019年12月，“南极磷虾获取-冷冻-脱壳全套智能加工设备关键技术转化及产业化开发项目——300型南极磷虾拖网”现场验收会在湖南沅江召开。300型南极磷虾拖网采用四片式结构，外网网衣材料采用直径为6毫米、4毫米高强度PE编织线，网目尺寸分别为300毫米、200毫米、150毫米；内网衣为18股经编PA网片，网目尺寸分别为30毫米、25毫米、20毫米、15毫米；直径4毫米聚乙烯编织线结节强力达到1655牛，直径6毫米聚乙烯编织线结节强力达到3196牛，直径6毫米双线结节强力达到5836牛。该网的成功研制，推动了我国南极磷虾捕捞装备的国产化进程。

深海养殖是绿色渔业发展的重要方向，是国家“五位一体、绿色发展”战略的具体实践。北黄海深冷水团·养殖平台的海上运输、安装作业和鱼苗投放顺利完成，这标志着国内首座无人智能可升降试验养殖平台在威海市顺利完工并启用。该项目是威海市立项的北黄海冷水团大西洋鲑养殖项目中的一个先导性养殖试验项目。威海市海域辽阔，且辖有黄海冷水团海域，发展深海养殖具有较强的基础优势和资源优势。

如何盘点一个池塘里鱼的数量？宁波智哲信息科技有限公司研制的AI图像识别技术，只需5秒钟就能计算出存量鱼的数量，而且准确率能达到99%。目前，该公司已成功研发了一套基于AI图像识别技术的生物盘点系统，该系统依托机器视觉和物联网平台技术，率先应用于规模化鱼类养殖的数量统计中，属水产养殖行业首创。该系统主要由高速摄像机、拍摄摇臂、图像处理以及计算系统组成。这项技术对于水产养殖和人工增殖放流、农业生物资产的确认计量、农业资源的合理配置等相关领域具有深远的意义。

四、渔业信息化技术应用不断加速

2019年10月，海南省首个基于“5G+海洋牧场”的示范项目（智能化深水网箱养殖）——网箱生物环境在线监测系统，在新村镇深海养殖场试运行。在“建设现代化海洋牧场”“智慧海洋”建设等重大战略指导下，陵水率先联合海南移动采用5G移动通信技术，集成网箱海洋环境实时在线监测系统，对深海网箱水质水文环境及内部状况进行实时在线监测监视，为网箱养殖科学管理提供数据基础及技术支撑，从而促进海洋开发和保护，提升海洋渔业的装备化和现代化，实现海洋经济提质增效，壮大海洋经济规模，有效拓展蓝色经济空间的战略机遇期。网箱生物环境在线监测系统解决了深海养殖信息采集与传输困难的痛点。网箱生物环境在线监测系统是专门为深海网箱养殖设计开发的，通过对网箱内的水温、盐度、溶氧量等生态特征的实时监测，实现设施渔业技术、生态修复、健康养殖技术的有机融合。网箱生物环境在线监测系统对水质进行综合监控、反馈修复后，及时改善水产养殖环境，使水产品在适宜的环境下生长，减少和避免大规模病害的发生，提高水产苗种存活率，在保证质量的基础上大大提高了养殖产量，增加养殖企业的经济效益。应用5G实时监测技术之后，通过对水文、波浪、暗涌运动情况的监测，可及时将可升降深水网箱降至安全水位以下，最大限度地避免灾害损失。网箱生物环境在线监测系统还可以降低人工监测成本。在网箱养殖的水质监管环节，若达到与应用5G实时监测技术相同或相似的实时监测效果，单口网箱平均每天需进行4次水质抽检，并送至权威机构进行检验，1天将产生约1万元的水质抽样检测成本，平均每年水质抽样监测成本高达365万元。而在应用5G实时监测技术之后，监测系统将按照设定，自动对水质相关指标进行监测，并将监测数据传送至中枢管理系统，做到对水质情况的实时监测。从盈亏平衡方面分析，单口网箱只需安排一人定期对设备进行例行保养（以人均10万元年工资计算），除去第一年单口网箱的设备投资费用93万元，单口网箱可节约成本约200多万元。网箱生物环境在线监测系统在深水网箱养殖业的先行先试和成功利用，对5G技术在渔业增殖放流、海洋牧场、水生生物资源调查、海洋环境监测、生态修复等其他海洋方面的应用将起到积极的推进作用。

四川省广元市旺苍县金溪镇黄柏村四面环山，水源充足、水质无污染，该地区较适合养鱼。2018年，广元市代云种养殖专业合作社理事长陈杰投资500多万元，在该村建立55亩鱼塘，养殖淡水鱼。鱼塘安装了底部排污系统、远程投料机、微孔增氧机、涌浪机等，这些设备都能通过手机App远程控制。在水面上，通过布设监控设备，安装水质探测器以及鱼池水温、空气检测等设备，借助互联网实现手机遥控养鱼。在手机里的鱼池监控App上可以看到单个鱼塘的气温、水温以及含氧度等数据，只要根据数据分析，动动手指就可实现科学养鱼。通过这项新技术的投入，不仅让鱼苗存活率高达99.6%，更让养殖时间缩短一半。鱼塘底部排污系统对养殖污水进行沉淀分离，再经生物降解处理后达到养殖用水标准，再循环利用或排入沟渠，从而防止养殖内、外源性污染，实现养殖水体良性生态循环。鱼塘一年四季都不用清塘，延长了养殖周期，降低了人工成本，为养殖户增加效益。

湖北省大冶市革新传统池塘养殖模式，以秀水湾基地为试点，在黄石地区率先引进池塘零排放绿色高效圈养技术。绿色高效圈养技术的核心是集中排污，能及时有效地收集鱼类代谢物和残剩饲料，改善水质，确保池塘良性循环，实现养殖废水零排放，同时为鱼类养殖提供稳定的环境。该养殖模式主要包括圈养系统、增氧系统、集排污系统、循环水系统和人工湿地废水处理系统等5个系统。一整套圈养设施设备只占池塘10%的面积。秀水湾20亩鱼池可放120个圈养箱，每个圈养箱可产鲈鱼或鳜鱼1吨，120个圈养箱可达120吨，加上箱外放养的鲢鱼或鳙鱼，20亩鱼池产量可达130吨，产量是普通养殖模式的5倍以上。绿色高效圈养技术既节能减排，降低饲料、渔药成本，又提高了养殖鱼类的品质，促进渔民显著增收，具有较高的经济效益和生态效益。

针对传统渔业存在的环保限制、水质劣化、空间受限和养殖环境不可控的问题，上海耕海渔业有限公司研发了高度自动化、智能化、工业化的深远海大型渔业养殖设施——深远海大型养殖加工平台，该设施整合了北欧先进养殖经验与海工装备尖端技术，填补了深远海养殖领域的多项空白，具有很强的可复制性。2018 年 6 月，该公司在临港开始建设实施以深远海养殖加工平台为核心的智渔工厂。智渔工厂包括陆上示范试验、育苗、孵化养殖基地，占地约 2000 平方米，基地将构建国际一流的三文鱼陆上循环水养殖系统，满足三文鱼养殖技术试验、育苗、孵化、成鱼等功能定位，搭配自动化水处理设备、投喂设备、死鱼收集和生物量统计设备、智能监控设备等，实现三文鱼养殖全程智能化、自动化、机械化。同时，智渔工厂还将建设万吨级海上示范养殖加工平台和 10 万吨级海上示范养殖加工平台。其中，深远海养殖加工平台以 10 万吨级船为母型研发，可提供近 8 万立方米养殖水体，单平台年产三文鱼 7000~9000 吨，产值约 10 亿元，养殖品种还可以拓展到金枪鱼、大黄鱼等。未来，养殖加工产业链可以向海洋保健食品、海洋生物制药等领域延伸；装备领域向活鱼运输船、饲料运输船、冷藏运输船、补给供应船、渔业捕捞船等配套船舶拓展，形成一个规模远超养殖网箱装备的深远海渔业装备集群。

五、渔业信息化技术由点到面、稳步推进

2019 年 5 月，山东首家 5G 海洋牧场在荣成爱伦湾国家级海洋牧场建成。山东移动在荣成寻山开展 5G 试验基站建设，完成了 5G 信号对海洋牧场景区及近海养殖区域的覆盖，并结合海洋牧场实际需求开展了 5G 全景监控应用的验证。通过 5G 高清摄像装备对海洋牧场景区风光进行全景拍摄，捕捉海洋牧场周边的美丽风景，人们不必再辛劳奔波远赴海上，只需在家带上 VR 眼镜，借助虚拟现实设备，即可实现“东临碣石、以观沧海”的闲适惬意。2019 年以来，5G 与海洋的互动持续升温。智慧海洋工程有效提升了我国海洋环境监测与保障能力，有助于各涉海部门单位主体之间信息互通共享。各部门正着力沿海上丝路构建立体高速信息走廊，以智能运行平台为大脑，以智能感知通信为基础，以岛礁、钻井平台、智能船舶等为支点，以智能船舶、天基卫星为海外拓展手段，最终形成一个共用、共享、共商的体系。由极小目标探测雷达、地波雷达、光电系统等关键产品构成的海南环岛近海雷达网综合监测系统能有效实现快速组网和 24 小时保障。

中国移动联合中联智科高新技术有限公司（以下简称“中联智科”）、浙江庆渔堂农业科技有限公司等合作伙伴，开展智慧渔业的试点工作，基于 5G 网络大带宽、低时延、广覆盖的特性，通过智能鱼探仪、水下高清摄像头、各类传感器、智能网箱等智能终端，实现近海 / 池塘养殖场的水下勘测、线路设置、鱼群监控、水质检测、智能投喂等功能，有效地帮助养殖企业提升经营收益，也将带来万物互联时代的水产养殖新模式。水下高清摄像头通过 5G 网络实时回传水下地形、鱼群高清图片，智慧渔业云平台可根据图片实时诊断鱼群健康状况，并对意外情况进行报警；智能网箱及网箱中的各类传感器可以对水质进行监测，实时调控鱼群生长环境中 pH 值、溶氧量、水温等数据。智能渔探仪自动巡航过程中，可以实时控制渔探仪的开始和停止，智能投喂过程中也可以实时控制鱼饵投喂设备。中联智科通过军民融合声呐探测技术、无线通信技术、卫星定位系统、人工智能技术等，围绕清点存塘水产实际数量的核心痛点，开发国际领先的专用渔探仪设备，同步建立全国性的标准

品水声数据库、渔场环境监控大数据、渔资产实时监管系统等整体方案和运营体系，与养殖企业和保险公司合作，重点解决渔业保险标的价值认定的世界难题。近年来，中联智科创建了智慧渔业保险查勘平台，拓展渔业保险业务和提升渔业信息化水平；创建了智慧渔业作业巡检平台，减少人为风险，提升养殖水平；创建了智慧渔业资源流通平台，建立可追溯的水产数字履历，通过提供商机管理、进销存管理等功能，搭建品质可信、对接精准的电子流通市场。

六、渔业管理信息化建设步伐加快

推动渔业高质量绿色发展，渔业信息化的建设起着至关重要的作用。2019 年，我国针对渔业信息化的建设不断推进与加强，渔业信息化的工作正在不断落实。

2019 年 4 月，中国水产科学研究院信息化研讨会暨渔业专业知识服务系统技术交流会在上海召开。通过此次会议进一步明确了渔业信息化发展方向，实质性的解决渔业信息化工作的困难。

中国水产科学研究院东海水产研究所渔业遥感信息技术实验室及创新团队近年来针对渔业捕捞信息技术应用与需求，深入开展了远洋渔场渔情预报及信息服务、鱼群侦察浮标、渔船大数据分析等相关技术研发，有力支撑了渔业信息技术学科发展。

海洋信息化发展处于网络强国和海洋强国建设的双重机遇期，正朝着更加专业化、精细化、智能化的方向迈进，应汇聚各方智力，打造智慧海洋建设发展的合作交流平台，推动形成产学研联动、优势互补、自主可控的发展格局，构建完善国家智慧海洋体系，为加快建设海洋强国提供海洋信息和技术的坚实支撑。

2019 年，中国水产科学研究院渔业专业知识服务系统已经实现海量数据汇聚，涉及科技文献、统计数据、工具事实、科学数据等 5 大类 30 小类的数据类型，数据量共计 2000 万条以上。系统已经建成数据规范化整理、标准化存储、跨平台共享、深度检索、知识发现、个性知识服务、可视化呈现的服务平台，实现与工程科技知识中心互联互通。2019 年，渔业专业知识服务系统在完成进度和水平上取得了较大进步，2020 年项目工作重点将集中于特色资源的搜集整理，固化渠道，形成资源自生长，同时加强通用资源的深度加工，加大力度开展线上线下服务和宣传。

第四章 农业经营信息化

4

2019年2月，中央农村工作领导小组办公室和农业农村部发布《关于做好2019年农业农村工作的实施意见》，明确指出："实施数字乡村战略。印发实施国家数字农业农村发展规划，加强农村网络宽带设施和农业农村基础数据资源体系建设。推动农业农村大数据平台和重要农产品全产业链大数据中心建设，扩大农业物联网示范应用。深入实施信息进村入户工程，加快益农信息社建设，健全完善市场化运营机制，2019年底覆盖50%以上的行政村。组织实施'互联网+'农产品出村进城工程，推进优质特色农产品网络销售。继续做好农民手机应用培训。"

第一节 农业龙头企业信息化

随着信息经济时代的到来，经济全球化的特征日益显著。在这种全球化的大背景下，农业产业化发展必须与信息化有效结合，把信息化作为一个全新的生产力要素，融入农业产业经营的全过程之中，从而跨越工业化的历史阶段，以信息化带动农业产业化和现代化，实现城乡经济的协调发展。而龙头企业作为农业产业化的核心和带动者，对农业产业化的经营和发展起着关键的拉动和支撑作用。龙头企业发展信息化，有利于进一步推动农业产业化向纵深发展，更快地提高农业产业化的经营和发展水平，逐步推进"三农问题"的妥善解决，能够更加圆满地实现社会主义新农村建设的目标。

一、农业龙头企业信息化发展现状及存在的问题

（一）农业龙头企业信息化发展现状

近几年来，国家围绕调整农村经济结构、增加农民收入的农村工作中心任务，把农业产业化经营和扶持发展龙头企业信息化作为重要战略举措来抓，在建设基地、完善机制等方面进行了积极的探索，特别是各级政府着力培育一批重点龙头企业，并在扶持和服务方面采取了一系列政策措施，增强了龙头企业带动农户的能力，取得了比较明显的成效。国内农业产业化发展速度不断加快，涌现出了一批规模较大、带动能力较强的农业产业化龙头企业。实践证明，在农业产业化经营中龙头企业信息化具有举足轻重的作用。因此，推进农业经营信息化，工作重点应当是培育和扶持发展龙头企业信息化。

（二）农业龙头企业信息化发展存在的问题

国内农业龙头企业的信息化发展已经有了一定的基础，对农村经济、社会发展、增加农民收入、推进城乡一体化和农业现代化都产生了明显的效益和作用。但农业龙头企业信息化发展中还存在诸多问题：一是龙头企业信息化程度较低。我国在农业产业化发展过程中虽然涌现出了一批规模较大、信息化程度较高的龙头企业，但是还有很多农业产业化龙

头企业规模小、信息化程度低、带动力不强。二是龙头企业与农户的利益联结机制尚不健全。部分龙头企业与农户之间的关系还是松散的买卖关系，还没有通过信息化把农户有效地连接起来。虽然一部分龙头企业通过签订契约、入股合作等形式与农民初步建立了“风险共担、利益共享”的机制，但是订单农业不够规范，合同履约效率低，龙头企业与农户之间没有通过信息化形成真正的利益共同体。三是龙头企业信息化利用率低。龙头企业现有的信息化设施利用率不高，有些企业还没有建立起现代企业制度，管理方式、用人机制、激励机制较落后，这使企业开拓和创新的活力不强。

二、农业龙头企业信息化对农业产业化发展的促进作用

（一）有利于确立当地农业产业化的拳头产品和主导产业

个体农户对本地的产业状况要进行相关的数据收集和信息资料分析，如果不借助现代信息技术是很难实现的，而利用龙头企业建立的农业信息网络，农民足不出户就可以方便地查找全国各地区的产业政策和产业规划，搜索出各地区发展的主要项目，以及产品的供求情况等。龙头企业也可以借助自身的关联效应，上连市场，下接生产基地与农户，推动当地农业产业化向纵深发展。龙头企业还可以利用农业信息化技术准确预测市场需求，避免各地主导产业的盲目趋同，更好地发挥地方资源优势，将资源优势转化为商品优势和经济利益优势，并有利于将有限的资金和技术投向重点地区，带动地区经济发展，打造当地农业产业化的拳头产品和主导产业项目。

（二）有利于建立和完善农业社会化服务体系

建立农业社会化服务体系需要多方主体（政府、龙头企业、农民合作组织等）的参与，但是在这些主体之中，龙头企业起着非常关键的作用。农业产业化组织中的龙头企业是农业信息化的重要推动力量。目前我国绝大多数区域正处于农业产业化的起步或成长阶段，龙头企业是农业产业化的主要推动力量和组织力量，它通过信息网络和各种信息渠道，既可以连接国内外大市场，还可以连接千万家小农户，具有开拓市场、引导生产、深化加工、配套服务的功能，因此龙头企业发展信息化是实施农业产业化经营和社会化服务体系的关键所在。在龙头企业加农户的农业产业化经营模式中，大型龙头企业具有雄厚的实力，较易实现信息资源与生产资源的密切结合，在信息化建设方而，它肩负着引领农户增收和提高企业自身信息化水平的双重任务。龙头企业利用信息化网络技术，可以在网络上及时公布最新消息，对农户的农业生产及时进行指导，服务农户的效率和效果会大大提高。

（三）有利于降低农业产业化的市场风险

龙头企业在发展信息化技术以前，对于农户生产的产品的监控，是一件非常困难的事情。如果产品检查出现了问题，企业是很难追溯到是哪个农户生产的。随着计算机和网络信息技术的发展，企业可以利用先进的条形码技术，为每个农户编制条形码，同时电脑里储存这个农户的所有信息。农户生产的商品都贴上其个人信息的条形码标签，当农产品出现问题时，企业就可以非常方便地追溯到出现问题的农户，从而便于找出产生问题的原因。龙头企业发展信息化可以建立起集农业技术信息与农业商务信息于一体的农业综合性数据库，其中农业技术信息包括专家咨询意见、种养殖类的技术信息，农业标准等；农业商务信息是一个发布农产品、农业设施和农业生产资料信息的网上市场，为客户提供发布农业商务信息的平台，为今后开展农产品电子商务打下基础。龙头企业利用信息化技术建立起

现代物流体系，可以促进生产和消费，扩大内需，拓宽农产品市场，提高农产品的市场流通效率，减少了市场风险。

（四）有利于提高农业产业化参与国际化竞争的能力

龙头企业的发展必须采取市场化与全球化的策略，而信息化提高了龙头企业的经营管理效率，促进了农业龙头企业开拓全球市场的能力。龙头企业将信息技术应用于农业生产各环节，降低了生产、采购费用等，不仅提高了我国农业龙头企业的国际竞争力，而且最终增加了农业产业化经营各参与主体的利益。以市场为导向是农业产业化经营的基本要求，任何地区农业的主导产业和龙头企业的拳头产品的选择和确立，都必须依据国内外市场的需求而定，而且随着这些需求的改变而改变。这些参与国际化竞争的要求都是在龙头企业具有较高信息化程度的基础上才能实现。龙头企业通过信息化进行农业产业化经营可以实现农业产业结构的调整、优化和升级，提高农业综合生产能力和农业产业化组织的国际竞争力。

三、农业龙头企业信息化的途径

（一）大力发展精准农业等先进的技术和生产方式

精准农业又称精细农业、精确农业，是一种基于信息和知识管理的现代农业生产系统。精准农业采用 3S 技术与现代农业技术相结合，对农资、农作实施精确定时，定位、定量控制的现代化农业生产技术，可最大限度地提高农业生产力，是实现优质、高产、低耗和环保的可持续发展农业的有效途径。

龙头企业应尽快建立信息技术与农业生产相结合的精准农业示范基地和样板。龙头企业实施精准农业是一个渐进过程，大致可分三个阶段：第一阶段要根据当地的实际情况，引进必要的技术和装备，建立试验示范点，探索经验；第二阶段将试验示范工作扩展到大型农场和小型农户，特别要注意在小型农户中实施精准农业的概念和方法；第三阶段要在多点试验示范的基础上形成中国特色的精准农业模式，并在龙头企业中形成实用化和产业化。

（二）建立基于供应链的电子商务平台信息中心系统

龙头企业在电子商务建设方面的资源较为充足，而中小企业和农户在这方面的资源缺口往往较大，并且存在重复建设导致的成本过高等问题。因此，龙头企业建设信息中心系统时应将供应链上的中小企业和农户融入进来。龙头企业负责信息中心系统的主体设计、建设，并为供应链上的中小企业和农户提供电子商务所需的各种支持；中小企业和农户将自身的信息化“外包”给龙头企业，将自己视为龙头企业的一部分，参与到供应链电子商务中去，在企业内部按龙头企业制定的标准建设信息中心系统的终端。龙头企业还应建立起实用有效的农业信息资源数据库，大体可分为农民需要的政府农业政策、法规信息、科技致富信息、市场动态信息、农资供应信息、良种苗信息、气象信息、病虫害防治信息等；企业决策者需要的农业生产情况信息、农民收入和消费信息、国内外农产品收购价格和贸易信息、农村金融信息、科技项目信息、农业资源、规划、环境信息等；企业科研技术人员需要的农业科研最新成果、农业科研攻关难题、农业学术交流信息等。

（三）积极发展农产品物流系统和农产品期货交易平台

农业产业化需要相关服务体系的支持才能更快、更稳健地发展，这些服务体系包括农业物流服务体系，法律与管理咨询体系，农业金融与保险体系等等。特别是农业物流服务体系和以农产品期货交易平台为主要形式的农业金融对农业产业化发展作用显著，而且对信息化技术的依赖程度和要求也很高。作为一体化经营的组织者、带动者、市场开拓者和营运中心，龙头企业是连接农户与市场的桥梁和纽带，利用信息化技术，龙头企业可构建物流信息系统，通过信息在物流系统中快速、准确和实时的流动，可使企业迅速地对市场做出反应，从而实现商流、信息流、资金流的良性循环。农产品期货交易平台则可以减少龙头企业的经营风险和降低农产品的市场风险，增强对国内外市场的应对能力，能够使企业更加充满信心地参与到国际化竞争中。

第二节　农民专业合作社信息化

农业信息化是农业现代化的制高点，是现代农业发展的重要支撑、重要体现和重要内容。在农业信息化建设中，由于我国农业农村特点以及信息化的要求，农业信息化这个系统工程需要各方力量的参与和推进。农民专业合作社作为与农民联系最紧密的组织，应该成为推进农村信息化的重要载体。一方面，农民专业合作社正逐步走向农业信息化舞台；另一方面，农业信息化应用主体发育不成熟，亟须合作社等新型农业经营主体示范带动。实质上，从国外农业信息化的发展经验可以看出，发达国家的农业和农村，一般都有着较深远的民间组织或行业传统，其各级农民专业合作社作为政府与农会、企业之间的中介组织，承担了市场经济下的许多职能，如完成农产品产销、供应生产资料、供应补贴资金和信贷资金、提供各种保险和社会保障、教育和培训农民、组织农村社会文化生活等。同时，农民专业合作社也是国家实施农业宏观调控的重要媒介，正是由于合作社具有很强的组织力、渗透力和感召力，发达国家在农业信息化过程中，更为注重政府与各种农业和农村民间组织的密切合作、协调一致，并使农业生产者能够尽可能多的参与信息化建设工作，这已经成为当今世界农业信息化发展的主要趋势之一。

一、当前农民专业合作社的信息化建设现状与特征

当前，农民专业合作社的信息化建设在不断探索和实践中取得了一定的发展。

第一，从阶段特征看，农民专业合作社信息化建设处于全面推进阶段。《“十三五”全国农业农村信息化发展规划》提出，要全面推进信息进村入户，坚持把信息进村入户作为现代农业发展的重大基础性工程来抓，将其打造成“互联网 +”在农村落地的示范工程。“十三五”期间，农民专业合作社信息化建设在全国各省全面展开，带动整个农业农村信息化水平的提升。

第二，从动力特征看，农民专业合作社信息化建设的主要动力来源于政府支持。目前，大部分农民专业合作社的软硬件设施建设动力来源于政府项目支持，政府引导建立了农民专业合作社信息化发展的宏观环境。由于信息化基础设施的准公益性，信息化建设还不可能完全市场化。目前，我国农民专业合作社的信息化建设还达不到以信息服务供养信息资源建设的良性循环。因此，现阶段还应以政府投入为主，加快信息基础设施建设。在信息化建设后期的维护和管理上，可充分利用企业和社会资本，形成政府、企业、合作社、农户共赢互利的局面。

第三，从生产信息化特征看，现代信息技术与装备逐渐推广应用。生产信息化方面，网站、视频监控和质量安全追溯系统等信息技术和装备相对成熟，推广较为容易，处于全面推广阶段。环境监测、节水灌溉和测土配方施肥等信息技术和装备处于技术发展阶段，在部分生产型合作社中推广应用。大数据、物联网、云服务、移动互联、智能农机具、农用航空等现代信息技术与装备在大田种植、设施园艺、畜禽水产养殖等领域的示范应用取得突破，但适用性和推广性仍在探索中。

第四，从流通信息化特征看，电子商务和物流配送成为当前农民专业合作社信息化建设的重要着力点。农民专业合作社普遍开始网络营销，尝试多元化发展电子商务。合作社发展电子商务比较典型的模式有：一是入驻成熟电商平台开设网店模式，这是当前农产品电子商务的主流模式；二是自建平台模式，农民专业合作社建立自己的网站开展电子商务；三是垂直电商模式，形成了以网络为交易平台、以实体店或终端配送为支撑的“基地 + 终端配送”模式。

二、农民专业合作社信息化建设存在的主要问题

第一，农民专业合作社信息化进程不均衡。一是地域间合作社信息化发展不平衡，如安徽、湖北、北京、上海等省市合作社信息化建设推进力度大，信息化水平较高但部分省市合作社信息化水平不高。二是地域内合作社信息化建设参差不齐。一些合作社信息化基础设施较为薄弱，信息化对合作社发展的支撑作用不突出。这就要求政府在合作社的信息化顶层设计中着力整体统筹，考虑不同地域间的地区经济发展水平，同时考虑地域内合作社的分级推进。

第二，农民专业合作社信息化技术水平整体不高。一是合作社信息化建设起步较晚，与国外农业信息化尚有一定差距。设施农业在温室环境控制、栽培管理技术、生物技术、人工智能技术、网络信息技术等方面与发达国家尚有差距，亟须一批支撑设施农业生产的小型智能化信息化装备及配套技术。二是与合作社匹配的信息化技术与产品匮乏。合作社对信息化产品的需求越来越大，但与合作社匹配的性价比高、易操作和个性化的信息化软件系统依然较少。

第三，农民专业合作社信息化资源的利用水平不足。一是农民专业合作社内部信息人员缺乏连续性的培训，知识更新较慢，对配套设备使用的相关技术要领掌握不熟练。二是对农业门户网站和相关业务网站的利用不够，有一部分合作社不了解 12316 综合信息服务平台、农业专家系统等。在进行经营决策时，合作社不能充分利用网络信息辅助决策。合作社运用的财务记账平台、会员管理系统等，主要用于日常产生的数据信息的收集和记录，使用率不高，且在数据分析和统计决策方面涉及较少，信息化资源的利用层次有待提高。

第四，农民专业合作社信息化自我发展动力不足。一是意识淡薄。合作社管理人员对信息化方面的了解不够深入，在没有切身感受到信息化带来的效益之前不愿过多投入，对于新的信息化技术和产品需求意愿严重不足，影响了合作社信息化的进程。二是资金缺乏。由于信息化建设和相关配套设施的建设成本较高，单靠合作社自身的资金投入显得有些力不从心。部分合作社即便有了资金，也通常在产品销售、开发新产品等方面重点投入，在信息化建设方面的投入较少。三是人才缺乏。信息化的发展需要人才资源强有力的支持，主要包括合作社管理人员、信息技术方面的专业人才、信息工作服务人员和在经营生产中

利用信息技术和信息资源的广大用户。在合作社内部，既懂农业生产又懂信息技术上的复合型人才比较匮乏。此外，信息系统不仅需要采购投资，也需要运行期间的服务支持。目前，合作社的信息系统主要靠专家、科研单位的人员和技术员维护，但这些人员不可能 24 小时“候诊”。因此，农民合作社信息化建设遇到问题时无人解决，由此造成很多资源的闲置和浪费。

三、推进农民专业合作社信息化建设的建议

第一，实施分类指导，因社制宜。随着社会需求和自身规模的扩大，合作社由以前的种植、畜牧、农机、渔业等专业合作社，逐步出现了资金互助、土地流转、技术承包等服务型合作社和跨地区的联合社。由于合作社所处地域的不同、门类的千差万别和功能的差异，对信息化的需求也呈现出了多样化特点。例如，生产型合作社可能更关注农产品市场价格信息和供求信息；服务型合作社可能更关注国家相关法律法规类信息。因此，根据不同区域、不同层次、不同规模、不同专业的合作社，应制定不同的信息化建设和管理标准，开发设计满足不同需求的系统软件，确保合作社信息化建设的可操作性和有效性。

第二，积极开发面向合作社的普遍化、低成本化的农业信息技术产品。目前，发达国家农业信息化普遍存在科技成果转化率低、产品专业化程度不高、相关技术产品应用成本高等问题，具有专业化、实用化与普遍化特点的农业信息技术产品及装备的开发、推广将成为农业信息化的重要内容。

第三，持续加大对精准农业、智慧农业等新技术的示范应用，引导合作社信息化发展趋势。持续加大对合作社信息化建设的投入，鼓励信息化新技术在合作社进行推广示范，加大对集成化、高度自动化、专业化的农业信息技术的推广应用。

第四，探索合作社信息化发展的多方参与机制。充分发挥政府的引导和示范作用，多方吸引资金投入合作社信息化建设。探索资金入股、技术入股、装备入股等合作社信息化参与模式，引导社会多方参与，增强合作社信息化发展力量。从政府、企业、科研院所等引入资本，推动合作社创新创业，形成合作社信息化发展的长效机制。近几年，一些工商企业开始尝试到合作社进行农业信息化扶植，电信运营商也开始大力扶持合作社信息化建设，为加速农业信息化历程做出了努力。

第五，大力加强合作社信息化培训。合作社信息化的目的在于以信息化提升合作社自身的竞争力。因此，要面向合作社辅导员开展关于计算机应用、合作社经营管理信息化等内容的培训。加强合作社信息化队伍建设，培养一批合作社信息管理人员，增强合作社的信息化利用能力，不断提高合作社及其成员对信息的利用能力。

四、完善农民专业合作社信息化建设具体措施

（一）政府方面的措施

1. 加强政府组织领导。

政府和有关部门应该高度重视合作社信息化建设的发展，要把合作社信息化建设当作农村工作的重点部分。各级领导更要详细地划分各部门的职责，分工协作，而且要制定相关的考核制度，加强对农民专业合作社信息化建设工作的管理，对于农业行政主管部门来说更要致力于推动农民专业合作社信息化建设的工作。有关部门要制定基于真实情况的农民专业合

作社信息化建设的发展战略，为信息化建设的发展提供长远的规划，制定长期的、有助于合作社信息开发和利用的管理和服务的机制，让农民专业合作社信息化能够健康发展。

2. 实行优惠政策。

通过农民专业合作社支持和保护农业是很多国家常用的做法。现在我国对合作社的支持政策主要集中在税收优惠和财政资金扶持等各个方面，但是扶持力度还比较小，范围还比较窄，许多合作社尤其是中小型合作社不能享受到扶持政策。建议政府给予合作社更大的财政支持和税收优惠等政策。在合作社经营服务设施，特别是加大农业技术推广、农产品加工、运输和科研设施建设方面的投资力度，进一步完善相关政策，鼓励和引导商业银行为合作社提供长期贷款服务，支持和鼓励土地向合作社流转等，促进合作社联合发展。

3. 加强人才培养。

人才是农业信息化的基础。农民专业合作社信息化建设需要综合型的业务人员，不仅需要他们了解农业信息知识，还需要了解信息产业经营方面的知识，所以政府需要积极开展信息技术相关知识的培训，大力培育信息技术人才。要抓紧信息员的培训工作，加强信息员专业技能的培训，努力培养出一批信息技术过硬且会经营的新型农民。

（二）合作社自身的措施

1. 加强农民信息意识和技术的培训。

着重培养农民的三种意识，即信息意识，使农民拥有较强的信息意识，善于从农业、科技等部门以及网络上获取信息；科技意识，使农民拥有较强的科技意识，学习科技、运用科技，走科技兴农的道路；市场意识，使农民拥有较强的市场意识，学习市场经济知识，运用市场经济解决生产问题。

2. 因地制宜地发展。

农民专业合作社应以更灵活的方法吸引社会投资，处理投资方与使用方之间的关系，增强信息建设工作的活力，减轻政府的负担。具体而言，各地可以根据环境和文化的不同采取不同的措施。例如，在东部发达地区可以多制定一些优惠政策，吸引企业投资，发挥企业与合作社各自的优势，共同推动信息化建设；而中西部地区，应该先由政府投资带动经济发展，然后再考虑下一步的计划。这样，无疑会大大减轻国家负担，从而保证信息化建设更好的实施。

第五章 农业管理信息化

5

2019 年，《2019 全国县域数字农业农村发展水平评价报告》《中国数字乡村发展报告（2019年）》等相继发布，报告显示数字农业农村建设取得阶段性进展，在各方共同努力下，农业行业、产业管理和农村社会管理信息化再上新台阶，为助力乡村振兴和建设数字中国提供了有力支撑。

第一节　农业行业管理信息化

《"十三五"全国农业农村信息化发展规划》指出，金农工程建设任务圆满完成并通过验收，建成国家农业数据中心、国家农业科技数据分中心及 32 个省级农业数据中心，开通运行 33 个行业应用系统，视频会议系统延伸到所有省份及部分地市县，信息系统已覆盖农业行业统计监测、监管评估、信息管理、预警防控、指挥调度、行政执法、行政办公等七类重要业务。

一、农业农村部网络安全建设全面加强

农业农村部切实把网络安全作为信息化发展的基础和前提来抓，通过做好网络安全监测防护，落实网络安全等级保护制度，加强网络安全应急处置，开展网络安全宣传培训等，全面提高物防、人防、技防能力，采取有力措施防攻击、防篡改、防泄漏，基础保障能力显著增强。实时监测、识别、拦截各类网络攻击，定期对国家农业数据中心重要信息系统实施主机漏洞检测、安全性渗透检测，主动发现和排除安全隐患。加强网络安全防护基础设施建设，强化网络安全大数据应用和威胁感知能力建设，保障农业农村部官方网站和重要信息系统安全运行。贯彻《中华人民共和国网络安全法》及网络安全等级保护制度等配套法规，开展信息系统定级、备案、测评、整改等工作，做好关键信息基础设施认定和保护，开展网络安全专项检查，及时发现和整改存在的风险和隐患。完善网络安全信息通报工作机制，开展网络安全风险通报处置工作，避免重大网络安全事件的发生。修订完善网络安全应急预案，并开展年度网络安全攻防演习和应急演练。组织开展网络安全宣传周活动，举办农业农村网络安全和信息化培训班，提高工作人员网络安全意识和防护技能。

农业农村部网络基础设施及信息安全保障体系进一步强化。一是网络系统一体化。整体规划网络资源，统一建设网络架构，互联网接入能力持续提升，网络可靠性达到 99.9%。农业农村部电子政务内网与国家电子政务内网已实现互联互通。二是基础资源集约化。云化升级国家农业数据中心，形成统一的计算资源池和存储资源池，推动农业农村部信息资源由分散建设和运行向集中统一、资源共享、灵活扩展、按需服务转变。三是运维服务专业化。建立 IT 运维管理服务平台，统一管理系统网络资源、计算资源、存储资源和基础设

施的运维，通过管理支撑工具，实现对 IT 运维服务全过程的体系化管理，运维管理由被动向主动转变，确保网络安全稳定运行、持续可靠服务。

二、农业农村大数据应用创新取得积极进展

农业农村部运用大数据思维在地理信息平台、舆情监测和市场供需分析等方面进行了探索和创新。

一是全力打造国家农业农村地理信息服务平台。目前，平台已完成基础框架搭建、基础功能和时空数据治理引擎工具开发，完成矢量、影像、地形等全国基础地图约 3.5TB 数据更新，全国乡镇及村级边界约 3TB 矢量数据部署及 7 类气象实况数据的解析与上图，完成 39 个系统数据的空间化工作，发布服务 679 个，初步构建了集全国农业农村空间基础地理信息体系、空间数据资源体系、地理信息服务体系“三位一体”的农业农村地理信息服务平台。平台具备为部属单位、各省级农业农村部门提供全方位地理信息服务的条件，目前平台已对 7 个单位开放服务，支撑国家苹果大数据公共平台等多个业务系统建设。

二是三农舆情监测管理平台初见成效。自 2015 年底上线运行以来，平台功能不断完善，监测范围不断扩大，抓取信息精准度不断提高。截至 2019 年 11 月，平台监测各类站点超过 4 万个，其中新闻网站 13912 个，客户端、论坛和博客 3937 个、涉农微信公众号 2 万余个；每日抓取舆情数据 7 万多条，经清洗后形成有效数据近 5 万条，积累数据 310GB。平台针对涉农舆情信息及时预警，通过多种方式解答网民热议的问题，强化正面宣传引导，为三农工作创造了良好舆论氛围。农业农村部门基于平台监测数据，梳理网络涉农热点信息，编写舆情简报，有利于科学决策，用大数据的成果为广大农民服务。在国内非洲猪瘟舆情应急处置上，三农舆情监测管理平台发挥了重要作用。平台 7×24 小时密切监测网络舆情，及时报告各地疫情动态。根据网络热点议题，农业农村部门及时发布权威信息，进行科普宣传，引导广大网民科学、理性对待动物疫情，确保产业安全健康发展。

三是创新构建中国农产品供需分析系统。中国农产品供需分析系统（CAPES）主要面向 8 个大宗品种（稻米、小麦、玉米、猪肉、棉花、大豆、食糖、油料），11 个鲜活品种（牛羊肉、禽肉、禽蛋、牛奶、水果、蔬菜、马铃薯、水产品、饲料、农资和天然橡胶）开展供需分析，实现了基础数据管理、可视化展示、在线会商，以及月报自动生成等功能，已成为农业农村部发布中国 5 个主要农产品供需平衡表的重要工作支撑。按照“边建设、边运行、边维护、边优化”的原则，CAPES 先后实现了 30 期玉米、大豆、棉花、油料、食糖等 5 类大宗农产品供需平衡表在线会商发布，8 个大宗品种 202 份、11 个鲜活品种 184 份农产品供需形势分析报告在线撰写、生成、审核、合成和发布等工作。系统累计收录农产品基础数据资源 120684 条，供需平衡表模型算法 600 个，月分析报告数据指标 1419 项。通过在线分析、在线会商、在线填报，农业农村部门极大地提高了月报产品及供需平衡表会商的规范性，月报撰写时间缩短 2/3，准确率提高 70% 以上。

三、农业农村部“互联网 +”政务服务迈上新台阶

政务数据资源体系进一步完善。一是梳理编制政务信息资源目录。依据 NY/T 3500—2019《农业信息基础共享元数据》，在确保数据一致性的基础上，扎实开展目录编制工作，共梳理和编制政务信息资源目录 3000 余条。二是推动政务信息资源整合共享。根据政务信

息资源目录，开展信息资源对接，共汇聚151个应用系统的结构化数据资源近500GB，记录总行数30亿条，数据库表13000余张，打破了业务系统之间的数据共享交换壁垒。三是建设国家农业数据仓库。数据仓库集聚了来自26个采集渠道的数据，包含农村经济、农产品贸易、农产品价格等23个数据集市，存量数据超过27亿条。四是完善农业信息服务。强化12316监管中心数据资源建设，工单库、知识库、案例库、专家库数据总量超过500万条。优化中国农业品牌公共服务平台，平台已采集品牌信息和资讯16458条，宣传推广品牌326个。五是初步建成政务信息资源“一张图”。国家农业农村地理信息服务平台可实现部分政务信息资源的可视化发布、数据更新和地图服务。

信息化支撑业务协同能力不断增强。一是持续推进业务系统整合。农业农村部发布《农业农村部重大信息平台运行维护专项经费管理办法》（农办财〔2018〕78号），编制完成《农业农村部信息系统整合和服务能力提升建设项目可行性研究报告》，形成九大板块整合方案，为已完成信息资源对接的每个业务系统建立“户口簿”，形成政务信息资源整合共享业务信息系统清单。二是建设综合办公系统。基于国家有关电子政务系统建设新的技术要求，农业农村部实现了电子公文、会议管理、值班管理等办公业务的全流程在线办理，有效提高了业务办理的协同性和有效性。三是持续推进政务服务平台建设。依托行政审批综合办公系统，构建农业农村部政务服务平台，实现全部服务事项的线上办理，并与国务院政务服务平台对接联动。完成应急管理信息系统建设，升级改造绩效管理信息系统和电子政务外网OA系统，推进信访管理系统建设。四是视频会议系统普及化。目前，农业农村部已完成34个直属单位视频会议室建设，实现了部内视频会议全覆盖。全国农业视频会议系统已建成了2个主会场、54个省级分会场、341个地市和1800多个区县分会场，基本形成了部、省、市（地）、县四级农业行政管理部门的全国农业视频会议系统。

电子政务服务效能进一步提升。一是构建了统一网络支撑、统一身份认证、统一电子印章、统一电子证照、统一数据共享的多终端农业农村部政务服务平台，实现了67项行政许可事项、10项行政确认事项和10项公共服务事项的线上办理，并与国务院政务服务平台实现数据对接联动。同步开发建设政务服务移动终端“益农e审”App，实现行政审批服务事项进度及结果查询、数据统计分析、电子监察等功能。二是全力推动政务服务事项进驻，实行集中服务、集中受理，把政务服务平台与政务服务大厅融为一体，形成线上线下功能互补、相辅相成的政务服务新模式。审批事项已全部实现“一号申请、一窗受理、一网通办”。三是加强门户网站建设。农业农村部网站全新改版上线，开通信息公开频道，同步纳入信息公开目录；开通数据频道，通过图形展示和日历展示方式公开重要农产品价格监测信息和数据；建设直播访谈、网上信访频道，现场直播新闻发布会、重大活动，解答回复网民反映的共性问题；加强热点专题专栏建设，就热点问题和重点工作设置专栏集中公开；建设农业农村网上服务大厅在线办事频道，进一步推动公共服务高效化发展。

第二节　农业产业管理信息化

随着科学技术的发展，农业农村信息化从无到有、从弱到强，农业产业数字化转型不断加速，对于提高农业生产效率和促进农业现代化起到重要作用。《2019全国县域数字农业农村发展水平评价报告》显示，目前全国已有77.7%的县（市、区）设立了农业农村信息化管理服务机构；2018年，县域财政总计投入数字农业农村建设资金129亿元；县域城乡居民人均电信消费突破500元；农业生产数字化改造快速起步，农业生产数字化水平达18.6%（其中，大田种植16.2%，设施栽培27.2%，畜禽养殖19.3%，水产养殖15.3%）；农村电子商务加快发展，行政村电子商务服务站点覆盖率达64%，县域农产品网络零售额占农产品交易总额的9.8%；信息进村入户工程建设取得显著成效，益农信息社覆盖了49.7%的行政村。

一、农业生产信息化基础进一步巩固

2018年，我国成功发射了首颗农业高分观测卫星，为农业监测安上了“天眼”。物联网、卫星遥感、大数据等现代信息技术得到进一步推广应用，在轮作休耕监管、动植物疫病远程诊断、农机精准作业、无人机飞防、精准饲喂等方面取得显著成效。通过北斗卫星导航系统对收割机进行定位，为实现联合收割机跨区作业提供信息化保障。农机深松整地作业信息化监测面积累计超过1.5亿亩，作业效率和服务水平大幅提升。

种植业数字化技术应用持续深化，农业农村部构建种植业农情监测体系，形成全国统一的农情信息调度平台。县域科学施肥专家咨询系统的建立，丰富了种植业技术指导服务，为绿色高质高效技术推广提供重要支撑。农作物重大病虫害监测预警信息系统升级，完善物联网监测设备和数据的接入功能；中国农药数字监督管理平台上线，初步建立全国农药质量追溯体系，实现“一瓶一码”可追溯。

畜禽养殖数字化水平进一步提升。农业部门研究编制“畜牧业生产经营单位信息代码”“动物标识及动物产品追溯系统数据对接规则”，赋予每个经营单位唯一“身份证号”，完善动物标识及疫病可追溯系统，完成了畜牧业信息系统整合和数据共享；持续推进畜禽规模养殖信息云平台和数字奶业信息服务云平台的建设，平台信息服务延伸至养殖场户，实现鲜乳收购站监管监测一体化；完善升级草原生态保护补助奖励机制管理信息系统，项目管理细化到户；开发“粮改饲”试点项目信息管理系统，实现项目动态管理；推进兽药二维码追溯管理，基本实现兽药生产企业入网全覆盖，兽药产品入网全覆盖。

渔业数字化发展取得新进展。建立健全遥感立体观测体系与卫生应用体系，遥感卫星技术在鱼类资源及关键栖息地监测与保护、水生生态环境监测、渔业资源分析与评估、近海与内陆养殖水域空间分布监测与规划、近海与内陆养殖区域生态灾害遥感监测与预警、渔情渔场分布预测预报等资源环境监测方面的作用显著增强。水产养殖装备工程化、技术精准化、生产集约化和管理智能化水平大大提高。数字化技术逐步应用于水体环境实时监控、饵料自动投喂、水产类疾病监测预警、循环水装备控制、网箱升降控制等领域。整合完善国家水产种质资源平台，根据水产种质资源生态分布特点，按照海区和内陆主要流域建立两级平台运行体系。

二、农业行业数据资源进一步丰富

农业农村部完成了《农业信息化标准体系（2018年修订版）》建设规划，开展了农业OID分配规则、苹果数字果园标准化建设等相关标准预研工作。建设完善中国种业大数据平台，平台每年提供700多万条种业企业生产经营数据、130多万条品种田间测试数据、1000多万条品种田间表现数据。建设新型农业经营主体大数据，对生产经营信息进行动态监测，逐步实现经营主体全覆盖，利用信息化手段，实现主体直连、信息直报、服务直通、共享共用。建设农业自然资源大数据，绘制全国农田建设一张图，构建农田建设监管数据库，实现农田建设与保护全程数字化动态监测和监管。建设重要农业生物资源大数据，绘制全国遗传资源分布地图，为农业育种、病虫害综合防控、生态产品开发提供大数据支持。推进重点农产品全产业链大数据建设，完善农业监测统计发布制度，提升信息服务综合能力，推进大数据建设探索。以苹果大数据打造单品种全产业链农业农村大数据应用样板，农业农村部信息中心研究制定并印发《苹果大数据发展应用实施方案》，明确政府主导、企业共同参与建设的苹果大数据发展思路，成功申报苹果全产业链大数据发展应用数字农业试点项目，即将开展项目建设实施工作。

三、数字农业试点项目持续推进

根据《关于抓紧申报2019年数字农业建设试点项目的通知》（农规（示范）〔2018〕2号）内容，数字农业试点项目以产业数字化、数字产业化为发展主线，以推进数字技术与农业发展深度融合为主攻方向，充分发挥数据基础资源和创新引擎作用，试点构建农业农村基础数据资源体系，推动农业农村数字化转型，探索可复制、可借鉴、可推广的数字农业建设模式，助推农业农村现代化。试点项目可带动农业农村数字化转型，促进提升农业生产经营和管理服务数字化水平，推动重要领域和关键环节数据资源建设，增强数字技术研发推广应用能力，引领农业产业数字化和数字产业化。农业农村部重点开展以下试点任务：一是建设农业生产经营主体、耕地、渔业水域、农产品市场交易、农业投入品等重要领域数据资源，大力培育新生产要素；二是发展数字田园、智慧养殖、农产品电子商务，推进数字技术与农业生产经营相融合，提升数字化生产力；三是开展重大关键技术研发，加快突破技术瓶颈，提高数字农业创新能力。

2019年数字农业建设试点项目批复名单为：苹果全产业链大数据建设试点项目、大豆全产业链大数据建设试点项目、茶叶全产业链大数据建设试点项目、油料（油菜、花生）全产业链大数据建设试点项目、天然橡胶全产业链大数据建设试点项目、高品质棉花全产业链大数据建设试点项目、设施农业创新中心建设项目、数字渔业创新中心建设项目、大田农业创新中心建设项目。

第三节　农村社会管理信息化

随着数字技术的广泛应用和数字经济的蓬勃发展，全球经济格局和产业形态深度变革，为数字乡村发展创造了前所未有的重大机遇。农业农村信息基础设施逐渐完备，农业农村信息化服务及示范带动效应彰显，“互联网 + 农业”促进农村一二三产业融合发展取得初步成效，农村社会管理信息化为优化农村社会治理提供了有力保障。

一、农业农村信息基础设施逐渐完备

截至2019年，我国已经发展到了村村通4G、村村通光纤，我国累计支持超过13万个行政村光纤网络建设，农村和边远地区建设3.7万个4G基站，全国行政村通光纤、通4G比例均超过98%，提前实现“十三五”规划目标。贫困村通宽带比例提升至97%，其中固

定宽带用户增至4522.9万户，移动宽带用户数增至16854.6万户。同时，随着数字乡村战略的实施，手机成为农民的新农具，我国农村网民规模不断扩大。截至2018年年底，农村网民规模达2.22亿，较2005年提升2.03亿，年均增速达22.7%；互联网普及率为38.4%，较2005年提高36.1%。

二、农业农村信息化服务及示范带动效应彰显

12316综合信息服务平台和信息进村入户服务加快搭建多层次“互联网+”现代农业服务平台，促进农业农村信息服务更便捷普惠。目前，12316综合信息服务平台已基本覆盖全国所有省份，全国12316语音平台日均接受咨询约2.4万个，服务用户共1000多万人，坐席专家超过17000人，能够及时满足农民信息需求，从而推动公共信息服务向农村覆盖、信息化成果向农民惠及。信息进村入户工作则从2014年启动试点后，在每个行政村建设益农信息社，截至2019年8月底，全国共建成运营益农信息社29万个，培训信息员62.5万人次，为农民和新型农业经营主体提供公益服务7112万人次，开展便民服务2.22亿人次，实现电子商务交易额178亿元。农村网络零售额近5年年均增速超过60%，约是全国网络零售额增速的两倍，农产品网络零售额增速更是持续高于农村网络零售额增速。

为宣传信息进村入户工程建设成效、村级信息员服务农民的优秀事迹、新型农业经营主体的生产生活状况、营造关心关注益农信息社发展的良好氛围、吸引更多优秀青年担任村级信息员，按照《农业农村部办公厅关于征集信息进村入户村级信息员典型案例的通知》（农办市〔2018〕28号）要求，经本人申报、各地农业农村部门推荐和专家组评审，100个农民群众口碑好、服务能力突出、带动作用明显的村级信息员成为典型案例。

三、“互联网+农业”促进农村一二三产业融合发展取得初步成效

2018年6月27日，国务院常务会议听取了深入推进“互联网+农业”促进农村一二三产业融合发展情况汇报。会议指出，按照党中央、国务院部署，深入实施乡村振兴战略，更大发挥市场作用，依托“互联网+”发展各种专业化社会服务，促进农业生产管理更加精准高效，使亿万小农户与瞬息万变的大市场更好对接，对推动农业提质增效、拓宽农民新型就业和增收渠道意义重大。会议强调，要加快信息技术在农业生产中的广泛应用，要实施“互联网+”农产品出村工程，要鼓励社会力量运用互联网发展各种亲农惠农新业态、新模式，满足“三农”发展多样化需求。

农业农村部会同有关部门和地方，认真贯彻落实党中央、国务院决策部署，狠抓工作落实，强化政策制定，推动生产智能化水平提升，推进农业农村电子商务发展，健全完善为农综合信息服务体系，强化信息资源共享开放，加强农村地区网络基础设施建设，推进“互联网+”农产品出村工程，深入实施信息进村入户工程，组织全国农民手机应用技能培训，继续办好“双新双创”博览会，推动大众创业、万众创新在农村向深度发展，“互联网+农业”和农村一二三产业融合发展取得了初步成效。

第六章 农业信息服务

6

2018年，中共中央、国务院印发了《乡村振兴战略规划（2018—2022年）》，围绕“产业兴旺、生态宜居、乡风文明、治理有效、生活富裕”总要求，对五年内农业农村工作做了系统规划。随后，河南、广东、四川、山东、浙江、河北、山西等省纷纷出台地方乡村振兴战略规划，全国各地掀起乡村振兴建设高潮。经过两年的探索实践，农业农村信息化和数字化是乡村振兴的重要抓手和基础条件已成为共识。农信通集团以互联网、物联网、云计算、大数据、移动互联网、人工智能等新技术、新模式为载体，不断拓展“互联网+”智慧农业内涵，不断发展农村信息服务网络体系、乡村数字基础设施和数字服务体系，推动中国农业农村高质量发展。

一、“五纵五横一贯通”产业架构，全方位建设农村数字基础设施

（一）农业信息化始终引领着行业进步

农信通集团成立于2002年，专注农业信息化17年，始终引领着农业信息化的进步。农信通集团从2002年开始连续召开17届全国农业信息化高峰论坛；2002年，建设并运营中国第一个农业商业门户网站——中国农网，开发了第一个商业化软件——猪牛羊饲料配方系统；2003年，在全国发出第一条为农服务短信；2004年，首推中国农村综合信息服务语音平台；2006年，和中国电信、中国移动、中国联通、诺基亚等合作，全面推进农业农村短彩信服务；2010年，推出农业物联网软硬件产品；2011年，开通全国第一个休闲农业服务平台——魅力城乡，建设的畜禽质量安全检疫检验电子出证系统结束了我国手写出证的历史；2012年，投资建设了全国首个以农业信息化为业态的高科技园区——中国（鹤壁）农业硅谷产业园；2013年，智慧农业整省整市解决方案被农业农村部评为全国首个农业农村信息化整体推进型示范基地；2014年，在鹤壁市浚县建成全国第一个农村电商及综合信息服务站——益农信息社，并在全国首次推出了三农舆情监测管理、农业执法、农资流通监管等多套系统软件；2015年，成立中国智慧农业研究院；2016年，实施全国首个农业信息化PPP项目——江西全省智慧农业建设；2017年，实施第一批全国信息进村入户工程整省推进示范；2018年，实施四川省政务系统整合；2019年，承担农业农村部农业全产业链大数据建设课题。

（二）“五纵五横一贯通”产业架构打造农村数字基础设施

通过十多年的不断创新和数据积累，在乡村振兴战略实施的大背景下，农信通集团逐步形成了特色鲜明的体系化产业架构，概括起来是“五纵五横一贯通”，即通过“天、空、地、人、网（纵向），村、企、店、态、场（横向）”十个方面进行数字化改造和大数据整理，围绕“决策得好、种养得好、管得好、服务得好、卖得好”（一贯通），打造贯穿农业产前、产中、产后及适合农村的产品与服务。

天：利用卫星遥感、气象系统等获取面积、位置、气象、灾害等数据。

空：利用近地遥感、无人机等获取精准的植保、作物、用药、长势等数据。

地：利用农机、物联网传感器、检测仪、监测站等获取播种量、播种面积、环境小气候、作物本体养分、农残等数据。

人：人工填报的生长过程、执法、统计、事件等数据。

网：通过网络抓取技术在网站、App、微信、微博等载体获取的与农业农村有关的动态信息。

村：通过分布在各行政村的益农信息社获取农村人口、消费、价格、农情、农资、需求等数据。

企：利用 SaaS 化的企业管理系统获取涉农企业、农民合作社、家庭农场等新型经营主体的产能、原料、产量、价格、经济等数据。

店：为农资店、农村商超等农村经营主体提供数字化方案与产品，激活农村发展要素。

态：针对乡村旅游、林业、草业、山川湖泊等业态打造相关数字化产品。

场：乡村文化广场，通过信息化、数字化推动乡风文明建设。

二、“六个一”产品体系，全面推动农业农村数字化

（一）“六个一”产品体系构成一张数字化网络

农信通集团在“五纵五横一贯通”的产业架构下，结合各地区农业发展实际，以大数据的获取、运营、放大、增值为路径，以用数据说话、用数据决策、用数据管理、用数据创新为原则，以让农村没有难种的地、让农村没有难养的猪、让农村没有难办的事、让农村没有难融的资、让农村没有难卖的货、让农村没有难看的病为目标，建立“六个一”产品体系，即“每一亩地、每一头猪（畜禽）、每一个村、每一辆农机、每一条关注、每一笔交易”，逐步实现生产智能化、经营网络化、管理数据化、服务便捷化，运用大数据技术辅助决策，深化农业供给侧结构性改革，优化农业产品结构，开展绿色农业生产方式，调整农村产业结构，转换新旧动能，推动乡村振兴。

每一亩地，即构建农业空间大数据综合管理服务平台；每一头猪（畜禽），即构建动物卫生监督与畜禽监管大数据平台；每一个村，即构建乡村振兴支撑服务平台及农村网络服务体系；每一辆农机，即构建农机监管服务平台；每一条关注，即构建“三农”网络信息监测预警平台；每一笔交易，即构建农畜产品价格行情与交易大数据平台。

（二）核心产品布局已初见成效

农业空间大数据综合服务平台已在河南、江西等多地部署实施，建立 300 多套应用服务子系统，汇集数据 100PB 以上。动物卫生监督与畜禽监管大数据平台已在河南、河北、山东、辽宁、江西、青海、陕西、安徽、湖北等 14 个省市应用，每天出具检疫检验合格证明数十万张，覆盖猪、牛、羊、鸡等畜禽几千万头。乡村振兴支撑服务平台及农村网络服务体系方面，已在全国建立省级服务平台 6 个、村级服务平台 10 万个。农机监管服务平台建立了全国农机跨区作业调度平台，监控农机近百万台；建立了无人机飞防作业管理平台，涉及无人机 1 万多架。三农网络信息监测预警平台已在吉林、黑龙江、天津、山西、河北、江西、江苏、广西、甘肃、陕西、宁夏等省市应用，监测 10 万多家涉农网站、微博、微信，每日监测到与农业农村有关的信息 6 万多条。农畜产品价格行情与交易大数据平台年

交易额 50 多亿元。

三、数字乡村整体解决方案，助力乡村振兴全面实施

（一）数字乡村整体解决方案的构成

数字乡村整体解决方案是以“一朵云、一个库、一张网、一平台、一张图、一体系 +N 个系统”为架构搭建的“互联网 + 乡村振兴”信息化产品与服务体系，即云计算大数据中心、大数据仓库、地域农业信息服务信息网、综合管理服务平台、农业农村资源地图、乡村振兴服务体系与农业农村数据采集、管理、服务、应用系统。

（二）数字乡村助力乡村振兴

围绕产业兴旺为重点、生态宜居为关键、乡风文明为保障、治理有效为基础、生活富裕为根本的总体要求，农信通集团积极对接信息化、数字化服务体系。在推动产业兴旺方面，农信通集团主要通过互联网 + 大田种植综合管理服务、互联网 + 智慧云灌溉综合管理服务、互联网 + 畜牧养殖综合管理等系统和平台，集成多种现代物联网智能装备，融合移动互联网技术，对于农业生产、经营环节的病虫害防治、气候环境检测、节能减排、垃圾无害化处理等工作进行数字化提升。在实现生态宜居方面，农信通集团以农村水环境治理与饮用水管理系统、农村污染情况监控管理平台、农村土壤污染治理与修复管理系统等为主要抓手，实现环境监测自动化、动态可视化和管控智能化，提升农村生态监测的精准度，强化农村污染防治能力，全面改善农村人居环境。在推进乡风文明方面，农信通集团将互联网思维与农村文化建设深度融合，以公益、便民、电商、培训四大服务为基础，积极叠加党建、乡风服务，线上以互联网 + 乡村党建云平台为渠道，线下以乡风文明为载体，双管齐下，推动农村文化宣传，丰富农民文化生活。在治理有效方面，农信通集团积极整合、集成农村村务管理相关服务事项，通过土地确权颁证信息直报系统、农村集体经济制度改革管理系统、农村小微权利管理服务系统等平台，结合智能化办公软件，建立统计汇总、数据总览和查询体系，健全信息审核、发布机制，通过在线审批、智能分析，提升业务监管与服务水平。在推动生活富裕方面，农信通集团以数字乡村电商、公共就业服务等平台建设和运营为突破口，建立“线上 + 线下 + 智慧物流”的创新性电商模式，打造区域农产品品牌，建立农产品销售分析数据模型，为企业优化转型提供支撑。农信通集团还通过岗位培训、职业培训、产业扶贫帮扶、务工资源对接等方式进行劳务输入、输出，提升农民综合收入。

四、信息进村入户工程，打通农村最后一公里信息壁垒

（一）信息进村入户工程整省推进示范工作

2014 年 5 月，在福建省南安市召开的全国信息进村入户工程试点启动会上，农信通集团与北京市、河南省、湖南省、甘肃省签订协议，正式成为全国信息进村入户工程运营商之一。2017 年，农信通集团中标河南省信息进村入户工程整省推进示范项目。2018 年和 2019 年，农信通集团相继中标天津市和河北省信息进村入户工程整省推进示范项目。2019 年 12 月，农信通集团参与山东、广西、山西、云南、新疆等省信息进村入户工程建设。

（二）注重运营，开展服务

公益、便民、电商、培训体验等 4 类服务已经进村入户。截止到 2019 年 9 月底，公益

服务层面，各省信息员在线上共开展公益服务124.2万次。便民服务层面，农信通集团在线上共开展服务236.7万次，在全国范围内组织开展线下推广服务活动9000多场，代缴话费、水电费和燃气费共6724.42万元，带动村民就业务工16.6万人。农信通集团还开展无人机飞防服务，在河南完成小麦统防统治作业面积400余万亩，在2000多个益农信息社叠加农服驿站功能，对接植保无人机6000余架，托管土地面积20余万亩。农信通集团联合中国建设银行发放益农卡（普惠金融服务卡）32.3万张，资金沉淀24亿元，为220万农户提供了小额存取款、借贷等金融服务，全国1万多个益农信息社已叠加建行裕农通服务点功能。电商服务层面，农信通集团在线交易的农产品、生活百货和农资等产品达到24850种，线上线下总交易额突破50.66亿元，河南省周口市扶沟县的大米、洛阳市伊川县的小米、漯河市临颍县的面制品、南阳市桐柏县的蜂蜜，江西省横峰县的豆制品、宜春市的稻米，天津市武清区的萝卜都成了网红食品，单品月销量达到6000多单。培训服务层面，农信通集团组织开展信息技术推广、智能手机应用、服务资源对接等各种培训活动约2560场。

信息进村入户工程是惠民工程，也是综合工程，农信通集团在推进过程中积极探索，将农村信息化建设、农产品质量安全建设、农产品品牌建设等有效结合，以农村产业扶贫为切入点，驱动和引领乡村振兴。通过信息进村入户工程，农信通集团实现了农村村务、消费、农业产业的大数据收集，为农村一二三产融合、农业结构调整提供决策依据；通过培训，农信通集团带动了一大批有识之士加入益农信息社运营，扩大了创新创业，为精准扶贫、产业扶贫有明显的带动作用；还优化了农业产业、美化了农业生态、完善了农业组织，为乡村振兴打下了坚实基础。

综上所述，农信通集团利用近20年农业信息化积累的数据和经验，在乡村振兴全面实施的大背景下，积极规划，从产业架构、核心产品、数字乡村方案、信息进村入户四个方面入手，服务“三农”，为农村提供互联网时代的基础设施，为乡村振兴赋能。

地方建设篇

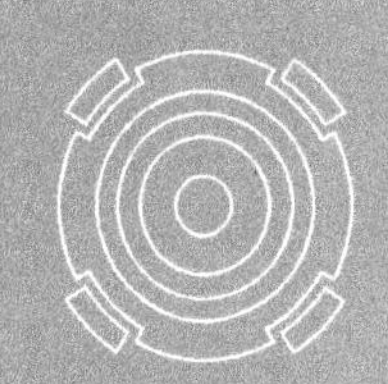

第七章 北京 7

2018 年，北京市农业农村信息化工作以习近平新时代中国特色社会主义思想为指导，推进实施乡村振兴战略，坚持问题导向，着力解决农业农村信息化发展不平衡不充分的矛盾，注重实效，推进信息化与农业农村各领域深度融合，促进资源要素优化配置和集成，带动“三农”经济高质量发展，加快北京市农业农村现代化进程，为乡村振兴提供强劲动力。

一、建设智慧乡村，助力京郊农村整体发展

从 2014 年开始，北京市积极探索推进智慧乡村建设与应用，重点围绕村庄信息化基础设施、产业发展、乡村治理、公共服务、村民信息化能力培养等方面，加强信息化应用服务。2015—2017 年，北京市已建智慧乡村 135 个，年均建设 50 家以上。2018 年，北京市智慧乡村建设继续列入市级财政转移支付资金农业领域年度重点工作，在整体推进上更加注重体现村庄特色，结合区域实际，从不同层面、不同领域开展智慧乡村建设与应用。9 个区 102 个村从不同领域、不同层面开展智慧乡村建设与应用。其中,7 个区（门头沟、通州、昌平、顺义、大兴、怀柔、密云）56 个村按照市级转移支付指导性任务要求落实了智慧乡村建设任务，3 个区（昌平、平谷、延庆）46 个村与“一村一品 + 电商”、淘宝村、信息进村入户工程相结合，通过村级微信公众号、电商平台、益农信息社，开展宣传推介、便民与公益服务、村民培训等应用。与此同时，北京市开展了智慧乡村评估体系研究，对已建成的 135 个智慧乡村建设成效进行了监测。门头沟区陈家庄村建设微信小程序“晓村务”，加强对村庄环境智慧化管理，各片区负责人上传清扫工作情况，村民进行评分，并通过发帖、评论等获得积分，村委会根据积分排行，定期进行奖励，村民参与村庄事务的热情大幅提高。昌平区将智慧乡村与信息进村入户、智慧沟域结合，建设美丽智慧乡村村务管理平台。平谷区熊儿寨乡北土门村的农村淘宝服务站通过县村两级服务网络，实现“网货下乡”和“农产品进城”的双向流通功能。

二、建设智慧农园，加速现代农业转型升级

按照《2017 年北京市社会主义新农村建设重点工作任务分工方案》要求，全市推选 5 家农业园区在全国率先实施智慧农园建设试点工作。试点农业园区通过建设生产过程智能管理系统、网络化经营信息系统、管理数据中心、多维在线服务系统，打造一批国内领先的示范样板，建设生产智能化、经营网络化、服务在线化、管理数据化的农业园区，实现物联网等信息技术应用比例达到 60% 以上，农产品网络销售比例 30% 以上，园区生产过程管理和服务全程信息化，劳动用工减少 20% 以上，化学农药减少 30% 以上，化肥减少 20% 以上，灌溉用水减少 20% 以上，纯收入增长 15% 以上，实现农业提质增效和转型升级。3 个试点农业园区建设任务基本完成，在产业转型发展、产业化升级、发挥数字中心作用等

方面进行了积极的探索，示范带动成效显现。昌平阿卡农庄实现农场的数字化管理、标准化生产、自动化控制、农产品全程绿色履历追溯，建立了新型农产品营销平台和农产品众筹预售、社区直供、微营销等新型农产品销售模式。项目建设第一年通过产量提高和劳动成本降低，带来直接经济效益 116.4 万元，提高劳动生产率 50%。阿卡农庄利用智慧农园系统平台开展技术服务，指导兴寿镇辛庄村开展蔬菜种植，仅 2 个月 12 个温室大棚就生产叶菜和果菜 6 万公斤，产值 30 万元，平均每户实现收入 6 万元。阿卡农庄还与昌平职业学校开展校企合作，智慧农业系中设置数字农业相关课程，培养培育现代农业企业人才，首期计划培训 10 个合作社的 1000 位农民。

三、物联网应用服务平台推进农业生产智慧化

根据全市农业发展水平及物联网应用情况，北京现代农业物联网应用服务平台继续优化提升平台功能，丰富数字化展示，深化对园区的服务，探索数据的应用，大力开展物联网试点示范建设，鼓励农业产业化龙头企业、农业信息化龙头企业和农民专业合作社安装物联网设备，并接入物联网应用服务平台，用物联网打造“互联网 +”时代的北京现代农业品牌。2018 年，平台接入农场基地数量 645 个，占地面积 48.5 万亩，当前种植 27.5 万亩，设施面积 2 万亩，涉及农业设施数量 1.7 万个，农作物品种 452 种，传感器 1535 个，摄像头 957 个。平台新增 35 家重点园区，并对原有 60 家重点园区继续开展数据运营、电话回访、上门服务，组织线上线下培训与观摩活动 25 次。平台全年提供现场指导 360 次，农场填写生产经营数据 2400 条，农场累计登录次数 16213 次，使用数据达到 156587 条。

2018 年，4 个区（顺义、昌平、延庆、通州）10 个农业园区落实了京郊农业园区农业物联网示范点建设任务。示范点通过建设室外农业环境监测站、可视化追溯系统、智能采收入库系统、温室环境监控系统、拍照溯源摄像系统、农事管理记录终端、智控卷膜、智控喷滴灌系统等，提高了信息化建设应用水平。

四、农业电子商务开辟农业经营新渠道

依托首都巨大的消费市场，北京市农业电商发展较快，2018 年，2030 个行政村建有电商服务站点，建成 3330 个电商服务站点，全市农产品网络零售额达 28 亿元。北京市开展农业电子商务试点，确定鲜活农产品电商、农业生产资料电商、休闲农业电商等 14 个试点项目，培育了百花蜂业等一批北京农业电商发展典型。积极推进获得全国一村一品示范村镇称号的 65 个村镇开展“一村一品 + 电商”工程，示范村镇的主导产品销售收入提高 20% 以上。各区结合本地特色，扶持培育多种形式的农村电商，促进增收。平谷区全力推动“互联网 + 大桃”电商销售，实现电商销售大桃 1500 万公斤，同比增长 45.6%；实现销售额 3 亿元，同比增长 76.5%；平均单价 20 元 / 公斤，同比增长 20.5%；促进农民增收 1.2 亿元，同比增长 132.8%。北京密农人家农业科技有限公司年销售收入突破 3500 万元，全年累计销售密云农产品 1560 吨，带动 460 名农户和 72 家合作社实现增收。房山区推进“企业 + 社区”合作模式，建立农宅配送服务和信息联系体系，北京龙乡腾飞种植农民专业合作社联社实现农宅配送 200 余家，配送单位 57 家，月平均配送量 4.3 万公斤以上。北京奥仪凯源蔬菜种植专业合作社通过供货商的身份对接本来生活网、春播网等生鲜电商平台，月销售额达 30 万。

五、多平台拓展农业信息综合服务新领域

2018 年，北京移动农网运行良好，为基层提供农业生产、防灾预警、气象信息等服务，全年发送实用短信 3109.7 万条，月均发布 259 万条。12316 热线特色农业专家提供农业信息咨询 24000 次，解答各类技术问题 1800 多次。市级智慧乡村微信公众平台“乡慧”新增微课堂栏目，更新购特产、微信部落、实景漫游等栏目的展示方式和体验，并以传统村落、三个文化带作为宣传重点，共发布 48 期 155 篇文章。北京市农林科学院农业信息与经济研究所应用人工智能、移动互联网、大数据、云服务等信息技术，面向农业全产业链信息需求，构建了“京科惠农”农业信息精准咨询服务技术平台，服务北京，辐射全国，累计提供服务 4000 万人次。北京歌华有线村级“三务公开”信息入户电视点播系统暨北京美丽智慧乡村信息服务平台，包括十大板块 33 个栏目，覆盖京郊用户 13958 户。平谷区搭建“平谷大桃”手机网络平台，包括我要买桃、我要采摘、大宗采购、品牌推介等多个模块，市民能够及时了解平谷大桃品种和品质，在线导航快速定位，与种植户直接对接进行采购、采摘。

第八章 8

广东

2018年，广东省高度重视农业农村信息化工作，认真贯彻农业农村部和省委、省政府关于农业农村信息化的工作部署，实施信息进村入户工程，加强信息化资源整合，大力推进精准扶贫信息化建设，在政务高效化、生产智能化、经营网络化和服务便捷化方面取得新进展。

一、信息进村入户，便捷服务

广东省成立由省领导担任组长，相关部门为成员单位的信息进村入户工作领导小组。广东省印发《广东省全面推进信息进村入户工程的实施意见》，全面推进信息进村入户建设工作。广东省召开全省信息进村入户工程建设工作视频会议，要求各地采取有力措施，加快推进信息进村入户工作，加快益农信息社建设，完善农业信息服务体系，突出抓好站点建设、信息员培训、发挥平台作用、市场运营等重点工作，推动建成覆盖农村、立足农业、服务农民的“信息高速公路”，确保服务延伸到村、信息精准到户，为乡村产业振兴提供有力支撑。广东省印发《关于加快推进信息进村入户工程建设工作的通知》，加大力度推进工作。截至2018年12月底，广东省已超额完成农业农村部要求的益农信息社覆盖40%以上行政村的申报认定任务，申报认定数量达8166家。广东省制订出台《关于印发信息进村入户工程建设有关规范的通知》，为下一步信息进村入户工程整省推进奠定基础。完成信息进村入户省级运营商遴选工作，在中央资金尚未下达的情况下，广东省拿出1200万元，在全省开展第一批40个县级运营中心和益农信息社建设，建设省级12316运营中心，省市县协作协同推进信息进村入户。广东省依托12316开展语音服务，累计服务近3万人次，发送短信14.6万条，12316“三农”服务热线成为农业部门与农民的“连心线”，专家和农民的“直通线”。益农信息社涵盖公益服务、电子商务、便民服务、培训体验服务四种服务模式，广泛应用“互联网+”现代农业，激活农业创业创新活力，大力推进公益型服务、市场化服务，全面促进现代农业发展。

二、扶贫攻坚，精准服务

广东省开发农村精准扶贫大数据平台，共设计“扶贫信息大数据库、精准扶贫管理、精准扶贫监控、扶贫服务、扶贫管理与服务信息”等5大类功能29个子项，横向接入民政、教育、人社等行业部门数据，纵向接入省、市、县、乡、村、户6级使用的信息平台。截至2018年年底，平台完成编目的扶贫数据表约48个，涉及具体信息字段约557个，包括贫困户基本信息、贫困村基本信息、户项目月报、村项目月报、资金下拨情况、帮扶三年计划、数据轨迹等内容，总共享数据量约3000万条。为提高全省扶贫工作人员的应用水平，提高系统数据质量和应用实效，2018年，广东省组织全省各地市扶贫系统操作人员开展了 7 次技术培训和 1 次平台管理专项培训，累计培训 6900 人次。通过农村精准扶贫大数据平台，广东省实现数据、责任、项目、东西部扶贫、绩效考核、扶贫服务在线化监控和业务的可查可视可共享，为广东省精准扶贫工作奠定殷实的工作基础。

三、强化监测，健全体系

广东省运用现代信息技术，结合国家农业信息监测工作重点和监测发展新趋势，创新信息监测手段，对数据资源进行整合、开发和利用，激励生产者主动采集数据、使用数据，辅助管理者运用数据、科学决策。广东省建立健全与农业农村部互联互通的农业信息监测体系，覆盖 21 个地市农业部门、40 个基点县、345 个生产基地、50 个农产品批发市场，2018 年年采集农产品生产、流通数据并形成粮食、蔬菜、水果、生猪、家禽等主要农产品生产意向、生产能力、供应量、供应价格、成本收益的数据约 450 万条。广东省联合 60 位产业专家建立农业大数据会商体系，截至 2018 年年底，共完成县级农业部门蔬菜速采 78 期、物价报表 71 期、综合统计报表 5 期、成本报表 6 期、生产基地数据监测 18 期、批发市场数据监测 38 期；编制广东省主要农产品生产数据汇编 3 期和广东省主要农产品流通数据汇编 3 期；开展产业专家会商 44 期；编制发布农产品生产供应形势报告（广东省主要农产品产销形势分析）和月报，并报送农业农村部市场与信息化司和广东省政府发展研究中心；助力推动现代农业产业链、创新链、组织链、安全链、资金链和政府服务链等“5+1”全链条发展。

四、物联应用，生产智能

广东省依托电信运营商海量数据资源，建立广东农业物联网应用云平台，推动多网融合对接，实现农业生产过程、生产环境情况实时呈现，实现农业生产千里可视、掌上可控，物联网应用在广东省呈现爆发式增长。广东省面向全省 100 多个现代农业产业园、农业公园、菜篮子基地，开展视频监控、自动控制、传感设备、信息采集等信息化应用拓展，实现高清视频监控、水肥一体化、农产品质量、设备自动控制等动态接入。广东省开展农业投入品安全使用全程可溯管理，在农业面源污染治理项目示范点全面推行 IC 卡管理，通过平台监管的补贴和交易额达 50296.1 万元。广东省还建设广东农资综合服务平台，实现生产企业、销售企业、终端销售店及农技服务人员多流程农资产品可溯管理。

五、名牌带动，发展电商

当前，“质量兴农、品牌强农”已经成为转变农业发展方式，加快脱贫攻坚，提升农业竞争力，实现乡村振兴的重要措施。广东省出台《广东省“互联网 +”现代农业行动计划》，鼓励一大批能创新、敢创业的新农人将互联网思维融入农业，把品牌意识带到农产品中，推进“互联网 +”订单农业应用，拓宽农产品销售途径，提高农产品的附加值，涌现出一批“互联网 +”订单农业企业。2018 年，广东省开展电商销售的品牌农产品有 727 个，占品牌农产品总数 49%，实现电商销售额 23.7 亿元，同比增长 41%。广东省“互联网 +”订单农业起步较早，呈多样性发展。例如，以区域发展“互联网 +”订单农业的英德市电子商务产业园，通过构建“一馆三中心”，促进品牌农产品“互联网 +”订单农业销售，2017 年年交易额约 3 亿元。以企业发展“互联网 +”订单农业的广东十记果业有限公司（以下简称

“十记果业”），集水果种植、收购、初加工、批发、销售及电子商务于一体，经营的主要产品有蜜柚、沙田柚、荔枝、皇帝柑、百香果、番石榴、芒果、榴莲、樱桃、苹果、火龙果等几十个品种。十记果业多次获得年度金柚销售优秀企业、年度农产品流通先进单位等荣誉称号，线上蜜柚、沙田柚、芒果、荔枝销量达到全网第一，在全省生鲜电商领域具有较大的影响力。以农产品批发市场“互联网 +”订单农业的广州江南果菜批发市场，在本地蔬菜交易区和食用菌区推行“互联网 +”订单农业结算，并正在逐步推广至全场；同时积极探索 B2B“互联网 +”订单农业新模式，搭建了市场官方网络订单交易平台——江楠鲜品，致力于将优质安全的食品提供给餐厅、酒店、食堂、超市等各类商户进行线上采购交易，并为商户提供高效的物流配送及优质的售后服务，帮助全国千万家商户降低供应链成本，提高采购效率。

六、农民手机，提升技能

广东省高度重视农民手机应用技能培训工作，组织广大农民观看直播、在线学习，利用“农民学手机”App 开展手机应用技能培训周相关活动。围绕“手机助力农产品线上营销”主题，本着政企合作、面向基层、服务农村、惠及百姓的理念，2018 年 8 月，广东省组织举办农民手机应用技能培训周活动，广东省信息进村入户省级运营商派出专家，为 180 名新型职业农民代表开展生产应用、农产品电子商务、信息进村入户等一系列手机应用技能培训，受到新型职业农民的欢迎，提升了新型职业农民手机应用技能水平，真正让手机成为“新农具”，助力优质农产品网上行。广东省各地市农业农村主管部门也制定了农民手机应用技能培训活动工作方案，积极开展农民手机应用技能培训活动。广州市农业局在培训周期间，分别在该市白云区、番禺区共组织了 3 场专场培训，主要针对基层农技人员和农户培训农博士 App 操作方法，指导参训人员使用农博士开展专家问诊、获取农业资讯等。茂名市充分利用农业电子商务知识培训班开展农民手机应用技能培训，现场发放有关宣传资料，为农民讲解手机实用技能，共培训 500 多人次。江门市深入当地养殖场和专业合作社组织开展农民手机应用技能培训班，当地村干部、农民专业合作社和家庭农场负责人、种养能手、农民群众等 70 多人参加了培训，引导参训人员关注政府网站和政务新媒体，了解更多的农业政策、农业技术、市场信息等资讯，为发展农业生产、助力增效增收提供帮助。

第九章 贵州

9

2018 年，贵州省以“互联网 +”现代农业行动为引领，按照“四个强化、四个融合”的总体要求，以农村产业革命和产业扶贫为重点，加快推进大数据与农业产业深度融合，制规范、定标准、夯基础、强体系，农业农村信息化工作有序推进，成效明显。

一、政策规划制定情况

为推动农业农村与大数据深度融合，落实国家“互联网 +”现代农业行动，推动贵州省农业现代化快速、高效、绿色发展，助力脱贫攻坚，贵州省先后出台了《贵州农业信息化“十三五”发展规划》《贵州省“互联网 +”现代农业专项行动计划》《贵州省发展农业大数据助推脱贫攻坚三年行动方案 (2017—2019 年)》《大数据 + 产业深度融合 2017 年行动计划》《贵州省实施“万企融合”大行动推动大数据与农业深度融合方案》，为数字乡村战略的实施打下了政策基础。

二、信息基础设施建设情况

贵州深入贯彻党中央、国务院提出的乡村振兴战略，牢固树立网络强国战略思想，坚持做好信息基础设施建设整体规划设计，加快推进农村地区光纤宽带网络和 4G 网络覆盖步伐，稳步推动农村广播电视网络建设，精心组织电信普遍服务试点工作，深化开展网络扶贫行动，加快补齐农村信息基础设施短板，推动农村信息基础设施提档升级，初步形成“广覆盖、高速率、重服务、惠三农”的农村信息基础设施体系。

（一）打造“小康讯”升级版

电信普遍服务试点工作的深入推进，对贵州省实施“大扶贫”“大数据”“大生态”三大战略行动具有重要意义，必将有力助推贵州省乡村振兴，不断提升农村信息基础设施水平，进一步缩小城乡数字鸿沟，促进城乡基本公共服务均等化。2017 年，贵州省行政村光纤和 4G 网络覆盖率已达 100%。2018 年，完成新增 12000 个 30 户以上自然村 4G 网络覆盖，全省农村地区 30 户以上自然村 4G 网络覆盖率达 85%。目前，财政部、工信部批复贵州省 3513 个 30 户以上自然村纳入国家电信普遍服务试点，获批个数位居全国第二。

（二）稳步推进农村广播电视网络村村通向户户用延伸

广电网络在实现村村通的基础上，逐步推进向户户用延伸覆盖，目前广电光缆累计达 35.7 万公里，广电户户用累计用户达 284 万户。贵州有线电视光纤网和广电云通达全部行政村，64% 的农村有线电视用户用上智能机顶盒，可实现 4K 电视内容、上网以及广电云等各种融合应用，让基层群众跨越数字鸿沟，享受到智慧广电成果。自 2016 年工程实施以来，全省累计投入资金 44 亿元，新建通村通组光缆 34 万公里，所有行政村全部开通多彩贵州广电云信号，新增农村有线电视用户 270 万户，广电光纤网络实现了省、市、县、乡、村 5 级全覆盖，已成为贵州省目前覆盖范围最广、密度最大的信息基础网络。

（三）深入开展提速降费和网络扶贫

贵州省对全省电信普遍服务试点行政村所含的 2760 个深度贫困村的建档立卡贫困户开展通信网络优惠活动，要求各基础运营商对全省宽带用户的宽带速率免费提升到 50Mbps，对全省 2760 个深度贫困村的建档立卡贫困户优惠办理业务，优惠期到 2020 年。贵州累计为 30.76 万户建档立卡的贫困户办理通信资费 3 折优惠，累计减免金额达 1.34 亿元。

三、农业信息化发展情况

（一）种植业方面

一是推进全省测土配方施肥推荐系统的应用推广。贵州省农业农村厅牵头建立了覆盖 83 个县（市、区）的相关属性数据库、空间数据库与管理系统，并结合应用模型，建立了耕地地力评价、施肥决策等应用系统，实现了测土配方施肥的精准化、智能化及便捷化。目前，系统耕地资源管理单元图共有图斑数量 280 万个，以市、县、乡（镇）三级行政区划为系统单元建立测土配方施肥数据库和推荐施肥系统 1626 个，分乡（镇）建立推荐施肥指标参数 1521 套，应用作物包括水稻、玉米、油菜、马铃薯、辣椒、白菜、甘薯、火龙果等，指导参数涵盖百公斤产量吸收量、肥料当季利用率、目标产量、土壤养分丰缺指标、土壤有效养分校正系统、肥料效应函数、施肥时期运筹等。

二是建设贵州省农作物种子备案信息系统。贵州省农业农村厅牵头，建设完成了基于互联网的覆盖省、地、县三级种子管理机构的在线市场监管信息系统。该系统实现了种子信息的采集、处理、发布、审核的规范管理，为各级管理者提供真实、准确、及时、指导性的政策、法规、证件核查等综合信息服务，以信息化促进种子市场监管工作的规范化。目前，全省备案县 87 个、备案品种 539 个、备案经销户 6416 户。

（二）养殖业方面

一是贵州省农业农村厅建设的贵州省动物及动物产品检疫电子出证省级信息平台上线运行，实现了基于网络的全省出入境动物及动物产品的产地、产品检疫申报信息录入、检疫申报处理及检疫受理出证等自动化和流程化管理。目前，平台共注册动物卫生监督所及派出机构 1494 个，定点屠宰场 266 个，规模养殖场 5007 个，检疫申报点 598 个，动物贩运人员 353 名，动物产品储藏场所 86 处，动物交易批发市场 30 个，官方兽医用户 4371 人，日平均检疫动物 18 万头（只、羽），动物产品 590 万吨。通过该信息平台，贵州省实现了全省动物卫生监督、动物检疫电子出证、动物疫病预防控制、重大动物疫病防控应急指挥调度及应急处置、医政药政、兽药等领域的高效管理，为有效控制动物食品卫生安全创造了良好条件。

二是由贵州省农业农村厅牵头，开展全省草地资源类型空间分布、利用强度、草地资源生态状况、草地权属等调查监测，全面查清贵州省草地资源状况、生态状况和利用状况等方面的资料，建立全省草地空间数据库和管理信息系统，明确草原管理范围，推动草地确权承包，划定基本草原和草原生态保护红线，合理开发利用草地，提高草原精细化管理水平，落实强牧惠牧政策，严格依法治草，全面深化草原生态文明体制改革。目前，贵州省已成立全省草地资源清查工作领导小组，印发了《贵州省草地资源清查实施方案》，安排了 2065 个野外样地监测任务，完成全省草地资源遥感监测解译工作和外业样地调查任务，正在进行外业数据核实、内业数据录入、审核等工作。

（三）农产品质量安全方面

一是建成省级农产品质量安全电子监控系统。为进一步加强农产品质量安全监管，贵州省组织实施了农产品质量安全电子监控系统建设。目前，全省共建 364 个电子监控点，其中，县级 84 个，乡镇级 280 个。

二是建设完成农产品质量安全互联网追溯平台。平台主要以茶叶、蔬菜、水果、禽蛋等农产品为重点，实现通过手机扫描二维码查询产品的生产企业、产地地址、生产批次、生产日期、农药残留检测情况等功能，形成“生产有记录、信息可查询、流向可跟踪、责任可追究、产品可召回、质量有保障”的农产品质量安全可追溯体系。截至 2018 年年底，全省累计 675 个农产品生产企业入驻贵州省农产品质量安全追溯系统，其中，茶业企业 125 个，蔬菜水果企业 423 个，禽蛋企业 101 个，养猪企业 26 个。

（四）“万企融合”大行动推进情况

根据《贵州省实施“万企融合”大行动打好“数字经济”攻坚战方案》要求，全省组织建设 12 个融合标杆项目，建成或在建数字经济融合示范项目 103 个，带动农户 165 户。全省建成或在建物联网基地 22 个，建成农村电商服务站 10220 个，建设农业企业产品质量追溯 675 个。

（五）“农业云”基础平台建设情况

自 2017 年起，贵州省全力推进“农业云”两大基础平台农业大数据中心和农业“一张图”平台建设。通过农业大数据中心的建设，贵州省实现农业数据资源的统一集成、统一管理、统一共享和统一服务，为贵州省“农业云”及其各类应用提供数据基础。通过“一张图”平台的建设，贵州省实现农业数据资源在“一张图”平台上的集成与可视化分析，为贵州省“农业云”及其各类应用系统提供基础地理信息服务。目前，贵州省已建成了脱贫攻坚产业情况分析、蔬菜批发市场价格动态分析、农业园区分布情况分析、新农村建设资金分析和农机补贴资金分析等应用，贵州省畜牧兽医大数据平台、贵州省农业资源台账系统等应用也正在建设当中。

（六）重要农业资源台账制度建设试点工作

2017 年，贵州省农业农村厅组织编写了《贵州省农业资源台账大数据平台建设可行性研究报告》，并提交省大数据局评审通过。2018 年，贵州省安排资金 900 万元，开展以下工作：

一是开展农业资源台账大数据指标体系研究和制定。

二是在湄潭、凤冈等 5 县试点开展数据采集工作。

三是开发贵州省农业资源台账大数据平台。

该项目实施完成后，将形成以下成果：一是形成初步完善的农业资源台账大数据指标体系。

二是形成试点县范围内的农业生产用地地块分布图、规模化养殖场和屠宰场分布图、经营主体分布图、农产品交易市场分布图等一系列电子图件。

三是形成试点县范围内的主要农作物分布图。

四是完成平台系统总体功能的研发和建设，形成可应用展示的集成系统。

五是在试点县范围内形成一套完整的农业资源台账大数据。

六是形成一套高效可复制的数据采集方式和手段，以及成熟可推广的标准化数据采集流程和技术规范。

（七）贵州省农村承包地确权登记颁证整省试点工作

贵州省是全国农村土地承包经营权确权登记颁证第二批9个整省推进试点省份之一。2017年12月，贵州省人民政府向国务院呈报了《关于基本完成农村土地承包经营权确权登记颁证整省试点工作的报告》。全省完成外业调绘指界、农户签字确认的面积为6429.9万亩；承包合同签订率98.5%、“一户一档”建档率96.9%、《农村土地承包经营权证》颁证率95.7%。全省全部96个县级单位完成了向农业农村部汇交确权数据库；100%的县完成了自查，100%的县通过了省级验收。贵州省承包地确权工作程序符合国家规定，测绘精度符合要求，承包合同、登记簿、承包经营权证书、数据库记载信息达到了真实性、准确性、完整性和一致性要求。

四、农村流通服务体系建设情况

“十三五”以来，贵州省大力推进电子商务与农业产业的深度融合，产业规模日益扩大，基础设施逐步完善，带动传统产业转型升级，促进消费便利和消费品质提升，电子商务已成为贵州省实现弯道超车后发赶超战略的新引擎。通过组织实施电子商务进农村综合示范项目、绿色农产品“泉涌”等工程，贵州省依托内陆开放型经济试验区、国家大数据（贵州）综合试验区等政策支持，营造良好的电子商务发展环境，不断拓宽农产品网销渠道，走出了一条有别于东部、不同于西部其他省份的电子商务发展之路。目前，贵州省共培育70个国家级电子商务进农村示范县和23个省级电子商务进农村示范县，建成县级电商运营服务中心60余个、村级电商服务站点10220个，快递物流覆盖全省80%的乡镇。

（一）电商发展环境方面

为深入贯彻落实国家促进“互联网+”相关文件精神，贵州省出台了《关于大力发展电子商务的实施意见》和《贵州省加快农村电子商务发展实施方案》等文件；协调银行等社会资金，引导和鼓励“黔微贷”等金融产品向初创型电子商务企业倾斜；设立规模为4亿元的贵州省电子商务发展基金和电商信用贷，引导社会资本流向重点培育的电商企业。

（二）电商公共支撑体系方面

一是构建以贵阳和遵义为中心，市州所在地为枢纽，县（市、区）为节点，乡镇大型农产品生产基地为末梢的省内全覆盖物流网络，实现示范县快递到乡全覆盖，到村覆盖率达80%以上；引进了阿里巴巴、中国邮政等电商平台落户，建设三级公共服务体系。

二是加快推动清镇国家级物流园区建设，推进黔中（安顺）物流园区和福泉物流园区申报国家级示范物流园区，支持贵州智慧商贸物流港、仁怀市综合物流园、贵州安顺·黔中城投智慧物流园等省级物流园区加快建设。

三是推动24个冷链物流信息化项目建设，推进18个农产品冷库项目建设，新增冷库库容30万吨，新增绿色农产品冷链运输车辆283台。

（三）电商人才培养方面

贵州省结合电商工作实际，实施分类培训，重点针对建档立卡贫困户进行培训，同时建立了电商研究院和百名讲师团队伍，开展选拔政府培训类、技能培训类两类讲师，为全省电子商务培养储备师资。目前，贵州省共培训15.87万人，人均受训时长17小时，培训课程涉及领导干部电商培训、农村青壮年劳动力技能力培训、电商创业知识培训、电商知识普及等。

第十章 10

江苏

2018年，江苏省紧紧围绕省委、省政府确定的重点任务，强化组织保障，采取有效措施，不断推动信息化与现代农业深度融合，农业信息化覆盖率达62.4%。全省农产品网络销售额达470亿元，同比增长29%；规模设施农业物联网技术应用面积占比达17.2%；益农信息社覆盖所有涉农行政村，建成并运营数量超过1.47万个。2018年11月，江苏省成功承办全国新农民新技术创业创新博览会，并获得突出贡献奖、优秀组织奖和优秀设计奖等荣誉。

一、农业物联网

江苏省紧紧围绕农业转方式、调结构的高质量发展要求，积极实施智能农业建设行动，全省规模设施农业物联网技术应用面积占比达17.2%。一些地区抓住产业、技术、人才的先发优势，孵化和扶持农业科技创新型企业，加快构建产业联盟、研究中心、试验区等平台载体，积极提升物联网技术装备的研发水平和创新能力。南京、无锡、苏州等地的创新企业和创新载体，在农用传感器、植保无人机、智能农机及大数据应用等方面，形成一批较为成熟和先进的系列产品，已成功推广应用到省内外不少农业园区和企业。各地采取政策扶持和项目引导等方式，推动物联网技术在农业生产各行业各领域广泛应用，全省新增智能农业示范点536个。一大批农业园区、农业企业、规模生产加工基地等，推广应用精准化监测、智能化调控等技术产品，成为现代农业提档升级的新亮点。江苏润果农业发展有限公司是全国为数不多的承担大田种植国家数字农业建设试点单位，还与京东集团合作打造首个智慧农场示范项目。部分市县以构建统一平台、加强数据监控、开展分析应用为导向，建成一批农业物联网管理服务平台。南京、宿迁两地依托国家农业物联网区域试验示范工程，分别打造以大闸蟹、家禽养殖为主的物联网服务平台，强化技术指导和供需信息服务。常州建设病死畜禽无害化处理监管平台，将4000多家畜禽养殖点的无害化处理数据以可视化的形式呈现，全方位覆盖畜禽生产、销售、溯源等环节。

二、农业电子商务

坚持以平台载体建设和主体创业创新为抓手，切实增强电子商务在培育新业态、发展新经济中的支撑作用，2018年，全省农产品网络销售额达470亿元，同比增长29.7%。电商载体支撑作用不断放大，各地支持农业企业、电商企业、电商园区、农贸市场等发展农产品网络营销，累计建成县级农业电商产业园或涉农电商创业园超过50个。自建平台和网上市场不断涌现和成长，云厨一站、食行生鲜、蟹库网等在生鲜农产品冷链配送、全产业链一体化服务等方面探索了好经验好做法。地方特产馆建设成效明显，极大促进了特色农产品销售和品牌知名度提升，苏宁易购江苏馆汇集省内名特优农产品、食品达3000多个。

“一村一品一店”建设扎实推进，江苏省制定“一村一品一店”示范村建设方案，细化目标任务和建设要求，各地集中政策资源，挖掘“一村一品一店”发展内涵，不少地区走出一条利用电子商务强产业、扶创业、促增收的兴旺之路。沭阳堰下村（花木）、泗阳八集村（花生）、泰兴成庄村（银杏砧板）、相城肖泾村（大闸蟹）等地打造电商产业链，加快发展特色产业。全省新建设省级示范村 376 家，盐城、徐州、宿迁的建设数量位居前列。农业电商培训服务积极跟进，各地持续化、多样化开展农产品电子商务万人培训，帮助农业经营主体、返乡下乡留乡人员等掌握电商技能进行创业就业。江苏省专门组织部分优秀代表参加农业农村部举办的农业电商专题培训班，取得了较好成效。省农业农村厅还与省邮政管理局联合召开快递服务现代农业工作部署会，指导各地全方位推进邮政、快递、电商企业等与农业经营主体合作，打造了一批有影响力的跨界合作、服务“三农”的鲜活案例。

三、农业信息综合服务

江苏省坚持益农信息社建设与长效运营一起抓，坚持资源整合与四项服务一起抓，加快构建新型信息服务载体，夯实农业农村信息化发展基础。益农信息社建设实现全省覆盖，各地落实部省建设要求，累计建成运营益农信息社 14994 个，全省涉农行政村覆盖率达 101.7%，村级信息员培训合格人数 15300 人。同时，江苏省优化益农信息服务平台，组织信息社全面开展农业农村信息采集工作，满足农户和新型农业经营主体个性化需求。江苏省南粳稻米产销联盟利用数据精准对接有关规模种植基地，发展订单农业，促进产销衔接。农业信息服务取得明显成效，各地联合运营商、服务商拓展益农信息社服务功能，累计开展公益服务、便民服务 298 万次和 771 万次，提供培训体验服务 100 多万人次，实现电子商务网上交易额 23.8 亿元。苏农连锁集团、中国农业银行江苏分行依托益农信息社，在 48 个县（市、区）举办农技农资农机和惠农金融服务活动，落实信贷资金 1.2 亿元。徐州市贾汪区推动农商行在益农信息社开展惠农补贴查询、新农保缴费、小额取现转账等服务，受到农民群众普遍欢迎。运营管理机制逐步建立健全，各地加强信息社运营管理、考核考评等工作，督促县级运营中心加强运营培训，帮助信息员利用好服务资源，发挥好服务本领，提升信息社服务水平。盐城市亭湖区将益农信息社建设运营纳入对镇村综合考评，同时把信息员考核经费、电话宽带费列入财政预算。泰州、连云港等地组织开展优秀益农信息社和信息员评比活动，通过抓典型树样板，发挥示范带动作用。信息服务手段不断丰富，强化短信用户核实更新发展，重点短信用户超过 80 万户，惠农短信用户保持在 300 万户以上。江苏省进一步充实完善信息专家队伍，开展短信业务培训，提高信息采编质量，全年编写短信 9000 多条，发送短信 2.7 亿条次。与新华社新闻信息中心合作，联合举办两期 12316 惠农信息服务业务培训班，培训 190 人次。稳步推进网络等新媒体应用，加强政府网站整合，强化政务信息发布，省农业农村厅网站全年发布信息 7600 多条，办理回复网民政务咨询来信 300 多件。各地开设微信公众号、政务微博超过 60 个。

第十一章 辽宁

11

2018 年，在农业农村部的指导和支持下，辽宁省坚持“互联网 +”理念，紧紧围绕乡村振兴战略，统筹规划协同推进全省农业农村信息化建设，在农业互联网、农业电子商务、农业信息综合服务、数据资源开发及服务、分析预警等方面取得较好成效。

一、2018 年全省农业农村信息化主要工作

（一）深入推进全省信息进村入户工程

2017 年，辽宁省被列为信息进村入户整省推进示范省。截至 2018 年年底，辽宁省依托农村商超共建设益农信息社 9300 个，约占全省所有行政村的 82%，全面完成信息进村入户工程示范省部署的各项任务。目前，60% 以上的益农信息社开通了农行或商业银行服务。通过农村商超加挂农业农村部信息进村入户工程，安装触屏计算机、农行 POS 机等服务设施，植入电信、保险等代办业务。益农信息社已逐渐成为农村信息集散地、便民服务点、电商新领域，深受农民群众欢迎。目前，信息进村入户平台发布各类公益信息总计 4.7 万条；开展以话费缴纳为主的便民服务成交金额达 1708 万元；开展以农村生活用品为主的电商服务，交易总额达 1.8 亿元。在 2018 年全国新农民新技术创业创新博览会上，辽宁省信息进村入户运营主体新益农公司代表辽宁省做了典型发言，得到与会领导和代表好评。辽宁省进一步完善了“政府 + 运营商 + 服务商”三位一体的推进机制。

（二）积极开展 12316 服务热线拓展应用

12316 新一代平台在省、市、县三级平台部署运行，已经实现语音、视频咨询功能。开发 12316App，通过手机 App 为农民提供农业咨询服务新渠道。60 个 12316 乡镇级信息服务站（农民之家）在基层提供技术指导、政策咨询、价格查询等服务，全年组织开展 12316 乡镇服务站站长、12316 话务服务团队、农业专家队伍等业务培训 3 次，培训人数达 500 余人，为农民群众解答大量生产生活实际问题。2018 年，12316 服务总量为近 60 万例，微信服务总量 155.6 万人次。平台共计编发市场分析产品 520 期，并根据市场异动情况，及时编写预警报告，对大蒜、生猪、蔬菜、禽蛋等品种价格异常变动情况进行分析并提供指导意见。平台加强与辽宁卫视合作，每周制作发布 2 期 12316 专题节目。平台深度挖掘数据，充分发挥出数据在行情预警、生产精准指导的作用。在南京召开的 2018 年全国新农民新技术创业创新博览会上，辽宁省 12316 数据化服务模式得到社会广泛关注。

（三）提升辽宁省农业电商发展水平

2018 年辽宁省农村网络交易额为 395.1 亿元，同比增长 37.9%。目前，全省共建立县级电商服务中心 41 个、电商仓储物流中心 113 个，建设村级服务站超过 2 万家。辽宁省初步实现了县域行政村电子商务公共服务体系和农村电子商务双向流通渠道全覆盖，其中辽宁邮政已在全省发展邮乐购 1.2 万个。全省累计开展农村电商培训 8 万人次，劳动创业就业

近15万人，电商精准扶贫帮扶人数超过1万人。据不完全统计，目前，全省依托阿里巴巴、京东、苏宁、邮政、供销社等一大批电商知名企业和平台，帮助贫困地区销售农产品金额超过1.2亿元，带动建档立卡贫困户和残疾人创业就业2万多人。辽宁省克服物流配送效率低、成本高、物流冷链基础设施尚不完善等困难，继续深化电子商务普及与应用，构建覆盖全省的农村电商公共服务和仓储配送体系，完善综合服务功能，计划培育一批本土农村电商创业者和带头人，以实现农村电子商务全覆盖。

（四）加强农业农村经济监测预警工作

辽宁省认真做好农业统计、基点调查、物价成本调查工作，依托12316服务热线，采取问价方式组织上报省内蔬菜生产动态信息。全年有效采集批发、零售、产地农产品价格17000多条，坚持编发《农产品市场预警报告》50期、《辽宁省农产品价格情况表》50期，以及玉米、水稻和大豆月报36篇。辽宁省将相关分析报告及时报送农业农村部，并发布了《辽宁主要农产品市场价格简讯》41期，编制了《2018年辽宁农业农村经济统计手册》。

（五）继续深化农业物联网应用

据不完全统计，辽宁省农业物联网推广面积在5000亩以上，重点应用于农产品质量安全追溯（农业投入品监管、认养农业等）、日光温室果蔬反季节栽培、种苗花卉繁育、水田生产管理等领域。近年来，辽宁省通过政府项目试点、示范引导和农产品生产加工企业自身投入建设两种方式，有效地促进了辽宁省农业物联网的健康发展，辽宁省农业物联网呈现出快速发展的良好态势。广大农民群众切实感受到了农业物联网在减少农业资源投入、降低生产成本、改善生态环境、提高农业综合效益方面的实际作用。农业物联网在农产品质量追溯系统、水稻生产及温室大棚生产中已经普遍应用。

（六）继续推进“星火燎原”计划

辽宁省结合农民手机应用技能培训及新农民创业创新等活动，通过探索培养农民的方式，联合中国联通、中国建设银行等单位，启动“星火燎原”计划。同时，辽宁省面向农村创业青年，开展电商普及性培训，直接培训100余人，还组织24名青年农民参加农业农村部电子商务专题培训。通过培训，部分农村青年提升了学习运用现代网络技术手段的能力。大连借助国际大樱桃节，组织2018大连大樱桃品牌电商论坛暨第三届农业电商十人谈活动，有新农民200余人参加培训活动，活动通过腾讯、网易开展直播，超过35万人观看直播。辽宁省积极参与北镇葡萄品牌建设活动，通过建立葡萄大数据体系，组织围绕品牌传播的新媒体联盟，并以农庄为北镇葡萄发展载体，助力北镇葡萄产业全面进入数字化阶段，北镇葡萄品牌知名度得到大幅提升。

二、辽宁农业农村信息化工作亮点

近两年，辽宁省在全省农民当中选择接受互联网理念、拥有新理念、掌握新技术的新农民，通过手机应用技能培训等方式将其培养成农民榜样，成为农业农村电子商务的“星星之火”，影响更多的农民参与到电子商务当中，分享互联网带来的福利，形成电子商务的“燎原”之势。

（一）积极营造电商声势

辽宁省连续举办全省双新双创大会、农业电商十人谈等活动，举办多场农业电商沙龙等电商直播活动，组织全国各地电商、品牌方面的专家，围绕品牌与电子商务大背景，呈现一场场精彩深刻的视听盛宴。1000余人直接走进了现场，数十万人通过网络参加了活动。

（二）开展新农民培训，启动“星火燎原”计划

2017年，辽宁省启动“星火”计划，将1000多名新农民培养成为创客，在接下来展开的“燎原”计划当中，将创客打造成为农民榜样，培养具有真正意义上辽宁省电子商务的“火种”，以农民“火种”之力、榜样之力，推动辽宁省农村电子商务发展。

（三）实施北镇葡萄品牌振兴发展计划（GBD计划）

辽宁省探索以县域为单元的产业电商之路，联合沈阳农业大学共同组织实施了北镇葡萄品牌振兴发展计划。2018年，北镇葡萄线上线下两类渠道全部打通，农民净增收约4.32亿元，北镇葡萄数十年后再次出发，开启了一个崭新的发展阶段。

（四）培育电商生态

目前，辽宁省正在筹建新一代省级信息化支撑体系与基地（智谷），电子商务是七大重点方向之一，将整合三个方面的电商系统：品牌农产品营销平台、线上和线上展示展销互动平台、单品全产业链大数据交易平台。辽宁省通过整合与创新，将加速部署5G时代的农业农村电商生态。

第十二章 12

山东

2018年，在山东省委、省政府坚强领导下，在农业农村部的正确指导下，山东省各级农业农村部门全面贯彻党的十九大和十九届二中、三中全会精神，发扬新时期泰山“挑山工”精神，积极推进全省农业农村信息化建设，取得良好工作成效。

一、农业农村信息化发展基础持续巩固强化

（一）政策环境持续优化

2018年，山东省被农业农村部确定为第二批信息进村入户工程整省推进示范省，并争取中央财政资金2亿元支持益农信息社建设。为做好信息进村入户工程，山东省政府办公厅印发了《山东省信息进村入户工程整省推进实施方案》；同时，为促进物联网技术在农业的推广应用，山东省政府办公厅印发了《关于加速全省智慧农业发展的意见》，为智慧农业发展提供了纲领性指导文件，各市也分别研究制定了具体落实方案。两个重要文件的出台，为未来三年山东省农业农村信息化发展指明了发展方向，提供了政策依据。

（二）服务平台基本建成

2018年，在省级层面，按照“1+10+N”的基本框架，山东省基本完成了农业农村大数据综合服务平台建设，实现了80多个业务系统加载集成。数据资源中心汇聚了文本、图片、音视频等多种格式数据，数据记录1500多万条，数据容量达到20TB，基本实现了业务信息共享交换、数据融合、分析应用，为统筹支撑全省农业农村信息化发展提供了智慧大脑。在市县层面，各地也自主开展了大数据平台建设：济南市完成了农业大数据中心二期建设，形成了全新的农业综合门户网站和农业大数据运行平台；济宁市建设了涵盖全国六大产区、1160个公司的大蒜全产业链数据网络和综合服务平台；德州禹城打造了包含15个模块、2个手机App的智慧农业大数据平台，实现了农业数字化、信息化管理；济宁邹城开发了“互联网+经济林”大数据平台，综合运用物联网、大数据等技术，取得了巨大经济效益，成为乡村产业振兴典型代表。

（三）场景应用不断丰富

2018年，山东省积极引导和推动先进信息化技术在农业农村领域的实际应用，取得了良好实用成效。在智慧农机方面，山东省建成了全省农机化综合服务平台，基本实现了农机生产作业调度指挥、监测监管和管理服务在线化；积极推广应用农机通App，引导农民机手开展农机作业服务线上精准对接；同时，研发使用了农机购置补贴App，让信息多跑路、群众少跑腿，农民群众足不出户就能办理农机购置补贴手续。在智慧渔业方面，山东省开发建设了山东省渔业信息化服务管理系统，实现远程服务管理、智能教育培训、病害精准监测、物联网智能应用和水产品质量追溯五大功能集成，已开通1个省级平台、10个市级平台、100个县级平台，搭建了全省渔业技术人员数据库、省市县三级专家人员数据

库，全省标注渔场数量 1.3 万余家。在渔业智慧执法方面，山东省建设了 17 处陆基雷达监测站，同步配备光电跟踪取证设备和 AIS 基站，完成了覆盖全省近岸重点海域的雷达监测网络，组织开发了山东省近海雷达监测信息系统，实现重点渔港渔区监测从被动接收到主动监视的转变；启动了综合性渔港经济区信息化建设项目试点，利用小目标雷达探测系统，实现对渔港的全方位监控，为海洋与渔业执法工作提供了有力支撑，在全国同行业中居于领先地位。

二、农业农村数字经济持续孕育发展

（一）智慧营销工程顺利起步

2018 年，山东省将智慧营销工程列为重点工程任务，积极应用信息化、“互联网 +”、大数据技术促进农产品触网营销、线上销售，推动供需精准对接、高效匹配，并研究谋划了智慧物流仓储、智慧批发市场等配套解决方案。2018 年，山东省委托相关企业建设运营了山东品牌农产品综合服务平台，平台入驻 251 家企业，覆盖 46 个区域公用品牌和 400 个企业产品品牌，上架 1173 款商品，2018 年平台交易额突破 2 亿元，为山东省智慧营销工程建设积累了有益经验。

（二）农村电子商务蓬勃发展

2018 年，山东省农业农村电子商务持续快速发展，农产品电商交易额达到 221 亿元，同比增长 30%。截至 2018 年年底，全省淘宝村、淘宝镇数量分别发展到 367 个、48 个，同比增长分别为 51.03%、33.33%。国家电子商务进农村综合示范县累计达 11 个，费县、郓城县、沂水县、鱼台县被评选为 2018 年电子商务进农村综合示范县。市、县农业农村部门也开展了富有地方特色的农业农村电子商务活动，取得良好成效。济南市发展线上线下相结合的现代农业体验店 23 家，创新开展“菜篮子”直通车进社区活动，配备直通车 120 辆，开通社区点 135 家，实现了社区直营、网络订购、专链配送的有机融合。烟台市积极发展特色优势果品电子商务，累计注册淘宝卖家超 4.8 万家，农村网络卖家超过 1.1 万家，2018 年，烟台实现樱桃网络销售额 5.5 亿元、苹果网络销售额 21.5 亿元。烟台苹果品牌价值 137.39 亿元，是全国唯一一个品牌价值过百亿的果品区域公用品牌，连续十年稳居中国果品区域公用品牌价值榜首，烟台大樱桃品牌价值达 47.28 亿元，居特色果品第一位。济宁市扶持打造了嘉祥黄垓电子商务专业镇，成功入选首批山东省电商小镇。日照市建成了农村综合产权交易平台，2018 年累计完成产权交易 4492 宗，涉及金额 4.35 亿元。聊城市依托东阿阿胶集团，成立了中国毛驴交易所，建成了国内唯一的线上活驴交易平台。德州市引导支持德州扒鸡、中椒英潮、百枣纲目等骨干企业建立了自主电子商务平台，实现企业采购、生产、销售全程电子商务。

（三）电商教育培训扎实开展

2018 年，山东省组织有关企业与益农信息社联合实施了农民机手应用技能培训周活动，开展了线上线下教育培训活动。依托各地农业发展现状及特色，以手机助力农产品线上营销为主题，大力推进智能手机应用与农业生产、经营、管理、服务等深度融合。同时，各市、县积极开展电子商务培训、村级信息员教育培训等活动，向农民群众广泛传播电子商务知识与应用技能，通过教育培训活动为农业农村电子商务发展有效赋能。

三、存在的问题与未来计划

2018 年，山东省农业农村信息化发展取得了一定成效，为推动农业现代化发展发挥了积极作用，但同时也存在一些不足，如实质性政策资金投入不足，农业农村信息化发展不均衡，缺乏统筹规划和统一调度，信息进村入户“最后一公里”问题和数字城乡鸿沟依然存在等。针对以上问题，山东省将积极采取有效措施，推动山东省农业农村信息化发展全面加速和质量提升。

（一）全力推进信息进村入户工程建设

山东省将严格坚持高标准、严要求，全力推进信息进村入户工程建设，确保完成益农信息社建设目标（2020 年基本实现行政村全覆盖）。同时，进一步做好信息进村入户综合服务平台建设运营，打造为民服务一站式综合服务平台，解决信息进村入户“最后一公里”的问题，有效缩小城乡数字鸿沟。

（二）全力推动智慧农业发展

山东省政府办公厅按照《关于加速全省智慧农业发展的意见》要求，着力开展智慧农业应用基地建设创建，2019 年年底创建完成 100 家智慧农业应用基地。同时，根据《山东省“互联网 + 现代农业”科创企业遴选标准》，开展智慧农业科技创新企业遴选，2019 年年底遴选 10 家优秀科创企业。

（三）全力开展数字山东建设

山东省将严格按照数字山东发展规划相关要求，积极落实农业农村领域数字山东重点建设任务，培育富有活力的农业农村数字经济，构建高效便捷的农业农村社会。同时，山东省积极参与《数字乡村发展战略纲要》实施意见研究编制，进一步补齐数字乡村建设政策供给短板，填补数字农业农村建设政策空白。

（四）全力做好一体化政务信息资源体系建设

山东省大数据局将进一步推动政务信息资源整合共享，解决数据“烟囱”和信息“孤岛”问题，做好农业农村主体库建设和农业农村数据汇聚上云。同时，山东省将进一步加强内部政务信息资源统筹整合，完成农机、渔业和相关企业综合信息服务平台的整合导入，形成全产业全面覆盖的农业农村信息化综合服务平台。

（五）全力做好农业农村信息化教育培训

山东省将进一步加强对农民群众手机应用、电子商务、互联网等信息化应用技能的教育培训，大力培育农业农村数字经济发展新动能，增强农业农村数字经济内生新动力。同时，注重典型案例挖掘，加强正面宣传报道，引导促进农民群众接受信息化新技术、新应用。

第十三章 13
浙江

2018 年，浙江省行政村通宽带比例达 98.4%，移动通信讯号覆盖率达 100%。农村居民每百户拥有计算机 72.6 台，其中接入互联网的计算机 64.7 台；拥有移动电话 243.6 部，其中接入互联网的移动电话 178.8 部。在各级农业部门的共同努力下，全省已建立农业信息网站 139 个。浙江省通过万村联网系统工程，全省共建有行政村（社区）网站 2.7 万个，建站率达 100%。全省各级农业系统配备专职信息员 400 余人，1000 多个乡镇、街道全部建立了农业信息服务站，99% 的行政村建立了农业信息联络点。

一、农业物联网

（一）基本情况

1. 农业物联网在农业生产管理中的应用

（1）数字田园模式。浙江省推进农业农村一张图建设，对农业“两区”、农业主体、农业视频等进行集成，基于浙江天地图建设现代农业农村一张图，同时利用北斗卫星导航系统，加强农机定位耕种和监理调度。浙江省推进植物病虫害监测预警向智能化发展，建立智能化测报系统评价体系和故障响应机制，不断提升害虫自动识别精准度和时效性，已完成嘉善等 12 个市县水稻“两迁”害虫智能虫情测报系统和掌上客户端网上调试工作。

（2）数字植物工厂模式。数字植物工厂集成设施农业环境监测、智能控制、智能育苗、智能灌溉等技术，建设集环境监测控制、工厂化育苗、生产过程管理为一体的智慧园艺生产管理体系，实现节本增效作用。浙江省已形成 10 多个可复制、可应用、可持续、可推广的数字植物工厂案例

（3）数字养殖场模式。浙江省制订《浙江省数字化牧场建设标准（试行）》，以智能化环境控制、精准化饲喂管理、数字化繁育管理，以及数字化污染监管、疾病防控、追溯体系、排泄物减量和资源化利用为重点，加快新装备、新技术运用，强化标杆引领，打造国内领先的高科技数字化牧场，验收通过桐庐沃德威先种猪场等 10 家数字牧场。

（4）数字水产养殖工厂模式。浙江省积极推广基于物联网可规模化复制的循环水生态养殖系统模式，仅湖州市推广应用渔业物联网科技示范户就达到 2307 户。

2. 农业物联网在农业行政监管中的应用

（1）农产品质量安全领域应用模式。全省 85 个涉农县（市、区）全部建成农产品质量安全追溯体系，4.5 万家规模主体纳入追溯平台管理，2.15 万家农业生产主体实现可追溯；6200 余家农资经营单位应用信息化系统，基础数据库录入农资生产经营单位 9772 家，农资商品备案数量 5.1 万余条。省级农产品质量安全监测合格率稳定在 98% 以上。

（2）农业面源污染防治应用模式。浙江省通过智能化信息技术支撑现代生态循环农业发展，在 21 个区域性现代生态循环农业示范区建设智能化信息监管系统，实现精准投入、

远程服务、实时监控和集中展示。全面实现养殖污染治理信息化监管，全省存栏 50 头以上的 5862 个养猪场全部安装养殖污染在线视频监控设施。

（3）农业应急指挥应用模式。全省初步形成具有视频接入、智能管控、产品追溯、应急指挥、监测分析等功能的农业智慧应急监管体系，实现指令快速下发、信息准确上传和交流双向互动。省级平台接入各地设施农业大棚、畜禽养殖场所、省际动物卫生监督检查站、病死动物无害化处理中心等农业应急管理基点 994 个。

（4）海上渔业管理应用模式。浙江省建立了渔船安全救助信息系统，在全省 1.4 万艘大中型海洋渔船上配备了 AIS（船舶自动识别系统）终端和卫星终端；在沿海建了 36 座 AIS 基站；建设了省、市、县级三级监控指挥系统，极大地提高了政府对海上渔船突发事件的应急处置能力和渔民生命财产安全。此外，浙江省还建立了用于近岸外省渔船、三无渔船管控的小物标雷达系统，用于渔业数据分析的大数据分析系统，用于指挥调度的渔船指挥调度平台，用于移动执法的浙江海渔通 App，用于增殖放流的浙江渔业资源管理平台，用于渔船检验和审批的渔船监管与服务应用平台，用于向渔船发布精细化海洋气象信息的浙江省海洋渔业生产安全环境保障服务系统等 10 个基于物联网技术的渔业信息系统。

（二）典型案例

1. 数字化养猪系统

华腾牧业等主体通过传感器采集养殖场内的空气温湿度，二氧化碳、硫化氢和氨气浓度，以及畜禽的体温、体重、进食、饮水等信息；根据畜禽的生长需要，分阶段自动调整环境条件，智能投放各类饲料，及时发现和处理疫病，减少群体性病害发生，实现精细化管理。

2. 高密度全龄人工饲料工厂化养蚕系统

浙江巴贝集团在浙江嵊州投资 3.5 亿元，集成品种、饲料、生产工艺、防病体系、环境控制、人工智能等多项创新技术，建立一体化、高效率、低成本现代蚕茧生产方式。项目一期建筑面积 4 万平方米，年产蚕茧 1 万吨，相当于浙江 45 万亩桑园一半的蚕茧产量。

3. 双鱼塘循环水生态养殖系统

庆渔堂自主设计的高效益、高品质、零排放的新型生态养殖模式，该模式通过充分应用纯物理杀菌、物理过滤、纳米微孔曝气增氧、池底清洁、水质循环生物净化、池塘隔离等技术，改造现有传统露天鱼塘，并构建各种类型的多功能、多层次、多途径的高产优质循环生产系统，从而极大地降低水产养殖过程中的水体面源污染，实现清洁生产、高效节约水资源，真正实现水产养殖提质增效的创新发展方式，让养殖户走上科技致富的道路。

4. 水稻“两迁”害虫智能虫情测报系统

浙江托普云农科技股份有限公司联合中国水稻研究所、浙江理工大学、中国计量大学和浙江省植物保护检疫局等单位，研发出一款具有对害虫的诱集、灭杀、分散、拍照和远程传输功能的互联网产品，对水稻主要害虫——大螟、二化螟、稻纵卷叶螟、白背飞虱和褐飞虱等具有自动识别和计数功能。该测报系统应用了物联网、移动互联网、人工智能等前沿技术，实现水稻迁飞性害虫自动拍照、自动种类识别、自动数量统计、自动数据上传等多重功能，具有较强的科技创新性和较高的技术水平，达到国内同类研究的领先水平。

二、农业电子商务

2018 年，全省电子商务网络零售额 16718.8 亿元，同比增长 25.4%，其中县及县以下区域 8184.2 亿元，占比 49.0%，拥有活跃的涉农网店 2.1 万家，实现农产品网络零售 667.6 亿元，同比增长 31.9%，网络零售额超过千万的电子商务专业村 1253 个，电商镇 130 个。一是推动农产品上行。浙江省梳理 400 余个农产品电商地方品牌，通过阿里巴巴等平台拓宽流量和渠道资源，举办茶叶、猕猴桃、青蟹等 7 场农产品资源对接会。在全省 12 个市、县开展农产品网上销售体系建设试点。二是提升改造农村电商服务站。2018 年，全省完成站点提升改造 3000 个，累计总数达到 1.78 万个，覆盖全省 68% 以上行政村。三是促进农村电商产业集聚。2018 年，全省电商专业村总数达到 1253 个，同比增长 60.58%；电商镇总数达到 130 个，同比增长 68.8%。四是推进农村电商扶贫工作。据不完全统计，2018 年，浙江省共与省外 80 余个对口帮扶县（市、区）开展电商帮扶，开展资源对接、调研考察、专题培训等各类活动 100 余场，签订各类合作协议 30 余份，涵盖电商产业规划、园区建设、人才培养、公共服务体系建设等多方面内容，建设县级电商公共服务中心和村级电商服务站超 4500 个。

三、农业信息综合服务

浙江圆满完成信息进村入户工程整省推进示范工作。全省已建成 2.4 万个村级信息服务站（益农信息社），覆盖全省 92% 的行政村，已有 24 个县（市、区）实现行政村全覆盖，累计提供语音咨询服务 1147.8 万人次，发送服务短信 10.62 亿条，受理便民服务 5084.1 万人次、涉及金额 8.11 亿元，促成网上商品代购、农产品网上营销等电商服务成交金额达 17.29 亿元，开展培训体验活动 400 余场，受众超 5 万人次。同时，遂昌县人民政府、浦江县人民政府、浙江华腾牧业有限公司等 9 家单位被农业农村部认定为全国农业农村信息化示范基地。浦江县石埠头村等 5 家益农信息社入选全国益农信息社百佳案例。浙江省气象局推进气象信息进村入户工程，大力加强气象信息在农业生产、农产品流通等环节及农村防灾减灾中的应用。相关部门对接农行浙江分行，洽谈农村助农取款、小额贷款、保本理财等涉农便民金融服务与益农信息社的业务合作事宜，充实信息进村入户内容。

第十四章 14

重庆

为充分发挥大数据智能化在农业农村发展中的重要功能和巨大潜力，有力支撑和服务全市乡村振兴和现代农业发展，重庆市深入落实《重庆市实施乡村振兴战略行动计划》和《重庆市以大数据智能化为引领的创新驱动发展战略行动计划（2018—2020）》，瞄准农业现代化主攻方向，聚焦“互联网+”现代农业发展，不断提升农业生产智能化、经营网络化、管理数字化、服务信息化水平，稳步推进大数据智能化与农业各领域各环节的融合与应用。

一、基本情况

重庆以推进农业大数据基础建设、农业智能化示范应用、智慧农业数字化经营管理为抓手，加快推进全市农业农村信息化发展。

（一）强化顶层设计和体系规划，加速推进农业大数据基础建设

在“互联网+”大背景下，重庆市高度重视现代信息技术与农业产业融合发展，始终坚持以服务全市乡村振兴和现代农业发展为目标，加速推进农业大数据基础建设。在部门内部，重庆市农业农村委将原市场与经济信息处分为智慧农业和信息化处、市场与品牌处，由智慧农业和信息化处专门负责全市智慧农业建设。在顶层设计上，重庆市围绕大力实施农业生产智能化、经营网络化、管理数据化和服务在线化四大行动，积极探索山地特色智慧农业应用模式，推动大数据智能化为现代农业赋能这一主要目标。在资源整合上，重庆市构建了“三农”大数据平台，与市级社会公共信息资源共享交换平台实现了数据汇入，平台已完成10个业务部门29个系统的118个资源目录对接工作，共归集数据7300万条。在数据库建设上，重庆市已基本建成畜牧业资源、监管执法资源、农经资源、农药追溯监管平台、政务服务资源、自然资源、农产品市场价格等7个资源库。在数据分析上，重庆市已基本完成特色产业分布、农产品市场、畜牧兽医、质量安全追溯、“三品一标”认证、新型经营主体、自然资源等8个主题117个指标、38个维度、55种展现形式的专题分析工作。重庆市推动产业数据、基础地理、遥感影像数据及“两区”划定空间矢量数据融合应用，构建基于GIS平台的农业产业大数据“一张图”，实现全市农业产业可视化分析和监测预警。在人才培养上，重庆市引进中国工程院赵春江院士团队落地渝北，并建立了智慧农业工作室，推动市内外知名高校、科研机构和行业企业合作，促进科技人员和社会各界广泛参与智慧农业建设，为技术创新提供智力和人才支撑。在安全保障上，重庆市按照网络安全与建设同步规划、同步实施、同步落实的要求，构建网络安全保障体系，实现对农业数据资源采集、传输、存储、利用、开放、共享的规范管理，促进数据在风险可控原则下最大程度开放共享。

（二）强化创新驱动和试点示范，大力推进农业智能化示范应用

重庆市以大数据智能化为现代农业赋能为抓手，稳步推进智能化与农业各领域各环节

的融合与应用。在关键环节突破方面，重庆市从比利时引进马铃薯晚疫病物联网预警系统，并在960万亩马铃薯主产区推广应用，共减少经济损失19.36亿元，被国家外国专家局确定为国家引进国外智力成果示范推广基地；示范推广柑橘自动灌溉技术，平均每亩增产209公斤，每亩节约成本50元以上；指导忠县开展物联网智能饲养试点示范，年出栏1.2万头商品猪，节约人工成本12万元，增加收益80万元；指导市农科院积极探索农业遥感技术应用，研制出茶叶遥感监测平台并在永川区运用，测量效率提高50倍。目前，全市共有30个智慧农业产业示范基地试点建设了智慧农业生产监测与管理网络，运行情况良好。在生猪大数据中心建设方面，重庆市依托国家生猪市场交易数据资源，按照农业农村部关于支持重庆市试点建设国家级重庆（荣昌）生猪大数据中心批复精神，积极开展一体系、两系统、三平台建设（即国家生猪单品数字资源体系、国家生猪大数据动态采集系统和综合管理系统、生猪大数据人才培养平台、生猪数字产业孵化平台和生猪产业创新平台），着力打造国家生猪产业重要公共服务大数据平台。在畜牧云平台建设方面，重庆市依托互联网覆盖省市 - 区县 - 乡镇 - 村 - 畜牧生产经营主体的五级网格化监管信息化平台，实现区域全产业链的体系、生产、防疫、检疫、流通、技术服务等工作网格化、标准化、痕迹化、数据化管理。平台通过GIS定位、移动考勤、工作日志记录、数据分析等先进管理手段，实现基层畜牧兽医人员对养殖户开展指导、防疫、检疫、动物卫生监督、农产品质量安全监管等工作的动态跟踪、实时记录、可视化分析，达到了“向下输出服务，向上采集数据”“人在干、数在转、云在算”的设计理念和实际应用效果。目前，平台已在全市32个区县完成平台安装，17个区县实现数据采集，8个区县开展全面应用。在柑橘大数据中心建设方面，忠县试点建设柑橘全产业链“数据＋电商＋金融”三大平台，全方位拓展线上线下交易市场。柑橘网上线运行以来，注册经销商及种植户达25313个，在全国建成20家运营中心，合作的核心企业达17家，累计完成交易额17.32亿元，向全国柑橘业主累计授信贷款额6652.38万元。柑橘网管理全国标准化柑橘园400万亩，综合收益同比增长约27%；配套实施“三峡橘乡”田园综合体万亩智慧柑橘示范区建设，现已建成柑橘气象与生产信息自动化采集点11个、柑橘物联网信息中心1个，完成了1000亩宜机化数字果园基础建设，正在推进6000平方米智能温室柑橘栽培设施和450亩智慧柑橘示范园建设。

（三）强化网销能力和信息进村入户工程，全面推进智慧农业数字化经营管理

重庆积极促进智慧农业新技术在农业生产、管理、经营和管理等领域推广应用，取得较好成效。在农产品质量安全溯源方面，重庆实现生产企业、流通企业、监管部门三方信息数据互联互通，整合建设农产品质量安全追溯点2928个；对全市1115家农药806家兽药产销企业实施二维码追溯管理，逐步实现安全可预警、源头可追溯、流向可跟踪、信息可查询、责任可认定、产品可召回的目标。在农产品电商发展方面，重庆夯实农产品品种、品质、品牌等网销基础，研制新品种200个，“三品一标”农产品总数达到3557个，授权438个农产品使用“巴味渝珍”品牌，设立农业标准化示范区202个；支持建设集产品、平台、服务资源于一体的优质农产品资源汇聚产销对接平台，2018年，平台合计上线1076个企业品牌，2167款产品实现在线购买，全市农产品网络零售额达80亿元，同比增长135%。重庆推进品牌农产品上京东行动，2018年，全市品牌农产品实现销售额22亿元，通过京东新零售渠道帮助贫困区县实现农产品销售额7.9亿元。重庆市联合北京字节跳动公司开展巫山脆李系列营销活动，在7天的活动周期内实现2亿次曝光量和6万件订单。

在信息进村入户工程推进方面，全市计划建设益农信息社9470个，现已建成7851个，约占全市行政村数量的97.3%，选配信息员9473名，组织培训3万余人次。重庆市成立了重庆市智慧农业发展和信息进村入户工程工作推进组，召开了推进任务部署会，目前正积极开展站点建设，同步进行服务商引入和可持续运营模式探索等工作。在农产品市场价格监测预警方面，重庆市建立了覆盖全部区县的农贸市场农产品及主要农资市场价格监测体系，目前拥有县级农贸市场监测点39个、超市监测点5个、批发市场监测点8个、乡镇监测点5个、蔬菜基地合作社监测点17个，采集价格信息涵盖生产、批发、零售各个环节，监测品种300多个，初步形成了具有重庆区域特色、点面结合的农产品及农资市场价格指数体系，对促进全市农业保供增收和结构优化调整提供了有力的数据支撑。

二、典型案例

（一）数字农业农村发展方面

2018年，重庆市渝北等3个区县被农业农村部评为县域数字农业农村发展水平评价先进县，忠县等区县和市农业信息中心的11个项目被评为2018年度全国县域数字农业农村发展水平评价创新项目。

（二）信息进村入户工程方面

2018年，重庆市江津区河坝社区村级信息员袁增凤，荣昌区村级信息员秦兆华、王圆元，城口县村级信息员王辉，石柱县村级信息员向学明入选农业农村部全国百佳村级信息员典型案例。

（三）农业智能化示范应用方面

重庆畜牧管理服务云平台在璧山区开展试点工作，荣获农业农村部颁发全国“互联网+”现代农业百佳实践案例称号。

企业推进篇

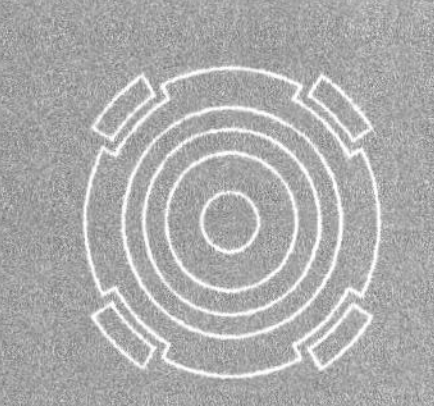

第十五章 农信互联：生猪产业互联网平台

2019年，李克强总理在《政府工作报告》中首次提出“智能+”。从“互联网+”到“智能+”，新一代信息技术正大力改造提升传统产业。北京农信互联科技集团有限公司（以下简称“农信互联”）积极响应国家政策号召，在行业内率先推出“猪联网”，打造生猪产业互联网生态圈，借助移动互联网、物联网、大数据、云计算、金融科技及人工智能等技术手段提高整个生猪产业链的效率，逐步建立全方位的产业生态服务体系，为从业者提供生产、交易、金融等服务。

第一节 农信互联介绍

一、总体概况

农信互联是一家农业互联网高科技企业。农信互联以“用互联网改变农业”为使命，专注于农业互联网金融生态圈建设，致力于成为服务三农的农业互联网平台运营商，推动中国农业智慧化转型升级。2018年9月，农信互联以增资前70亿元的整体估值正式完成B轮融资，成为农业互联网领域的独角兽企业。

二、发展历程

农信互联起步于大北农集团信息中心。2014年12月，大北农集团宣布将其信息中心相关业务注入北京农博数码科技有限公司，并更名为农信互联。2015年2月8日，农信互联正式挂牌成立，成为独立运营的农业互联网与金融平台。2017年6月，农信互联宣布以30亿元估值引入五位战略投资者。2018年9月，农信互联以增资前70亿元估值正式完成B轮融资，成为农业互联网领域的独角兽企业，至此农信互联已经成为有4家上市公司作为投资股东的公司，走上了更加快速的战略发展之路。

三、产品体系

截至2019年10月，农信互联已初步建成“数据+电商+金融”的三大核心业务平台，并以“农信网”为PC端总入口，“智农通”App为移动端总入口，构成了从计算机到手机的生态圈，实现农业全链条的平台服务。

农信互联的数据业务以“农信云”为基础云服务平台，以“企联网”为SaaS服务平台，利用互联网、物联网、云计算、大数据技术及先进的管理理念，联合农村种养户及相关中小微企业，打造农业大数据共享平台，提高中国农业的整体经营效率。农信互联数据业务的规划包括：服务于生猪产业的“猪联网”、服务于饲料企业的“饲联网”，服务于食品屠宰企业的“食联网”，服务于种植产业的“田联网”，服务于水产养殖业的“渔联网”，服务于蛋鸡养殖业的“蛋联网”，服务于柑橘种植业的“柑橘网”，服务中小商贸企业的“企店”系统等。

农信互联的电商业务以“农信商城”为核心平台，通过建立涉农电子商务市场，解决交易链条过长、产品品质无法保证、交易成本居高不下、交易体验差等问题。农信互联电商业务的规划包括：服务于生猪交易的国家级网上交易平台“国家生猪市场”；服务于养殖户的“养殖市场”，服务于种植户的“农资市场”，服务于农产品企业的“农产品商城”；服务于柑橘、水产、蛋鸡产业的“柑橘市场”“渔市场”“禽蛋市场”等。

农信互联的物流业务为服务于农业网络货运的“农信货联”。为解决“三农”物流难题，推动农产品的快速、高效流通，助推“三农”发展，农信互联利用自身的平台优势，整合各方物流资源，组建覆盖全国主要农产品范围的运输业承运人联盟，打造有效的农业物流网络，打造农业生态圈链条上的“互联网+交通”项目，用互联网改变农业物流。

农信互联的金融业务以“农信金服”为主要载体，利用农信平台积累的用户生产经营与交易大数据，依托自主开发的农信资信模型，形成一个面向农户的行业内普惠制、可持续的农业金融服务新体系。农信互联金融业务的规划包括：面向农户、涉农企业的征信业务“农信度”、理财业务“农富宝”、供应链金融贷款业务“农信贷”、农业互联网保险经纪业务“农信险”、融资租赁服务“农信租”、保理业务“农信保”，以及对外输出数据分析、风控的科技金融服务等。

农信互联的人工智能业务，致力于推动互联网、物联网、大数据、人工智能等技术在农业全产业链的落地应用，以推进农业生产智能化、管理数据化和服务在线化为突破口，加速发展智慧农业。2019年，农信互联的人工智能业务取得实质性进展，形成了智能猪场管理专家产品“猪小智”，可为猪场提供智能盘猪、智能估重、智能监控、智能测膘、智能测温、智能环控及智能饲喂等多种解决方案，已为数十家猪场提供了智能养猪整体解决方案。

第二节　猪联网4.0：智慧养猪生态运营平台

为解决我国养猪户规模偏小、分散，出栏到消费环节过多，交易成本较高且不易追溯，农业征信体系缺失，养殖风险较高等问题，农信互联利用在生猪领域所积累的多年经验和数据，开发了专门针对生猪产业的智能平台“猪联网”。伴随着非洲猪瘟对行业发展的影响，“猪联网”也逐步升级至“猪联网4.0”。

“猪联网4.0”包括猪小智、猪管理、猪交易、猪服务、猪金融五大核心平台，为生猪产业提供全方位的智能化服务体系，见图15-1。具体而言，“猪小智”提供智能猪场管理，“猪管理”提供专注于猪场的ERP，“猪交易”提供买好料卖好猪的平台，“猪服务”提供专家服务、远程监管和数据服务，“猪金融”提供养猪的资金保障，全产业链条、全方位的数据汇集至“养猪大脑”，进一步服务产业链。

“猪联网4.0”为养殖企业、饲料企业、动保企业、屠宰企业、中间商以及服务提供商等机构提供了融入智能养猪生态运营平台的接口，为养猪者提供“猪管理”ERP和“猪小智”两大系统，为养猪者提供人工录入、过程采集、设备采集三种录入和数据采集的方式，为养猪者提供手机端、PC端、Pad端和智能终端四大终端，探索出智能猪场、助养猪场和代养猪场三种猪场经营模式，构建起猪服务、猪交易、猪金融三大服务体系，所有这些数据汇集形成“养猪大脑”，构建智慧养猪生态圈，开创智慧养猪新时代，见图15-2。

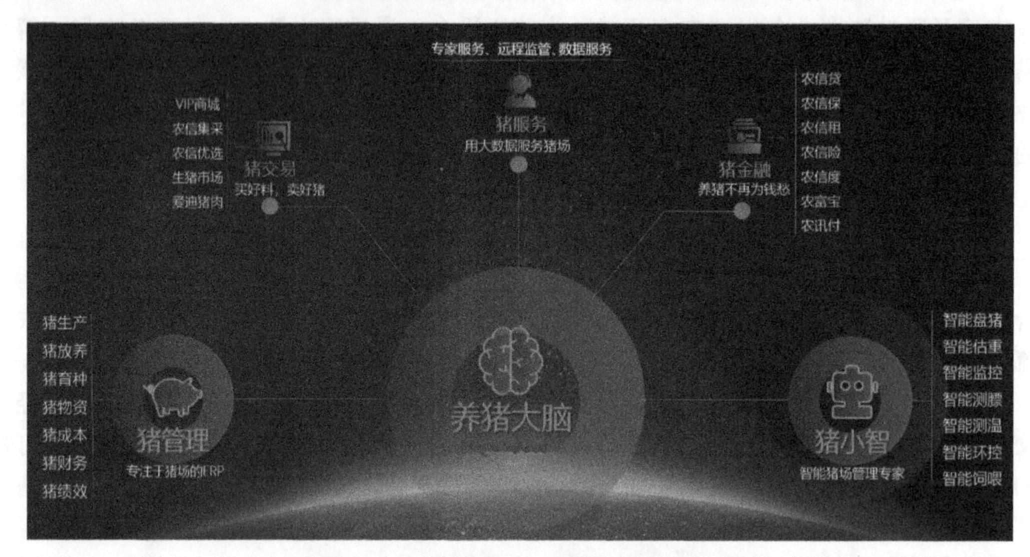

图15-1 “猪联网4.0”提供的服务与功能

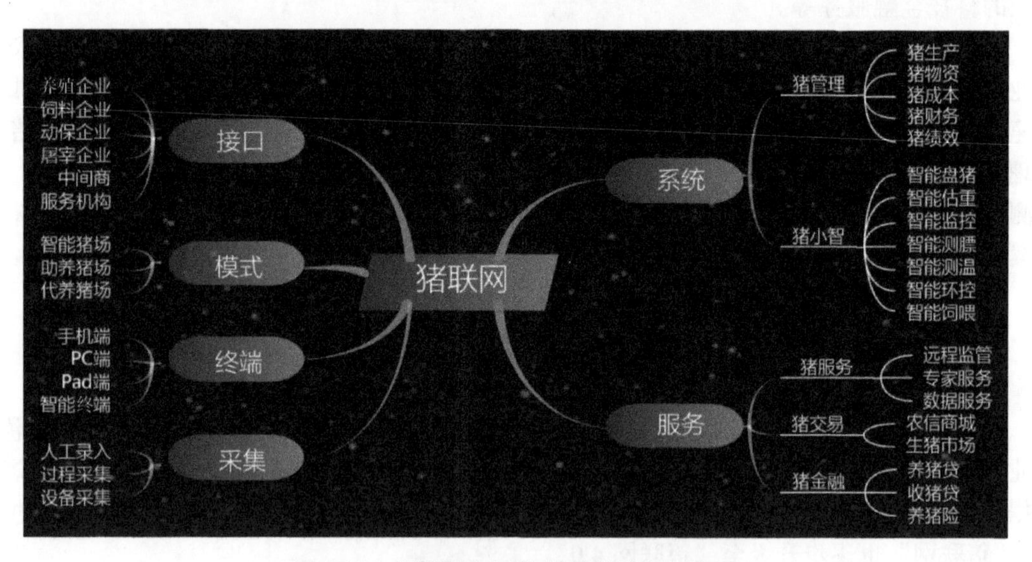

图15-2 “猪联网4.0”链接的服务与资源

“猪联网4.0”作为农信互联智慧猪场的全面解决方案，针对不同规模、不同经营模式的养殖主体，制定了不同的系统解决方案，见图15-3。目前共有6个版本的系统服务推出：猪联网【生产版】，一套对猪场免费的生产管理系统；猪联网【企业版】为猪场企业提供的打通内部办公系统和财务管理的猪场企业管理整体解决方案；猪联网【集团版】，针对集团化养猪企业提供的集多单元集团化、全产业链的统一管理服务解决方案；猪联网【代养版】，“公司+农户”的养殖经营模式解决方案；猪联网【育种系统】，针对种猪场，提供种猪生产性能测定、育种计算和分析管理的解决方案；猪联网【猪小智版】，针对规模猪场提供的智能化养猪、猪与设备的有机结合的解决方案。

图 15-3　"猪联网 4.0"覆盖不同规模及模式的猪场

一、猪小智：智能猪场管理专家

猪小智是农信互联打造的智能化养猪设备超级连接器，连接市面上所有的猪场监控、饲喂、环控、检测等设备，实现设备一键接入，帮助猪场快速拓展设备连接能力，并提供设备管理、预警功能，实现猪场管理自动化，见图 15-4。

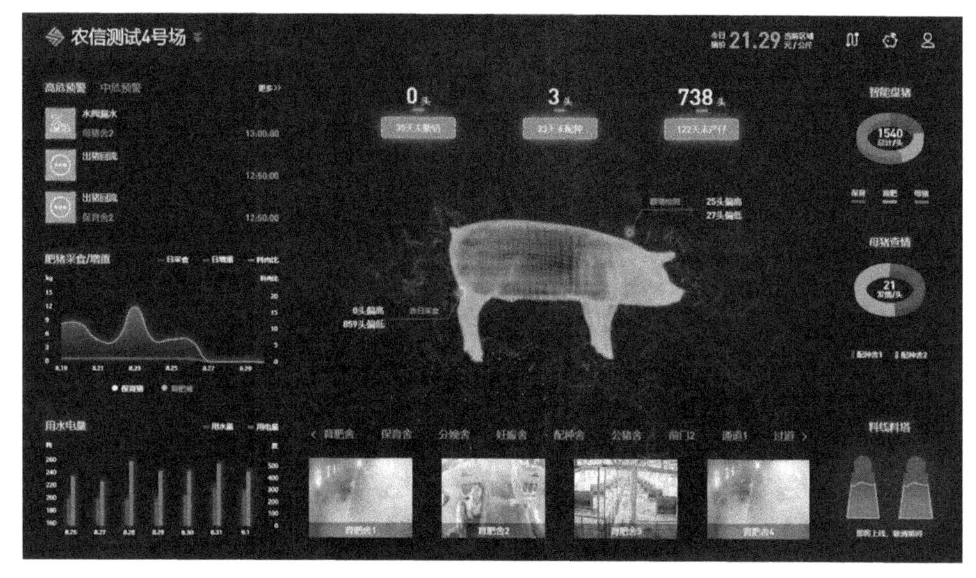

图 15-4　农信互联的猪小智

猪小智一方面通过 App 将猪场内的智能设备连接到一起，在手机终端可进行智能盘猪、智能称重、智能监控（对各个猪栏里的异常事件划分 10 个等级，通过算法将多个事件进行关联溯源）、膘情监测、智能查情、智能环控（对氨气、二氧化碳、光照、湿度、温度等猪场环境核心指标监测）及智能饲喂，实现自动化养猪、人猪分离，见图 15-5；另一方面通过监管平台，对猪场事件如猪爬上通道围栏、死猪活猪同运、饲料车运输路线异常、饲养员服装不合规、运粪后 12 小时未消毒、出猪后 12 小时未消毒、狗啃死猪、生猪数量异动、未注册车辆驶入场内、夜间出猪及人员未按规定消毒等进行实时预警和远程智能监控，实现安全生产。

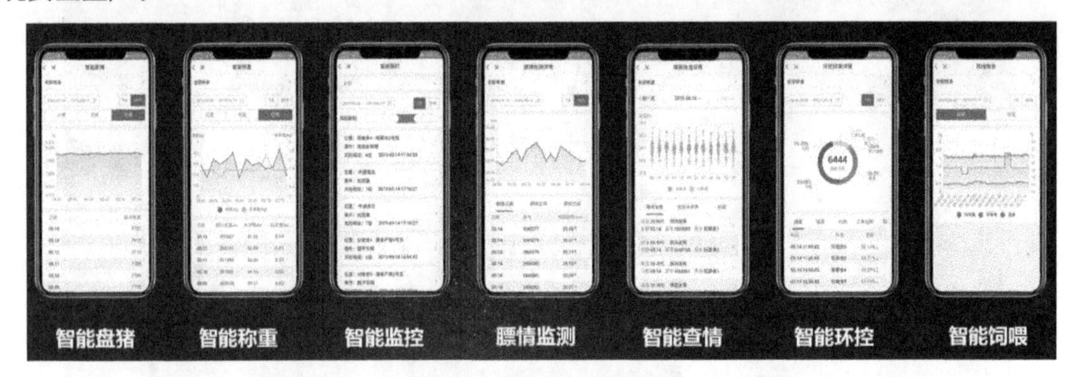

图 15-5　猪小智功能示意图

二、猪管理：专注于猪场的 ERP

长期以来，我国生猪养殖以中小养殖户为主，猪场管理者文化水平相对较低，管理能力较弱，缺乏记录生产数据的意识和习惯。混乱、低下的猪场管理现状严重制约着我国生猪养殖效率的提高。2015 年，农信互联成立之初就开发了猪联网 1.0 产品猪管理，发展至 2019 年，已实现了从猪场生产到猪场企业人力资源及财务管理的闭环，见图 15-6。其主要功能包括：猪生产，从猪场育种、母猪管理到商品猪管理的全过程生产管理、监控及预警系统；猪放养，排苗投苗计划管理、仔猪与物资申请管理、生猪放养过程管理、养户放养结算管理；猪育种，育种值计算、个体与群体近交系数计算、测定性能分析、遗传进展分析、育种结果评估管理；猪物资，物资集采、生猪销售、投入品及交易商城、物资领用、物资投喂、物资盘点、物资损耗管理；猪成本，猪场按批次、按日龄、按栋舍自动核算，实时核算头均成本、每斤成本，对接财务及绩效管理系统；猪财务，猪场财务管理、猪场资金管理、收付款管理、猪场账务管理；猪绩效，基于 PSY 的猪场生成成绩报告，以栋舍为核心的猪场绩效指标系统，猪场绩效分析报表、饲养员绩效管理系统。

图 15-6　猪管理的主要功能

猪管理进一步优化了手机端的操作体验，实现以任务驱动的过程化养猪生产管理，以消息模式实时提示猪场预警事项，以目标为导向的计划管理模式；同时，根据用户需要，实现用户自定义的数据录入模式，包括语音录入模式等，最终实现离开 PC 端也可以实现全方位的猪场管理操作，见图 15-7。

图 15-7　猪管理的手机端操作

猪管理为了简化数据录入和提升系统操作的准确性，以游戏化场景模拟猪场管理实际体验，见图 15-8。用游戏化场景操作管理猪场，不仅实现了全新的视觉体验，而且可以批量维护猪场数据，提高猪场工作效率。猪管理让猪场管理实现按天管理猪场成本，一键计算成本的同时还支持阶段、批次成本核算，实时掌握头均成本或每公斤成本，与此同时通过猪场数据分析，快速精准找到猪场问题，提供数据决策依据，降低成本，提高生产率。

图 15-8　游戏化场景的操作界面

三、猪交易：生猪产业链线上 + 线下交易服务平台

猪交易是面向生猪产业链中生产资料企业、经销商、猪场、猪贸易商、屠宰场、货运公司等各个生产经营主体提供交易的线上服务平台——农信商城，旨在解决交易信息不对称、交易链条过长、产品品质无法保证、交易成本居高不下、交易体验差、物流运输不便

等问题。农信商城主要包括投入品交易平台——养殖市场，生猪交易平台——国家生猪市场，网络货运平台——农信货联，线下服务渠道——运营中心。养殖户可从农信商城的养殖市场购买饲料、兽药、疫苗等投入品，国家生猪市场可帮助用户进行生猪交易，农信货联为货运者与货主搭建网络找车匹配平台，线下运营中心为其所在县域内的养殖户匹配投入品集采、卖猪、金融、物流等综合落地服务，见图 15-9 和图 15-10。

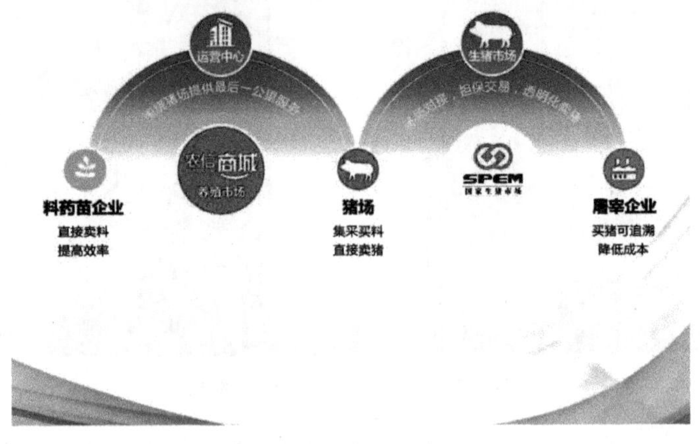

图 15-9 猪交易平台

图 15-10 农信商城平台

（一）养殖市场

养殖市场为农户提供一站式采购服务。根据用户采购记录和浏览记录，推荐质优价廉的优选商品，实现就近撮合，减少中间环节和物流成本。同时，养殖市场为规模化猪场、运营中心和核心企业三大客户群体提供集采服务。平台通过收取保证金的措施，保障交易双方合法权益，保证商品质量，平摊物流费用，让小企业也能享受大企业的特权。

养殖市场为猪场提供养殖所需的各类生产资料，吸引了饲料、原料、动保、养殖设备和耗材等产品的知名生产商和经销商在平台开设店铺，上线千余种优质商品，为养殖户提供一站式采购服务，见图 15-11。养殖户线上下单，厂家线下配送，生产资料采购环节大幅缩短，采购流程简单方便。同时，为保障交易的真实性和产品质量，养殖市场采用保证金模式，有效约束商家行为，保护消费者权益。

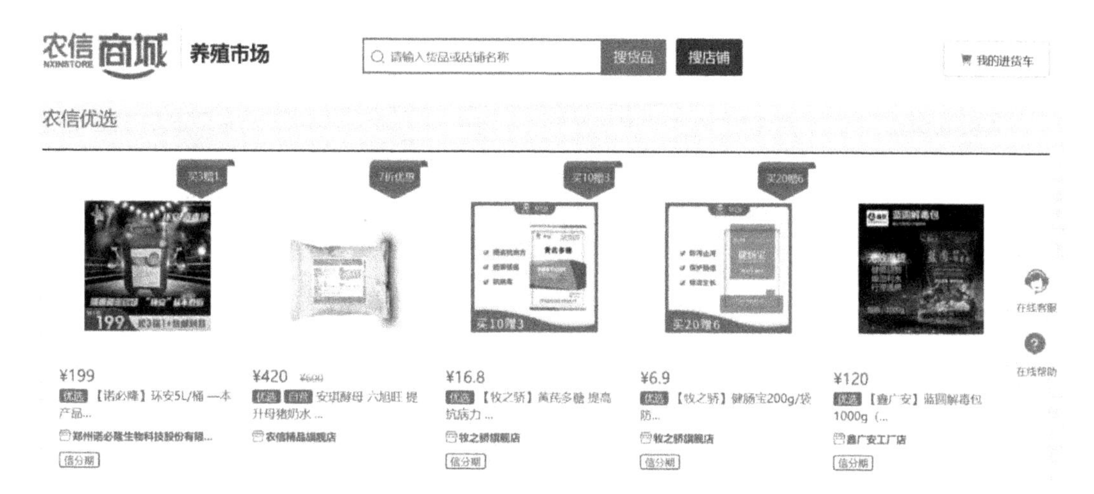

图 15-11　养殖市场线上平台

（二）国家生猪市场

生猪行业一直存在着一个难题——如何破解猪周期。市场猪价偏低的时候，养猪农户减少，生猪的供应减少，猪价上涨；当猪价上涨，养猪农户又会增多，生猪的供应增多，猪价又会回落，如此往复循环。因此，农信互联进一步向生猪养殖下游拓展业务，建设并运营活猪交易平台——国家生猪市场，力求为猪产业链的生产经营主体提供更为全面的服务，打破猪周期，让客户不仅能养好猪，还能卖好猪，建立完善的生猪养殖生态圈，见图 15-12。

图 15-12　国家生猪市场网上平台

国家生猪市场是农业农村部和重庆市人民政府按照国家“十二五”规划布局的国家级生猪交易大市场，旨在打造我国生猪产业航空母舰，破解猪周期，促进我国生猪产业健康稳定可持续发展。

国家生猪市场由重庆科牧科技有限公司与农信互联共同出资组建，重庆农信生猪交易有限公司负责建设运营。猪场和屠宰企业可以通过国家生猪市场进行生猪交易，实现场场对接、担保交易、透明化卖猪。屠宰企业不仅实现了对猪的全程可追溯，还降低了交易成本。

国家生猪市场结合传统生猪流通行业的特点，借助移动互联网及电子商务的先进技术，在成功解决线上交易标准、疫病防控及实物交割三大难题的基础上，以国家生猪市场为线上平台，以生猪调出大县为线下平台，实现生猪活体线上 + 线下交易，有效解决了猪交易过程中公平缺失、链条过长、品质难保、质量难溯、成本难降及交易体验差等问题，成功建立中国生猪网络市场，见图 15-13。生猪交易市场采用自由、公平、方便、快捷的生猪定价交易模式，同时探索生猪竞价交易等多种模式满足多元化的市场需求。

图 15-13　国家生猪市场卖猪操作流程

2018 年，农信互联正式推出品牌猪肉产品——ID 猪，一款用区块链 +DNA 溯源技术来进行全程可追溯的品牌猪。ID 猪由国家生猪市场发起，运用互联网、物联网、区块链等技术，通过链接猪联网、农信商城、农信货联、权威检测机构，实现猪生产、交易、运输全程来源可追溯，去向可查询，风险可预警，责任可追究；场景可视、实时可控；数据区块抓取不可篡改、永续安全存储；资金在线支付；责任到人到点且由保险公司来背书的安全放心猪，见图 15-14。

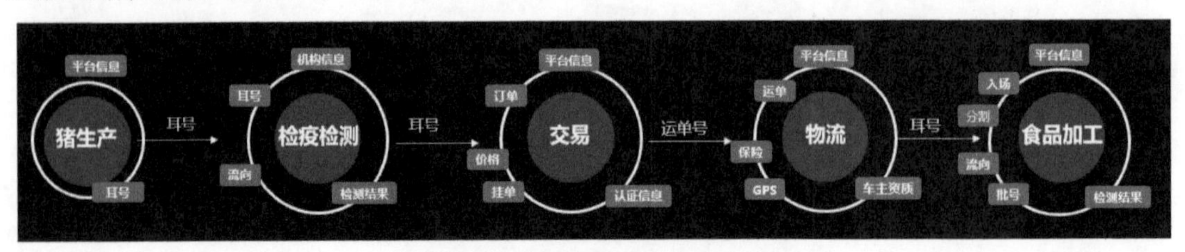

图 15-14　全程可追溯的 ID 猪

（三）农信货联

在整个生猪产业物流中，一直存在着车与货匹配度低、空驶率高等问题。随着国家生猪市场、养殖市场的不断发展，农信互联平台用户的货运需求问题日益凸显。2016年，农信互联推出面向农业的网络货运平台——农信货联。通过交通运输部下发的无车承运人资质整合第三方货车，借助养殖市场和国家生猪市场，农信互联精确匹配了生猪产业物流中人、货、车三方的需求，同时建立起运输日志和车主信用体系，加强货主与车主的信用度，帮助增加货车车主收入，提高生猪产业的物流效率，降低货主物流成本。此外，为降低因生猪运输过程中生猪死亡带来的风险，农信互联又适时推出了生猪运输保险产品。农信货联专门为服务农业物流而设计，集找货、找车、结算、保险等服务于一体，通过农信大数据，能够精确匹配人、货、车三方需求，提高整体货运效率，降低运输成本，见图15-15和图15-16。目前，农信货联整合了农信商城、生猪交易市场、各地生猪运输信息部的货源信息和数千家专业货车车主资源，帮助货主和车主无缝对接，极大方便了饲料、疫苗、兽药、猪场设备等生产资料和活猪的物流运输，有效解决了整个生猪产业物流中车与货匹配度低、空驶率高的问题。

当前，农信货联已开始尝试利用卫星定位、温度传感、视频监控等技术，实现对运输路线和运输环境的实时监控，将活猪运输行业中存在的猪死亡风险降到最低，保障货运安全；通过生成电子协议、缴纳运输保证金等方式，有效约束双方交易行为，实现交易规范化、标准化；建立服务质量评价机制，对货主、车主进行等级排名，帮助优秀货主、车主实现更大收益，提升生猪产业物流行业的整体服务质量。

图15-15 农信货联服务模式

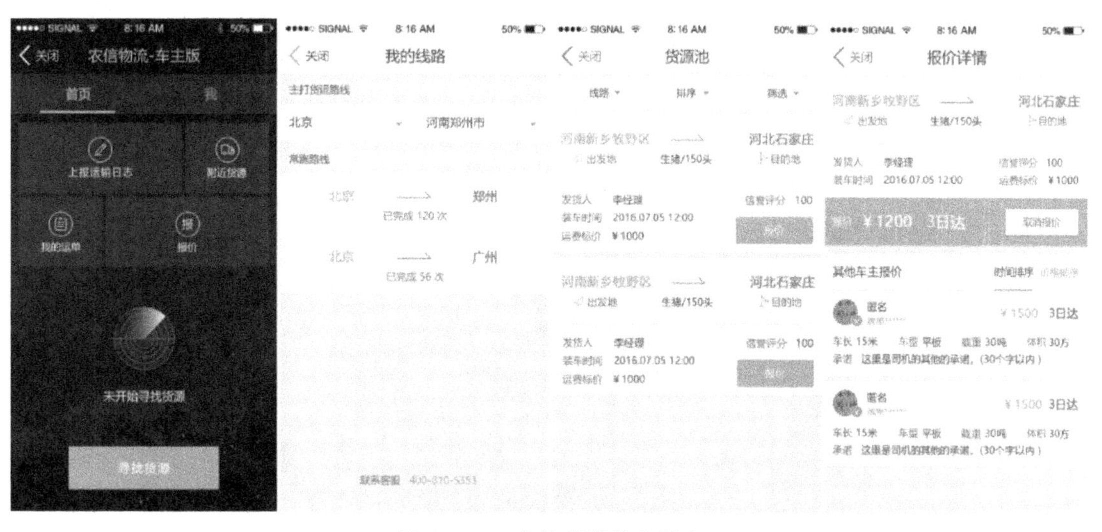

图15-16 农信货联线上平台

（四）运营中心

在农牧产业里，一家公司只有线上服务是远远不够的，需要线上线下业务的结合。农信互联成立的运营中心，标志着农信互联将业务延伸到了线下。运营中心从各养殖大县遴选最具实力和发展前景的农牧经销商合作伙伴，依托农信生态圈体系，借助互联网平台、品牌资源、金融工具，提升合作方的综合服务能力，扩大其业务辐射半径，围绕农户提供从管理到产品的全品类服务，打造当地最具影响力的行业服务商。这些传统经销商转型升级为运营中心后，形成以农信平台为基础的中间市场联营的新中间化体系，用互联网手段托管农牧企业的线下服务渠道。

为进一步触达客户群体，做深做透村镇级市场，解决最后一公里服务到场的问题，提高公司的管理效率，增加公司生态产品在县域市场的占有率，2018 年，农信互联又在一些偏远小镇设立了农信小站。这些小站由运营中心或承建的村镇级运营中心推荐成立，通常建立在养户聚集的养殖小镇，距离运营中心较远且服务辐射不到的区域。农信小站日常经营归运营中心协同，与运营中心一起提高规模效应。

农信互联的运营中心可以理解为当地养猪的超级 4S 店，进仔猪、买饲料、看猪病、卖肥猪、找贷款等与养猪相关的所有需求都可以通过运营中心解决。运营中心就像小区的物业一样，决定特定县域的养猪户用谁的服务。运营中心的业务包括：线上经销、代卖生猪和农产品、代买农资、担保融资、信息化服务（协助用户使用猪联网等）、物流、培训、商圈业务（沙龙、联谊会）等。目前，农信互联的县级运营中心已经覆盖到主要的生猪养殖和调出大县。

四、猪服务：用数据服务养猪

猪服务借助猪联网 4.0 的养猪大脑，用数据服务养猪。猪联网 4.0 与农信商城连接，为猪场提供投入品购买服务，并由猪场所在地的运营中心、农信小站统一提供服务。基于农业大数据，猪服务与众多银行、保险、基金、担保公司、第三方支付等金融机构合作，解决了大批生猪产业链生产经营主体的资金需求。另外，根据猪场管理、交易、猪病及猪价大数据，猪服务依托猪小智监管平台与猪管理智能预警系统，实现集团总部、管理服务部或远程服务中心在线托管远方猪场；通过猪联网认证兽医师、营养师及猪场管理专家，为用户提供从线上到线下的全方位增值服务；还能为猪场提供生物安全漏洞预警、饲料价格预警、外部疾病风险预警、生猪价格预警，并提供相应的解决方案供猪场酌情选择，见图 15-17。通过这一系列操作，猪服务用数据帮助猪场抵御外界风险，增加收益。

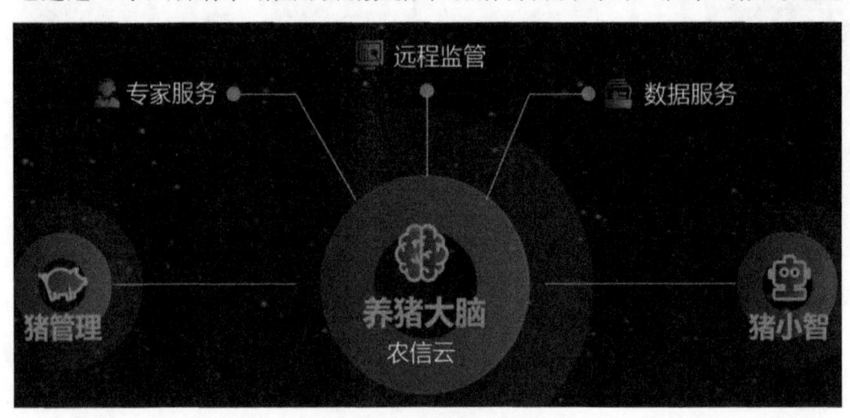

图 15-17　猪服务平台

（一）猪病通

为减轻疫病对生猪养殖的危害，提升从业者养殖水平，农信互联研发了猪病通平台，面向全国养殖户、业务人员、经销商、兽医及技术员等行业人员提供猪病远程诊断服务和交流学习机会。目前，猪病通平台主要包括猪病远程自动诊断、兽医在线问答、猪病预警、智农通课堂及猪病检测平台五大系统，见图 15-18。

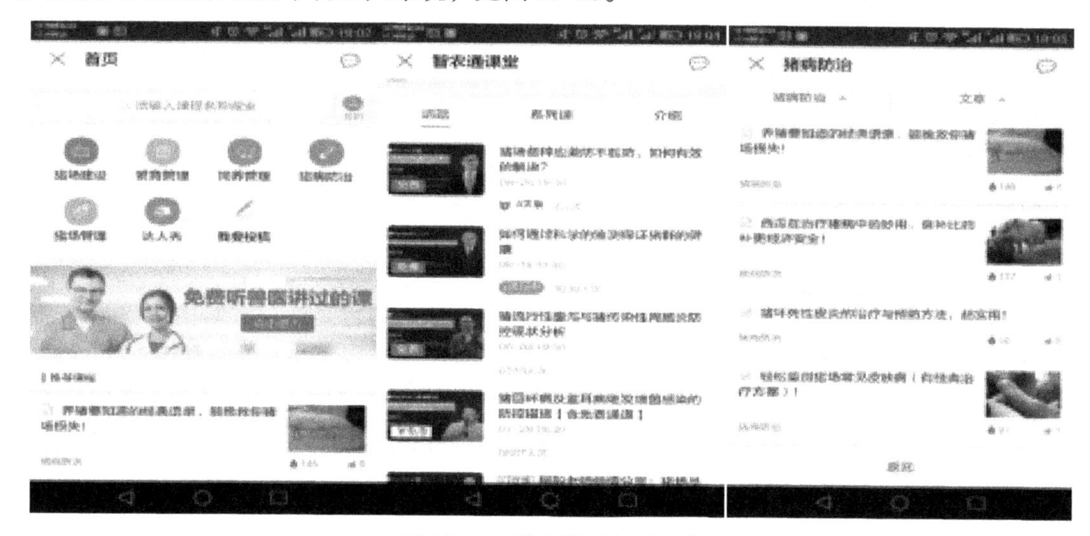

图 15-18　猪病通手机端平台

（1）猪病远程自动诊断系统　利用大数据分析和建模技术，建立全国数据量最大的猪病病症库及猪病图谱库，为用户提供 7×24 小时的猪病自动诊断服务，见图 15-19。

图 15-19　猪病远程自动诊断示例

（2）兽医在线问答系统　聚集全国执业兽医，通过 PC 端和移动端为用户提供猪病问答服务。每一位兽医在系统中拥有个人主页，可以发布课程和文章、回答问题、关注用户等，经营自己的粉丝圈和提升知名度；用户可以自由提问，也可以直接向某位专家提问，必要时直接预约专家上门服务。

（3）猪病预警系统　根据猪病通的猪病访问数据、用户行为数据，以及猪联网采集生猪养殖过程中饲喂、生长、用药、免疫、环境和视频等数据，建立全国生猪疫情预警系统。同时，系统根据数据分析、预测疾病的流行趋势、发病规律，预测疾病流行的潜在因素，并及时给出相应的防控措施。

（4）智农通课堂　通过期刊、文库、视频、音频等多种形式，提供猪场建设、繁殖管理、饲养管理、猪病防治等多方面专业知识，为猪场经营者提供自我充电平台，帮助其提高经营、管理、养殖技术水平。

（5）猪病检测平台　为养猪朋友和检测机构牵线搭桥，解决猪病监测困难的问题，同时也为检测机构提供强大的展示平台。平台整合国内优秀的畜禽疾病检测站、免疫实验室等资源，为养猪场提供全方位的监测、诊断、治疗等服务，并提供及时、准确、权威的检测报告，为猪场提供合理化防控方案。

（二）行情宝

农信互联自主开发了互联网行情发布产品——行情宝，它是一款针对生猪价格的波动性、区域性、阶段性等特征，为养殖户及猪产业链相关主体提供生猪及大宗原材料价格跟踪和行情分析的应用，见图 15-20。当前，行情宝的价格数据主要来自猪联网猪场出栏价和生猪交易市场生猪成交价，生猪价格的真实性和准确度极高。用户可以随时随地地了解全国各个地区生猪价格、猪粮比、大宗原材料价格、行情资讯及每日猪评等信息，合理安排采购、生产和销售计划，极大地减少了生产与交易的盲目性。

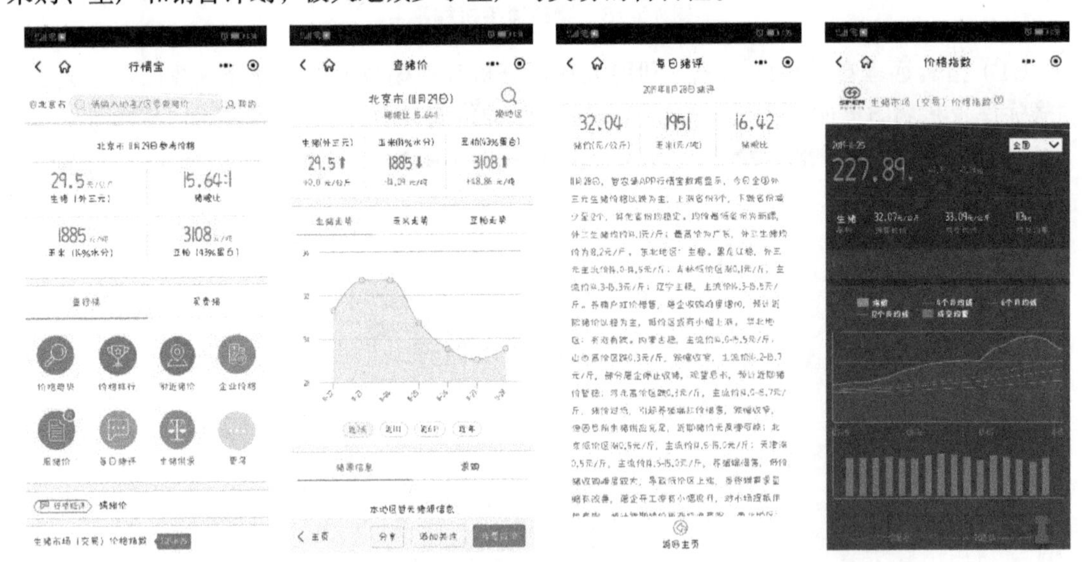

图 15-20　行情宝线上平台

（三）养猪大脑

养猪大脑依托农信云计算数据中心，运用猪联网大数据进行决策分析，为养殖户提供实时、精准的生产过程指导、操作预警提醒，可实现远程化管猪，让养猪全程可预警和提醒，降低过程管理成本，提高生产率。同时，养猪大脑连接生产端和服务端，通过在线专家远程指导各项生产或管理活动，提供远程防疫、猪病诊断及治疗服务；通过各种传感设备及 AI 技术，猪联网大数据中心根据各类算法模型自动预警并报告各类关键事件，提醒实时排除险情，提供可视化无人值守；运用数据，定期或不定期生成各种专项报告，如猪场体检报告，成本报告，行情报告等，见图 15-21 和图 15-22。

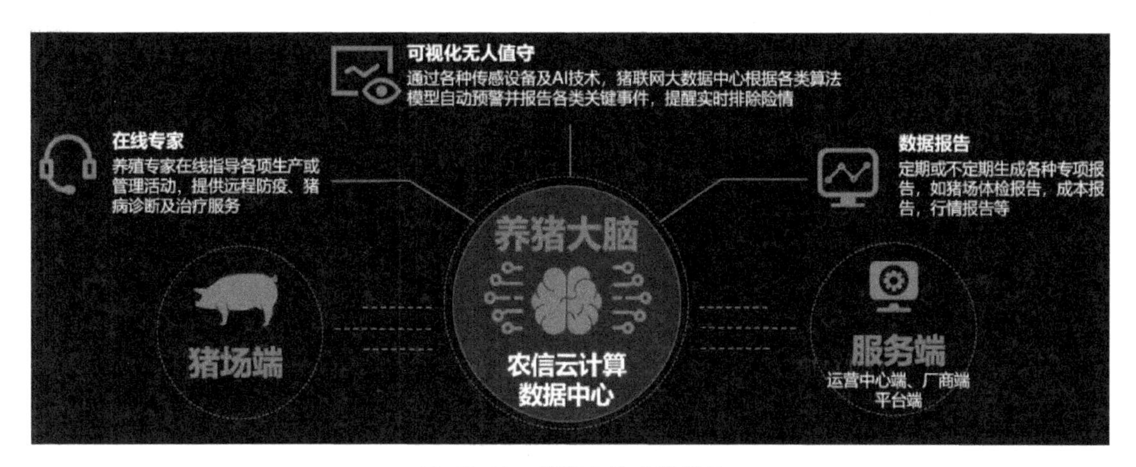

图 15-21　养猪大脑功能模块

图 15-22　养猪大脑服务中心示例

五、猪金融：生猪产业链金融服务平台

猪金融旨在为使用者提供既不同于商业银行也不同于传统资本市场的第三种农村金融服务，建立行业内第一个可持续的农村普惠金融服务体系。数据竞争力是农信互联的核心竞争力，也是金融业务开展的核心。农信互联的金融业务以农信金服为主要载体，利用农信平台积累的用户生产经营与交易大数据，依托自主开发的农信资信模型，形成一个面向农户的行业内普惠制、可持续的农业金融服务新体系。相对于传统金融机构单一的金融产品，农信金服为用户提供从交易到贷款再到保险的一体化金融解决方案，以猪为起点，农信金服积极打造农业全产业链的金融服务，作为农业和金融的连接器，用科技的力量帮助金融服务融入农业领域。猪金融具体包括：面向农户、涉农企业的征信业务“农信度”、理财业务“农富宝”、供应链金融贷款业务“农信贷”、农业互联网保险经纪业务“农信险”、融资租赁服务“农信租”、保理业务“农信保”，以及对外输出数据分析、风控的金融科技服务等，见图 15-23。农信金服在生猪产业进行了成功的探索之后，积极拓展蛋联网、田联

网、渔联网等其他农业产业的金融服务，走出了一条涵盖农业产业供应链的上下游所有环节的农业金融发展之路。

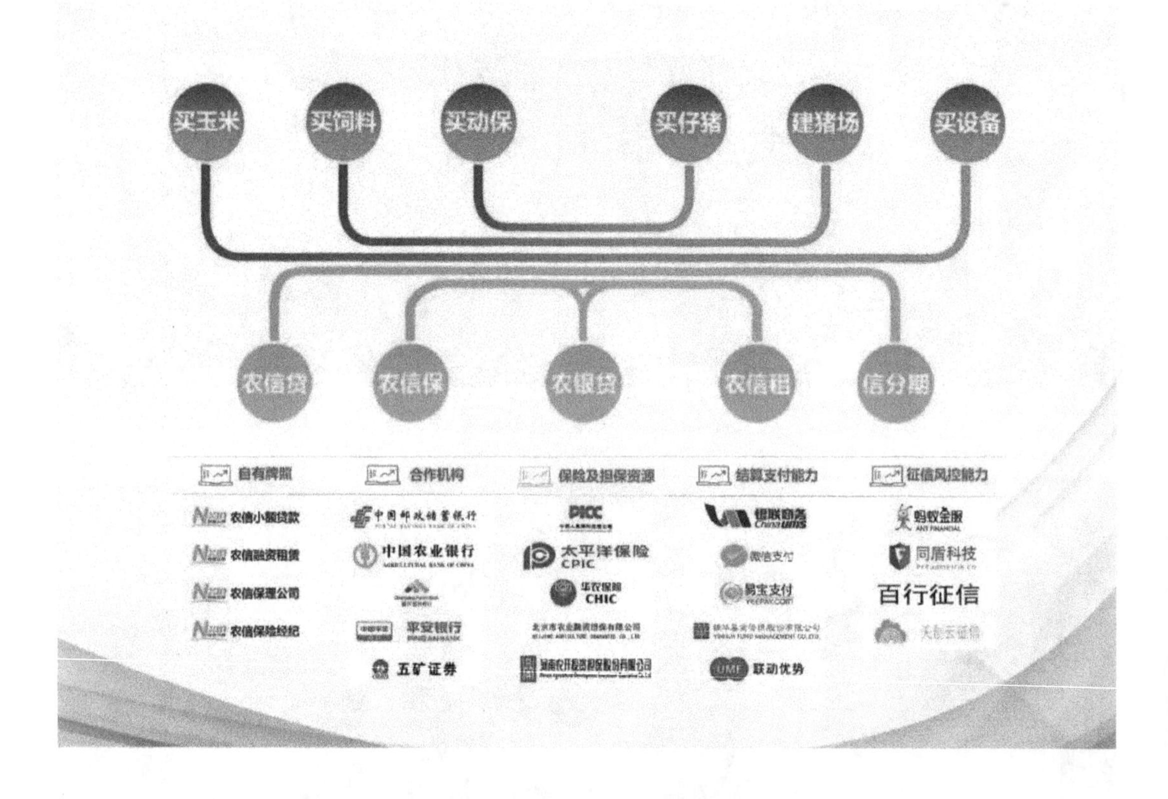

图 15-23　猪金融产品功能

第三节　企联网："互联网 + 智慧管理"平台

企联网是将企业相关的资源连接起来的网，是农信互联开发的一款数字经济时代企业"互联网 + 智慧管理"整体解决方案。企联网基于云端的一款 ERP 系统，可用于有效解决企业内部的管理信息化问题。但与传统 ERP 不同的是，企联网在保证充分解决企业内部管理信息化问题的同时，以管理、生产、交易、金融为四个支柱，利用互联网、云技术、物联网及现代企业管理理念，为企业提供数字化企业管理、产业电商市场及生态金融的一站式平台服务，有机地构建了一个连接企业上下游的行业级生态运营平台，使企业管理更加轻量化、智能化及平台化，见图 15-24。

凭借对农牧企业的深刻理解，企联网的产品设计致力于满足农业企业每一个微小需求。农信互联希望通过企联网产品的推出，连接万家农业企业，打通行业上下游，共享资源，让企业获得更多市场机会，降低战略成本，增加收入来源。

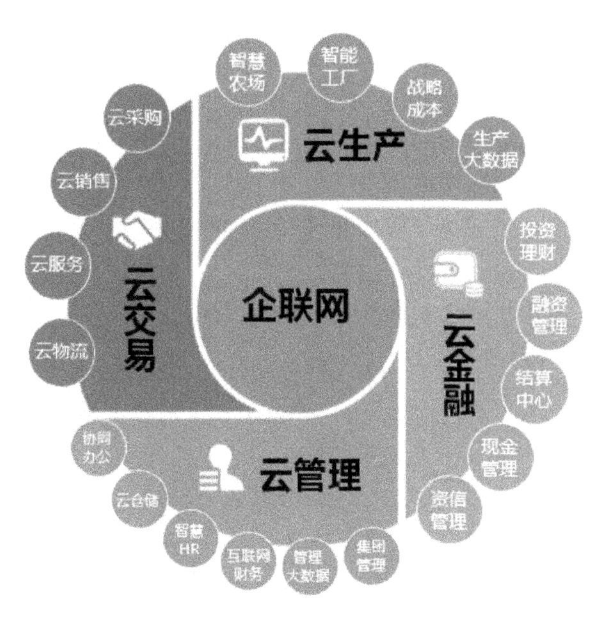

图 15-24　企联网功能模块

一、饲联网：饲料企业的云 ERP 系统

饲联网是服务于养殖产业上游的饲料企业的云管理平台，通过互联网、物联网技术，将电表、监控、地磅、生产设备和打包机等与饲联网无缝连接，实现从订单生成、生产计划、配方制作、中控配料、自动领料、投放料管理、成品打包和品质检测到存货出入库的智能化操作。饲联网集成企业管理全流程，打通各业务系统的信息孤岛，实现数据流通全闭环，发挥数据整合价值，实现数据化管理，智能化决策，见图 15-25。

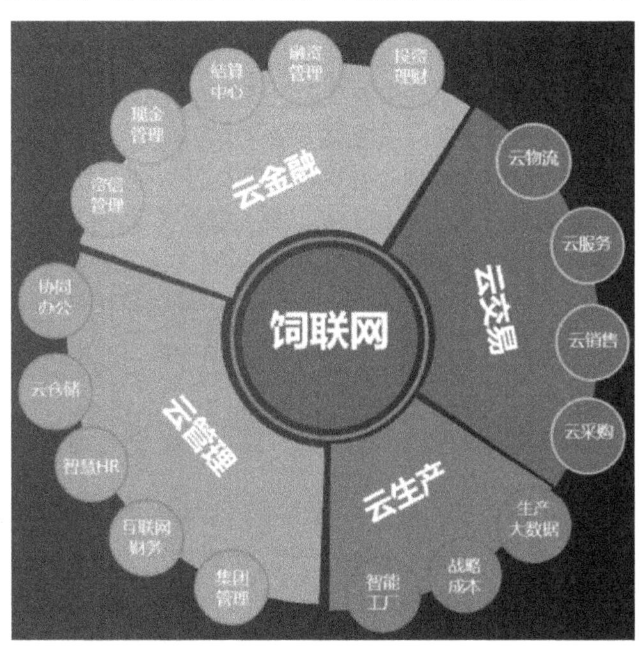

图 15-25　饲联网功能模块

二、食联网：可追溯的食品企业运营平台

食联网是面向屠宰及食品企业，提供可追溯的食品企业运营管理平台，通过聚集行业丰富资源，积累先进管理理念，利用互联网、物联网、云技术，整合农信管理、生产、交易、金融、物流、数据、内容等服务能力，见图 15-26。食联网为屠宰场、肉食品厂、批发商、肉食店提供一体化的综合解决方案，帮企业提高管理效率，实现食品安全可追溯，增强市场竞争力。

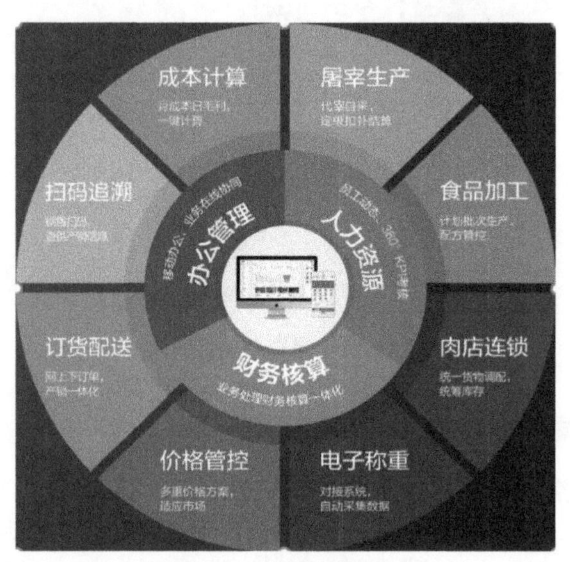

图 15-26 食联网模块

三、企店：店铺运营管理平台

企店是专为县乡农牧经销商店铺打造的店铺运营管理平台。用户可在线查看每日销售额、每月销售额、每月销售毛利和累计客户欠款，无须财务每日核算，实时掌握经营数据；通过商品分类和商品管理维护商品信息，在客户管理和供应商管理功能下查看列表、编辑、新增客户和供应商信息；通过库存查询查看库存列表，可以依照数量排序和依照仓库筛选；数据分析功能提供门店的销售分析、采购分析、资金分析和利润分析，用数据衡量店铺运营效果，调整运营策略，降低坏账风险；掌上订货系统支持各场景客户远程订货并查看订单。将客户引入企店系统，该客户即可实现一键订货，采销单据自动生成，快速提高交易效率。

第四节 X 联网：智慧农业产业互联网平台

在深化猪联网的产品与服务的基础上，农信互联积极向农业产业的横向拓展，输出在猪联网项目上积累的 IT、数据、运营、品牌及网络协同等全方位能力，寻找有创业精神的行业精英团队与合作伙伴，对接政府资源，积极投资、培育、孵化更多的 X 联网项目，打造农业数字化平台，见图 15-27。截至 2019 年，X 联网已陆续孵化出渔联网、蛋联网、柑

橘联网、驴联网、狐联网、大蒜联网、玉米联网及马铃薯联网等。

图 15-27　X 联网的产业互联网平台

第五节　农业产业数字化服务生根发芽

2018 年，农信互联携手多方发力，升级猪联网 4.0，成功实现猪小智智能猪场从 0 到 1 的跨越；成立 X 联网事业部，对外拓展并合作输出农业产业互联网平台。农信互联高度重视政企合作，充分发挥自身在互联网、大数据、云计算、物联网、人工智能及区块链等方面的技术优势，与各地政府坦诚合作，加快当地农业转型升级，快速迈向产出高效、产品安全、资源节约、环境友好的现代化农业。

猪联网用互联网连接各家猪场，提供猪场数据化管理系统，通过智能化、大数据、专家系统在线指导猪场生产，最大限度降低母猪非生产天数，降低死亡率，提高 PSY（每头母猪每年能提供的断奶仔猪数量），节省物料损耗，降低单头生猪的经营成本。猪联网上线以来，合作猪场的经营效率大幅提高，平均 PSY 从 20 头提高到 23 头。

由农业农村部授牌、重庆市荣昌区政府和农信互联共同投资组建并运营的国家级重庆（荣昌）生猪交易市场，通过直采与区域市场模式将生猪交易标准化、制度化、简单化、透明化、在线化，有效解决猪交易链条过长、品质无法保证、质量不可追溯、交易成本居高不下、交易体验差等问题。农信互联通过经营健康猪、品牌猪到 ID 猪，探索从平台模式过渡到自营模式的新路线，两者有机结合，平台模式主要经营流量，自营模式关注平台的盈利。

截至 2019 年 11 月，猪联网平台已聚集了超过 1.6 万个中等规模以上的专业化养猪场，258 万专业养猪人，覆盖生猪超过 5900 万头，是国内服务养猪户较多、覆盖猪头数规模较大的“互联网 +”养猪服务平台。国家生猪市场覆盖全国 28 个省份、交易金额超 1500 亿元，是目前国内较大的活体生猪交易平台。农信商城累计投入品交易额高达 831 亿元。农信金融平台为农业产业链上下游用户累计发放贷款超 230 亿元；帮助农户管理闲置资金 526 亿元，为产业用户实现理财收益超 1.16 亿元；农业生产经营主体保险投保金额达 6679 万元；为用户提供的融资租赁金额超过 2 亿元；农信保理业务金额达 14 亿元。

一、大数据应用

随着信息科技的不断发展，大数据已成为国家基础性战略资源，在推动我国经济转型发展方面作用明显。农业是大数据的重要应用领域之一，在信息化和农业现代化深入推进背景下，农信互联积极发挥自身优势，与各级政府积极合作，共同挖掘农业大数据的应用价值。

当前，农信互联主要从两方面同各级政府合作共建农业大数据。一方面是农产品单品种大数据建设：结合优势特色产业，围绕关系国计民生、波动幅度大、市场体量大的农产品类别建设大数据应用平台，如生猪、柑橘、鸡蛋、马铃薯及大蒜等单品种大数据建设。另一方面是地方农业综合大数据建设：立足当地，建设涵盖生态环境、种养殖管理、农资流通、农产品价格与农产品流通、土地流转、农产品质量追溯和农业经营者征信等在内的综合型大数据。结合各地政府的不同需求，有选择地、有重点地建设农业综合数据平台，充分挖掘农业大数据在创新农业生产方式、实现农业转型升级等方面的推动作用。

二、精准扶贫

为助力国家精准扶贫、产业扶贫，农信互联也利用自身平台优势，积极探索产业精准扶贫模式。为贵州省贫困地区增强“造血”功能，建立健全稳定脱贫长效机制，农信互联与贵州省畜牧业龙头企业合作，借助猪联网平台，共同打造了“公司 + 农户”扶贫新模式，见图 15-28。同时，农信互联立足各地实际情况，探索多样化扶贫模式，帮助贫困地区和贫困农户脱贫致富。

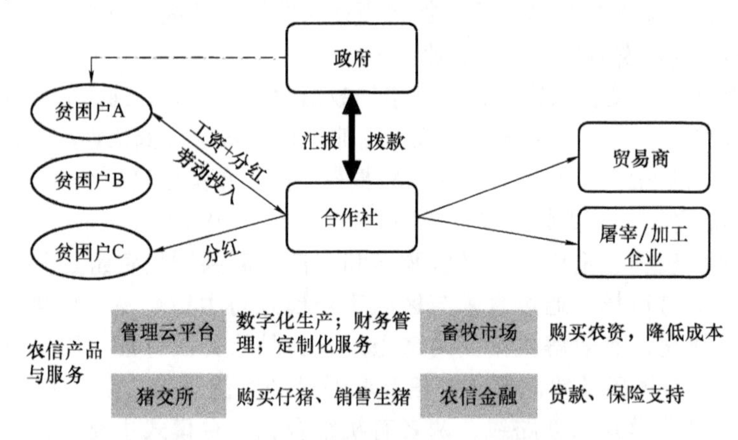

图 15-28　农信互联 + 养殖合作社的扶贫模式

以生猪养殖为例，农信互联可以与当地合作社合作，促进当地农户长期增收。政府向合作社发放扶贫款项后，合作社将扶贫款项用于猪场的建设与运营，而农信互联则基于猪联网平台帮助合作社提升猪场管理水平和经营绩效，并协助向当地政府进行财务汇报、业绩汇报等。具体运作模式如下：

1）合作社使用猪管理系统科学养猪，基于数字化信息高效管理猪场、科学决策；同时，农户借助猪病通、养猪课堂等平台解决猪疫病困扰，学习养殖技巧，养殖水准将明显提升。

2）农信互联可按照合作社需求提供专项服务，包括猪场管理分析、员工培训等，进一步提升猪场管理水平。

3）合作社使用猪管理系统进行财务管理，准确记录资金使用状况，避免资金挪用，并定时向政府汇报扶贫款项使用情况。

4）合作社在养殖市场购买饲料、兽药等农资，在猪交所购买种猪、仔猪等，减少交易环节实现降本增效。

5）合作社利用生猪交易市场销售生猪，扩大销路的同时提高销售价格。

6）农信集团为合作社提供金融服务，包括贷款服务、生猪养殖和生猪运输保险服务等，政府可以提供贷款及保险的贴息，进一步帮助合作社壮大规模，降低经营风险。

对于当地贫困户而言，他们可以根据合作社盈利状况获得分红。同时，具有劳动能力的贫困户可以在合作社工作，在获得分红的同时挣取工资。

三、社会影响

近年来农信互联频繁受到外界好评，有多位国家及省部级领导多次莅临农信互联指导工作，仅中央广播电视总台的报道就达 100 多次。

截至 2019 年，农信互联获得了中关村大数据产业联盟 2018 年度领军企业奖、中国畜牧饲料行业最具有投资价值企业、中国畜牧行业优秀创新模式、北京创新型农业电商、2017 世界物联网博览会新技术新产品成果金奖、2017 中国大数据应用优秀案例奖、2018 北京软件高成长企业 TOP20、2019 年移动互联创新先锋奖、2019 年中国互联网成长型企业 20 强等荣誉称号，并入围了“砥砺奋进的五年”大型成就展、《金砖国家数字经济发展研究报告与案例分享》和《2018 年中国独角兽企业研究报告》。同时，农信互联积极参与组织行业活动并承担领导职务，如中国互联网协会农村信息服务工作委员会副主任委员、北京农业互联网协会会长等。

第十六章 16

朗坤物联网：数字农业助推乡村全面振兴

乡村振兴战略是党的十九大提出的一项重大战略，是关系全面建设社会主义现代化国家的全局性、历史性任务，是新时代“三农”工作总抓手。在推动乡村振兴的进程中，建设数字乡村既是乡村振兴的战略方向，也是建设数字中国的重要内容。数字经济能为经济社会发展提供强大动力，也能为我国乡村振兴战略的顺利实施注入新的动能。当前，农业信息化正带动和提升农业农村现代化发展，促进农业全面升级、农村全面进步、农民全面发展。朗坤物联网积极响应国家的号召，基于移动互联网、物联网、大数据、云计算等技术手段，探索乡村振兴的新模式、新道路，积极发挥信息化在推进乡村治理体系和治理能力现代化中的基础支撑作用，繁荣发展乡村网络文化，构建乡村数字治理新体系，实现小镇农村生活与管理现代化、科技化、智慧化的目标，从而提高当地农民的生活水平，提升基层政府利用现代科技技术管理乡村能力。

第一节 朗坤物联网介绍

一、总体概况

朗坤物联网成立于2011年，是专注于“智慧三农”领域建设与服务的国家高新技术企业，同时也是农业农村部“农业物联网技术集成与应用重点实验室”的依托单位，旨在将物联网、人工智能、大数据技术与农业农村生产经营相结合，为农业生产者提供生产前基础设施建设、生产中技术服务、生产后销售推广的全产业链智慧农业整体解决方案，为农村管理者提供农村数字经济建设、智慧绿色乡村建设、乡村综合治理建设、信息惠民建设等数字乡村建设服务。朗坤物联网在智慧农业建设、数字乡村建设、智能农业装备制造、智慧农业大数据平台建设运营等方面积累了丰富的经验，为积极响应国家乡村振兴的号召，率先开展了物联网农业特色小镇、智慧型田园综合体、智慧型农业园区、智慧型农文旅等项目的规划、投资、建设和运营。朗坤物联网通过引入物联网技术和现代化装备，构建现代农业产业体系，初步解决了“怎么种好地”的问题；通过搭建农产品电子商务平台、进行农产品品牌策划等方式，解决了“怎么卖好农产品”的问题；通过将农业科技、农产品经营、新农村建设有机融合起来，吸引有知识、有技术的大学生、农民工、企业或团体为代表的“新农人”回乡创业，解决了“谁来种地”的问题；独创“1+2+N”模式，结合“五务化”服务，打造物联网农业小镇，系统解决了三产融合、三农协调发展和三生相宜的问题，助力乡村振兴。

多年来，朗坤物联网秉承对社会高度负责的态度，坚持“开放 、共享”的核心思路，运用“互联网 +”思维，积极打造“智慧 + 健康 + 生活”的生态系统，让参与其中的企业和个人共享成果，创造美好健康的生活。

二、发展历程

朗坤物联网通过十多年的积极探索，不断加大研发投入，在国内建设农业智能设备工厂，将以色列先进农业技术国产化。此外朗坤物联网还引进了德国、荷兰、法国、美国等多个国家的农业技术和发展理念，在“智慧三农”领域取得了累累硕果。朗坤打造的“石山互联网农业小镇”模式，运用物联网技术与“互联网+”的思维，推动一二三产业深度融合，推出了有效解决“三农”问题的创新办法，实现“三农”从量变到质变的突破，为农业增收、农民致富、农村发展注入新动力，助推中国农业现代化发展，助力乡村振兴战略。

朗坤物联网于2011年正式进军农业物联网领域，着力打造朗坤溯源，让食品更安全；2013年，获批农业农村部“农业物联网技术集成与应用重点实验室”；2016年，全力打造石山互联网农业小镇，并入选全国第二批特色小镇。2019年，朗坤物联网的物联网数字农业小镇作为数字乡村优秀项目成功入选农业农村部2019数字农业农村新技术新产品新模式优秀项目。目前朗坤物联网在安徽、江西、江苏、新疆等多个省陆续建设和运营具有当地特色的智慧农业小镇和智慧型田园综合体项目。从传统农业到数字农业，朗坤物联网走上了更加快速的发展之路。

三、荣誉称号

朗坤物联网的大田作物农情监测物联网系统集成关键技术与应用服务平台获得安徽省科学技术奖三等奖，水肥一体化灌溉技术在全球智慧农业峰会上获得一等奖。朗坤物联网的物联网数字农业小镇成功入选农业农村部2019数字农业农村新技术新产品新模式优秀项目。

朗坤物联网已获得发明专利74项，其中实审69项、主导国家标准2项、地方标准2项，注册商标121项，软件著作权81项，实用新型专利15项及获得各类资质证书50余项。朗坤物联网通过近十年的经营，市场已覆盖全国19个省市自治区，已建设200余个农业项目，得到了各级领导的肯定与赞扬。

四、产品体系

朗坤物联网是数字农业全产业链技术解决方案提供商，以物联网农业小镇为切入点，以智慧农业为抓手，以农业农村大数据为核心，以“1+2+N”模式为基础，构建面向土壤、农业气象、种子、植物生理、植物保护、粮油食品等农业领域、精准农业仪器装备及农业全程信息化体系建设，辅以新农人培训和美好乡村建设，促进三农和谐发展，助力乡村振兴战略。朗坤物联网的业务涵盖智慧农田、数字乡村、智能制造及大数据平台，基于“互联网+现代农业”思维，运用物联网、大数据、云计算、人工智能等先进技术，采取“以镇代村，村镇融合”的发展方式，构建产城一体、农旅双链、区域融合发展模式，实现“三农”“三产”“三生”协调发展。

第二节 智慧农田

一、业务介绍

在 GB/T 30600—2014《高标准农田建设通则》的基础上，朗坤物联网创新发展模式，提出高标准农田的提升版及超高级版。提升版是在高标准农田建设的过程中，植入作物本体感知传感器和农业算法技术，采用云服务模式，向用户提供作物生长的环境数据，实时监测作物的生长和生理状态，通过把物联网、云计算、数据分析和预测能力运用到农业企业，实现科学生产、精准管理、降本降耗，增产增效；高标准农田超高级版即智慧农业，是将物联网技术运用到传统农业中去，运用传感器和软件，通过平台对农业生产进行控制，使传统农业更加“智慧”。

朗坤物联网依托物联网、互联网及大数据等核心关键技术，建设新型数字农业工程，形成数字农业的大脑神经中枢，对农业发展进行全方位的数据把控，可以实时、直观掌握农业生产分布、农业生产过程、病虫害监测、管理经验、土壤墒情及质量追溯等各个方面的情况，为农业部门掌握实况、科学决策、工作调度提供直观依据。

二、业务板块

（一）超高标准农田建设项目

朗坤物联网运用物联网、遥感、智能灌溉等技术对传统高标准农田项目开展提升工程。项目核心是通过前端各类传感器，实时收集作物生长和周边环境参数（如光照、空气温湿度、土壤温湿度、土壤水分等），运用物联网、云计算及大数据等技术，将智能计算的分析结果及操作建议以警报的方式发送给用户，通过驱动灌溉控制器对作物进行远程精准灌溉，实现科学合理的农业灌溉管理，从而达到节水、节肥、省人工的目标。

（二）农田水利最后一公里项目

随着近年来重大水利工程建设，现在大江大河防汛总体有保障，但中小河流尤其是小流域分洪排涝能力尚显不足。目前，全国有一定比例的大型灌区骨干工程、小型农田水利工程设施不足，大型灌排泵站设备完好率有待提升，农田灌溉最后一公里问题比较突出。

朗坤物联网项目建设主要任务是以小型农田灌排区为单元，开展灌溉、防洪、除涝、水环境与水生态保护综合治理，重点对支渠到田间的灌溉系统和田间到大沟的排水系统及相应配套设施进行治理，并建设高效节水管道灌溉，主要包括灌溉渠、闸、桥、涵、塘坝、泵站、机井、节水灌溉设施等。

（三）农田土壤改良工程

高标准农田建设是实施国家战略国策的一项重要内容，是保证粮食安全的基础，在搞好农田基本建设的同时，必须实施培肥地力、改善土壤环境、减少土壤板结、提高耕地质量等一系列重要措施，实现 2020 年化肥农药零增长。朗坤物联网通过增加土壤有益菌、补充微量元素等技术方案对农田进行土壤改良。

第三节 数字乡村

一、业务介绍

数字乡村是以物联网技术为依托，结合经济、政治、文化、社会、生态文明等发展与建设现状，发挥信息技术创新的扩散效应、信息和知识的溢出效应、数字技术释放的普惠效应，推进农业农村现代化发展，同时发挥信息化在推进乡村治理体系和治理能力现代化中的基础支撑作用，繁荣发展乡村网络文化，构建乡村治理新体系，实现农村生活与管理现代化、科技化、智慧化的目标，提高农民的生活水平和品质，提升基层政府利用现代科技技术管理乡村能力。朗坤物联网以物联网农业小镇为切入点，以智慧农业为抓手，以农业农村大数据为核心，以“1+2+N”模式为基础，构建面向土壤、农业气象、种子、植物生理、植物保护、粮油食品等农业领域、精准农业仪器装备及农业全程信息化体系建设，带动乡村特色产业发展，提高居民生活水平。

二、业务板块

（一）农村数字经济建设

朗坤物联网通过“一张图”“互联网＋农业”“互联网＋旅游”，积极探索互联网与特色农业产业和乡村产业的深度融合，推动人工智能、大数据赋能农村实体店，促进线上线下渠道相互融合，形成规范有序的乡村共享数据经济。

（二）智慧绿色乡村建设

朗坤物联网利用农业物联网、智慧水肥一体化技术，推动化肥农药减量使用，实现农业绿色生产方式；建立镇域生态系统监测平台、提高乡村生态保护信息化水平；建设农村人居环境综合监测平台，实现对农村污染物、污染源全时全程监测，实现乡村绿色生活方式。

（三）乡村网络文化建设

朗坤物联网通过“互联网＋乡村文明”，建立镇域数字文化历史资源库、数字村史馆、数字家风家训馆，利用互联网技术实现农业文化网络展览，完成乡村网络文化建设。

（四）乡村综合治理建设

朗坤物联网通过“互联网＋党建”，建设农村基层党建信息平台；通过“互联网＋基层政务服务”，实现“最多跑一次”“不见面审批”，推动政务服务网上办、马上办、少跑快办，提高群众办事便捷程度；通过“互联网＋监管”，实现乡村整理网格化监管。

（五）信息惠民服务建设

朗坤物联网通过乡村教育信息化、乡村社会保障、社会救助系统的建设，完善面向孤寡和留守老人、留守儿童、困境儿童、残障人士等特殊人群的信息服务体系建设。

第四节 智能制造

一、业务介绍

随着农业现代化进程的不断发展，高质量、多功能、低能耗和低成本的智能环保设计已成为农业机械发展的必然趋势，数据和人工智能的应用给传统农业带来了数字化升级。众所周知，数据资源在信息时代的重要性不言而喻。在农业领域，大数据通过整合农业的区域性、季节性和周期性特征，建立强有力的数据库，再借助人工智能的分析能力，为农业的精细化发展提供了可行的解决方案，对农业种植、农产品管理和销售具有重要价值。朗坤物联网的智能制造产业无疑打通了现代农业与智能制造融合的大动脉。

二、产品介绍

（一）新型二氧化碳设备

植物体的干物质中，有机物占 90%左右，而碳元素又约占有机物的 40%，是植物体内含量较多的一种元素。二氧化碳作为植物生长的主要物质原料，是影响植物生长、发育和功能的关键因子之一，它既是光合作用的底物，也是初级代谢过程、光合同化物分配和生长的调节者，参与植物体内的一系列生化反应，对植物生长有直接影响。二氧化碳浓度升高不仅能显著提高植物的光合作用效率，同时还能通过扩大光源利用范围来促进植物的光合作用。朗坤物联网的新型二氧化碳设备利用高新材料的吸附作用，从空气中剥离出二氧化碳，再将二氧化碳提供给作物，促进其光合作用。

（二）新型氧气分离设备

朗坤物联网的新型氧气分离设备产氧迅速，氧浓度高，耗电量低，可广泛应用于水产养殖、水培蔬菜种植等需要水体增氧的情况。

（三）智能精密播种机

播种作业是农业生产的关键环节，从最早的人工播种到现在大型精密播种机的兴起，播种作业效率和质量越来越受到人们的关注，起初人们用眼睛去判断播种机的作业质量，但随着播种机械的大型化，单纯用人工去监视播种作业质量已不能满足要求。伴随着精密播种的发展，精密播种机监控系统也随之发展起来。朗坤物联网的播种机监控系统通过传感器对播种机工作状况进行监视，出现故障能以不同方式发出声光报警，告诉操作者故障位置和种类，最大限度地减少作业损失。

（四）基于人工智能水肥灌溉设备

朗坤物联网的水肥灌溉设备引进以色列水肥灌溉技术，结合人工智能算法（作物生长模型），通过前端各类传感器，实时收集作物生长和周边环境参数（如光照、空气温湿度、土壤温湿度、土壤水分等），运用物联网、云计算及大数据等技术，将智能计算的分析结果及操作建议以警报的方式发送给用户，通过驱动灌溉控制器对作物进行远程精准灌溉，实现科学合理的农业灌溉管理，逐渐发展具备自有知识产权的水肥灌溉系统。

（五）作物本体感知传感器

在大数据的推动下，农业监测预警工作的思维方式和工作方式发生了根本性的变化，我国农产品监测预警信息处理和分析向着系统化、集成化、智能化方向发展。朗坤物联网通过传感器、作物本体检测手段，获取了植物生长动态过程中大量数据，对数据进行分析整理后可以有效指导农业作业，进行合理规划，得出最合适的水肥投入量，从而提高生产率。朗坤物联网的作物本体感知传感器能够监测植物茎秆粗细的变化、叶面温度、茎流速率、果实增重与膨大速率等参数，能直观反应植物的生长状态。

第五节　大数据平台

一、平台介绍

朗坤物联网的大数据平台基于核心算法，运用遥感技术、物联网等技术获取农业生产数据、资源数据、营销数据、基地数据，再通过大数据处理分析，为农场提供生产、经营、营销等管理服务，并为政府部门、渠道采购商、农技服务商、金融机构提供大数据智能服务的数据共享平台。朗坤物联网通过组建专业运营公司，以市场化手段、技术优势和先进的数据采集开发方式运营大数据，以数据为主线，串联农业生产资料、农业生产经营主体和社会化服务等农业农村主体要素，贯通农业产业体系、生产体系和经营体系，创造出良好的经济效益和社会效益。

二、平台功能

（一）现代农业大数据发展的顶层设计

基于我国农业发展特点和需求，朗坤物联网正大力拓展和深化农业大数据，大力推动大数据、互联网、云计算、物联网等信息技术与农业产业融合，促进现代农业生产信息化、精细化和智能化，为农业经营主体创造现代化数据环境。农业农村大数据已经成为现代农业新型资源要素，并与科学的管理制度相结合，实现现代农业生产的实时监控、精准管理、溯源管理。

（二）完善涉农服务信息共享体系

建立政府各职能部门信息资源目录体系，由相关主管部门根据信息主动共享、协议共享以及不予共享来分类编制信息目录清单。有关部门应建立数据编码、采集、分类、发布、共享和交换等相关配套标准，出台涉农服务大数据规范，出台电子证照关键技术标准和跨地区互认共享标准，还可把数据信息共享列入绩效考核，激发各部门信息资源共享的积极性。

（三）提升农村信息化基础设施水平

以数字农业为抓手，朗坤物联网重点培养和支持一批农业大数据应用与示范项目，推动农业大数据资源增长及农业大数据技术应用，完善农村信息化基础设施，积极推进现代农业智慧园建设。大数据平台正大力推进数字政务向县乡两个层面延伸，完善农业生产服务系统、经营主体信息共享系统、质量安全信息服务系统。大数据平台可将民政、人社、医保、教育、住建等部门乡村公共信息整合起来，建立乡村文化、乡村公共服务和社会救助信息共享平台。

（四）运用大数据促进城乡资源双向流动

大数据平台可优化乡村土地、金融、人力等资源配置，完善资源价格机制，提升农村生产要素收益水平。大数据平台可加强农产品溯源体系建设，通过征信等手段实现农产品生产可记录、安全可预警、源头可追溯、流向可跟踪。朗坤物联网正着力解决农产品市场化经营中供需两端信息不对称的困境，不断提升信息时效性并降低物流成本。

（五）建立农业大数据人才培养体系

朗坤物联网大力培育新型职业农民、新型农业经营主体，提高他们的信息技术知识水平，打造一支“互联网 +”现代农业建设队伍。朗坤物联网与高校等科研单位合作，培育一批具有数据挖掘、分析、整合和管理知识的大数据人才，为新型农业经营模式提供必要的人才储备，提高新型农业经营主体的市场竞争力。

第六节　运营成效

一、海南石山互联网农业小镇

海南通过启动建设互联网农业小镇，在“互联网＋农业”方面走出了一条独特的路径，有效地促进了农民增收、农村发展、农业增效。海南通过几年来的实践，证明这种模式内涵丰富、前景广阔，取得了诸多有益的探索经验，而这种探索，也是在为新时代背景下的中国农业改革探路。2015 年，海南在全国率先建设互联网农业小镇。互联网农业小镇以带领农民致富奔小康为总目标，用“互联网＋”的理念、思维和技术贯穿农业生产、经营、管理、服务全产业链，发挥产业链各环节效应，以镇为中心，以镇带村，村镇融合，实施光纤入户、优质高效农业、农村电子商务、互联网休闲农业和信息进村入户等五大工程，构建互联网农业小镇综合信息服务体系，让农民搭上互联网快车，凭借互联网技术的便捷性、精准性、开放性，改造传统农业的生产方式，进而实现农民致富、农村发展、农业增效。海南邀请多家单位进行参与互联网农业小镇方案设计，最终采用朗坤物联网“1+2+N”的设计方案，并由朗坤物联网建设运营。石山互联网农业小镇自运营以来，基本实现了 4G 到村、光纤入户、终端到人、重点区域无线网络全覆盖，将互联网引入农民的生活中，见图 16-1。

图 16-1　石山互联网农业小镇

自 2015 年 6 月开始互联网农业小镇试验，石山镇发生了巨大变化。全镇农民人均收入年增长率超 40%，小镇已建设 10 个智慧特色农业产业园区，带动 200 余名返乡创业大学生创业就业，年接待游客量达 300 万人次，并取得 2 亿元电商销售业绩，见图 16-2。

图 16-2　农民开展电子商务工作

二、安徽大圩农业物联网小镇

由朗坤物联网设计并运营的石山互联网农业小镇得到广泛认可，安徽将此模式引入到大圩镇。朗坤物联网根据大圩镇的农业发展现状和石山互联网农业小镇的经验，依托和整合大圩镇的农业产业资源，将发展智慧农业作为解决当前农业发展状况的一条有效途径，建设农业物联网小镇。农业物联网小镇是以大圩镇农业为基础，以物联网、大数据和云计算技术为支撑，将农业一二三产业有效融合，同时将农业和旅游、文化、体育、休闲、金融等多产业有机融合，推动大圩农业供给侧改革，加快农村产业转型升级，实现农业农村现代化。

大圩农业物联网小镇是通过基于大数据的“1+2+N”的智慧小镇模式，“1”为大圩智慧小镇的综合服务平台；“2”为运营中心和数据中心，为建设大圩农业物联网小镇提供运营、管理和决策支持；“N”为智慧模块，大圩农业物联网小镇构建了智慧景区、智慧农业、智慧电商、智慧党建、智慧政务、智慧文创六个模块。

大圩农业物联网小镇自运营以来，成立了大圩三产融合发展产业化联合体，形成葡萄、蔬菜、莲藕、苗木、草莓、农家乐、体育运动七大产业联盟，带动农户农企 130 家，新增就业 330 人，按照“五个统一”模式销售，与 600 多家单位建立合作关系，举办农场主之家论坛、新农民和电商培训共计 2000 多场，接待各类参观考察共 11000 批次。

三、江苏滨海智慧农业项目

滨海县地处淮河和黄海的河海交汇之地，是长三角一体化、淮河生态经济带等重大战略的叠加区域，区位优越，底蕴深厚。滨海县致力于打造农业科技研发与先进实用技术成果转化基地、新型经营主体创新创业孵化基地和一二三产业融合发展示范基地。2019 年，朗坤物联网与滨海县签约智慧农业项目，在数字乡村、农业特色小镇和农业产业园区等多个领域开展广泛合作。

四、江西洪岩物联网农业小镇

2019 年 5 月，朗坤物联网顺利中标乐平市洪岩旅游总体开发建设（近期）ppp 项目洪岩物联网农业小镇设计招标。洪岩镇提出了生态立镇、旅游兴镇、开放活镇、文化强镇的发展战略和生态环境优美、项目产业精美、文化底蕴醉美、人民生活甜美的发展目标。朗坤物联网将对洪岩镇数字乡村发展进行顶层设计，通过新技术、新产品、新模式在农业、农村和农民之间的应用，形成智慧乡村的一种新兴概念体，基于物联网技术实现现代化新农村建设，以先进物联网技术为依托，实现农业产业融合和农村建设管理现代化、科技化、智能化的目标，从而提高农民的生活水平和建立农民自有的智能生活价值体系。朗坤物联网将尽可能优化整合乡村的各种资源，丰富农民生活，建设好物联网农业小镇。

五、安徽临泉高标准农田建设

2019 年，朗坤物联网联合安徽同济建设集团有限责任公司中标临泉县宋集镇徐营村、柳大庄村、杨浦村 2019 年高标准农田建设项目。项目将以建设高标准农田为基础，推行优质粮食区域化、规模化、专业化生产，落实高标准农田建设结合现代农业发展的要求，同时满足种植户对节水、节肥、省人工的迫切需求。项目涉及 61 个自然村，其中耕地面积

18693 亩，林地面积 632 亩，水域面积 496 亩，水泥生产路 6400 米，柏油路 3500 米，桥涵 42 座。项目主要建设内容包括田间排水工程、田间灌溉工程、田间智能水肥一体化灌溉工程、田间道路工程、配套建筑物和农田林网。

项目按照三级（基础级、提升级、超高级）标准统筹规划。基础级，按照国标要求实施土地平整、旱灌涝排，建设田间道路和农田防护林，保证藏粮于地；提升级，实施智能高效节水灌溉建设，达到省水、省肥、省人工，实现增产、增收、提高品质；超高级，选择一个核心区集中打造数字化农业平台，落实高标准、高质量的发展要求，利用先进节水灌溉技术，结合当地农业环境，打造数字化高标准农田示范点，实现藏粮于技。

第七节　数字农业实践总结

当前我国数字农业的应用仍以生产端为主，而供、销环节的数字化程度依然不高。农业数据作为农业发展的战略性资源，尚未充分激发全产业链的潜力。伴随技术进步与创新步伐不断加快，数字农业作为乡村振兴的新动能，利用数据科技提升农业生产、经营、管理和服务水平，推动农业产业新发展已是大势所趋。

一、农业生产全流程智能化将逐步成为现实

将物联网技术应用到现代农业生产设施设备领域，可极大地提高现代农业生产设施设备的数字化、智能化水平，实现对农业生产全过程的数字化控制，智能化地处理农业生产经营和管理服务过程中遇到的一系列问题。

二、农产品流通电商化发展将更加迅猛

从采购、仓储、包装、物流、运输、配送、售后等服务在内的农产品供应链将得到进一步整合，这既能有效缓解农产品进城“最初一公里”难题，为分散小农户走进大市场拓宽渠道，打通从农田到餐桌的农产品供给链，也能较好解决工业品、消费品下乡“最后一公里”难题，促进农村消费升级。同时，农村电商要走向品牌化、差异化和个性化，这也将有利于催生新业态、新模式，推动农村产业逐渐向多元化发展。创意农业、分享农业、众筹农业、休闲农业、乡村旅游等新业态，通过电商平台将特色农产品、乡村文化、乡村景色进行展示，不仅让城市消费者更了解农业、更向往农村、更信任农业生产者，还能促进农民就业增收。

三、农业多元化公共服务将更加完善

通过将移动互联网、云计算、大数据等前沿技术应用到农业公共服务当中，数字农业将进一步提高现代农业服务的便捷性和灵活程度，让农民享受到各种生产、生活信息服务，这是数字农业发展的重要趋势。

四、农业农村业务数字化水平将不断提高

数字农业将大力建设集智能管理、精准控制、全面分析于一体的智慧农业管理与服务

系统，切实满足农业生态监管、智能生产、应急指挥等需求，努力实现科学生产、降本增效。在此基础上，加快构建覆盖农业资源、乡村产业、生产管理、产品质量、农机装备、乡村治理等领域的数据库。数字农业可运用地理信息技术、遥感技术，整合空间数据，将耕地资源、渔业水域资源、粮食生产功能区、现代农业园区、特色农产品优势区等区划、特色农业强镇、生产经营主体、村庄分布等数据上图入库，使农业农村资源数据立体化；整合农情调度系统、田间定点监测系统，集遥感信息、无人机观测、地面传感网等于一体，构建“天空地”一体化数据获取系统，建立作物空间分布、重大自然灾害等的动态空间图，形成“天空地”一体化的全域地理信息系统，为进一步科学指导农业生产经营管理夯实数据基础。

五、农业农村经营管理成本将不断降低

数字农业将搭建灵活、便捷、高效、透明的农业生产经营和管理体系，为广大农民提供更为便捷、优质的信息服务。数字农业将充分发挥农民信箱、掌上农业农村在信息公开、政务宣传、信息服务、办事办公等方面的服务功能，提升园艺、畜禽、水产、田管、营销和农家乐等数字化建设、智慧化管理水平。推动大数据、人工智能、物联网等现代信息技术与农业产业深度融合，面向政府监管部门、生产经营主体，数字农业可发挥云数据、空间地理数据价值，降低农业生产和管理的成本，提高农业生产率。

第十七章 17

派得伟业：智慧乡村助力乡村振兴战略

第一节 智慧乡村发展背景与概况

一、智慧乡村发展背景

（一）乡村振兴战略背景

党的十九大做出中国特色社会主义进入新时代的科学论断，提出实施乡村振兴战略的重大历史任务，在我国“三农”发展进程中具有划时代的里程碑意义。实施乡村振兴战略是建设现代化经济体系的重要基础。农业是国民经济的基础，农村经济是现代化经济体系的重要组成部分。实施乡村振兴战略，深化农业供给侧结构性改革，构建现代农业产业体系、生产体系、经营体系，实现农村一二三产业深度融合发展，有利于推动农业从增产导向转向提质导向，增强我国农业创新力和竞争力，为建设现代化经济体系奠定坚实基础。

（二）农业信息技术背景

智慧乡村建设需要加快农村信息化进程，将数字化、网络化、智能化有机结合并协同推进，同时运用互联网思维，将信息技术与农业生产经营、农村社会管理、农民生活服务有机融合，用新思维、新手段加强农村管理、促进产业发展、助力农民增收。

（1）现代农业信息技术。农业信息技术是指利用信息技术对农业生产、经营管理、战略决策过程中的各类信息进行采集、存储、传递、处理和分析，为农业研究者、生产者、经营者和管理者提供资料查询、技术咨询、辅助决策和自动调控等多项服务的技术的总称。现代信息技术为我国农业现代化发展提供了前所未有的新动能，成为提高我国农业质量效益的新途径。

（2）农业物联网技术。农业物联网技术依靠不同类型的传感器、自动化控制设备、多功能采集节点及无线组网设备等组建农业智能化生产与监测专用的无线传感网，实现对生产过程各环节信息的实时监控采集，同时依据生产模型，精确远程遥控多种设备，实现农业的智能化生产。农业物联网技术的应用使生长调控更精准，生产模式更高效，在农业领域的生产和发展过程中有着巨大优势，为我国农业领域的发展进步提供了强大的动力。

（3）大数据与云计算技术。大数据是农业实现智慧服务、生产、经营、管理、物流、销售的基础和保障，利用大数据平台，可获取到不同地块的周边环境因素、土地利用类型、农作物长势等农业生产大数据，依托相应模型的研发应用，为农户提供种植、管理、加工、营销等全方位的服务。云计算作为传统计算技术和网络技术融合发展的产物，具有资源配置动态化、需求服务自助化、资源池化与透明化等特点。基于云计算的农业信息服务体系，最大限度地整合当前各种系统的数据资源和存储设备，极大地提高农业系统的数据处理和交互能力，便捷地获取信息服务。

（4）移动互联技术。移动互联网，是移动通信技术与互联网结合的产物，其商业模式的不断创新，为智慧农业发展提供了新的平台与机遇。在 Wi-Fi、蓝牙、无线网络等技术覆盖范围内，用户只需通过手机等轻巧便捷的移动终端，便可以突破传统农业信息传播的地域条件限制，即时、随地、互相接收与传播创意农业的资讯，有效提高农业信息传播的广度与便捷性。

（5）人工智能技术。发展基于人工智能的智能农业，集成应用计算机与网络技术、物联网技术、3S 技术、无线通信技术、音视频技术及专家智慧，实现农业可视化远程诊断、远程预警、远程控制等智能管理，可将粗放型农业转向精细化农业。人工智能各项技术在农业生产的产前、产中和产后各阶段广泛应用，充分优化农产品产业链，预测需求，辅助种植、生产、管理、经营等决策。

（三）乡村产业发展背景

发展乡村特色产业是供给侧结构性改革的具体抓手，是推动融合发展的重要路径，也是促进乡村文化传承与创新、满足社会新需求的有效支撑。随着乡村振兴的深入推进，乡村特色产业呈现高速发展态势：产业布局不断优化，区域特色基本形成；产业化市场化水平不断提升，品牌化趋势明显；经营主体多元化发展，合作模式多样化。同时，现阶段的乡村特色产业发展还存在以下特点及需求：

（1）发展不平衡，具有基础设施建设需求。虽然近年来在国家有关政策的支持下，农村信息化推进速度很快，但城乡数字鸿沟依然很大。各地区发展不平衡，一些农村还存在供水、供电、供气条件较差，道路、网络通信、仓储物流等设施未实现全覆盖；先进技术要素向乡村扩散渗透力不强；乡村产业发展的环境保护条件和能力较弱；产地批发市场、产销对接、鲜活农产品直销网点等设施相对落后，物流经营成本较高等问题。

（2）产业链条短，具有产业融合发展需求。现阶段，一产向后延伸不充分，从产地到餐桌的产业链条不健全，供应链条不透明；二产与一产、三产联合不紧密，农产品精深加工不足，副产物综合利用程度低，产业融合层次低；三产发育不足，农村生产生活服务能力不强，乡村价值功能开发不充分，以致产品附加值较低。

（3）质量效益不高，具有科技与创意支撑需求。智慧农业的发展普及程度还比较低，优质绿色农产品占比较低，休闲旅游存在同质化现象，乡村产业聚集度较低。乡村企业科技创新能力不强，科研项目和合作支持少，难以实现真正的科技支撑；科学生产管理缺乏稳定的技术人员、技术团队；产业发展缺乏持续的技术作为支撑，以致农产品质量效益不高，品牌溢价能力有限。

（4）产业要素活力不足，具有体制机制保障需求。乡村产业稳定的资金投入机制尚未建立，金融服务不足；农村土地空闲、低效、粗放利用，而新产业新业态发展用地供给不足；农村科技、经营等各类人才服务乡村产业的激励保障机制尚不健全；利益连接机制有待完善；组织化程度低，缺乏信息共享，风险共担等方面的保障机制。

二、智慧乡村概况

（一）智慧乡村的实践模式

智慧乡村可以看作是智慧发展理念在乡村区域的应用。国外智慧乡村实践为我国智慧乡村的发展提供了可供借鉴的样本与经验：2001 年韩国出台了“信息化村”计划，为农村、渔村、山村地区构筑起互联网环境和电子商务等信息内容，促进村民生活信息化和地区经济发展。2017 年欧盟委员会启动了“智慧乡村”行动，通过智慧乡村建设，引入大数据、物联网、物流运输、数据分享应用等关键前沿技术，为乡村发展提供知识、技术、政策、服务等方面的支持，释放乡村发展活力，促进乡村繁荣和区域均衡发展。

我国乡村建设也逐步走向智慧型道路，各地根据自身条件与发展需求，在智慧乡村建设实践中选择了不同的建设重点与内容，并形成了多种智慧乡村建设实践模式。

（1）北京智慧乡村模式。北京以村或农业园区为单位，开展智慧乡村建设，通过完善乡村信息化基础设施，推动信息技术在农业生产经营、乡村治理、社会公共服务等领域的智慧化应用，促进农村产业提质增效，以及乡村治理和公共服务精细化。2015—2017 年全市已建智慧乡村 135 个，覆盖全市 13 个区县。2018 年，102 个村从不同领域、不同层面开展智慧乡村建设与应用，其中 46 个村与一村一品 + 电商、淘宝村、信息进村入户工程相结合，通过村级微信公众号、电商平台、益农信息社，开展宣传推介、便民与公益服务、村民培训等应用，并开展了京郊智慧乡村评估体系研究，实现对 135 个智慧乡村建设成效进行监测。

（2）海南互联网农业小镇模式。海南以镇为单位，开展互联网农业小镇建设，以互联网为特色，构建了“1 + 2 + N”的运营模式。“1”是指构建一个互联网农业综合运行平台，集产业平台、运营平台、管理平台、服务平台、创新平台为一体；“2”是建设运营管控中心和大数据中心两个中心，形成了对整个互联网小镇的管控和服务；“N”是指若干个参与互联网农业小镇的企业、机构、组织以及具有生产运营能力的农户等，形成了互联网农业小镇最具活力的生产要素。互联网农业小镇的新模式很好地解决了农村一二三产业融合发展的问题，构建了功能形态良性运转的产业生态圈，打通了承接城乡要素流动的渠道，打造了融合城市与农村发展的新型社区和综合性功能服务平台。

（3）湖南紫薇村模式。紫薇村充分利用信息技术开展乡村建设，通过建立环卫物联网智能监控管理系统改善乡村人居环境；建立公共服务平台“紫薇云”、微信公众号“最美紫薇村”等，打通了智慧农村所有场景的数据接口，从智慧管理、智慧生产、智慧生活、智慧服务等四个场景进行展示，提供生活、管理等多方面的线上服务。“紫薇云”利用智能集成应用云平台，实现智慧农业全区统一管理、统一调度、统一服务，汇集的大数据也将为决策、服务提供参考。云平台直播销售农产品让“村红”变“网红”，全景 VR 系统改善游客体验，部分村民电商销售平均月收入近万元。紫薇村模式吸引了大量人才回流，对周边的辐射带头效应逐步显现。

（二）智慧乡村的发展建议

乡村振兴背景下的智慧乡村建设，围绕乡村产业振兴、人才振兴、文化振兴、生态振兴、组织振兴方面重点着力，按照产业兴旺、生态宜居、乡风文明、治理有效、生活富裕的总要求，建立健全城乡融合发展体制机制和政策体系，加快推进农业农村现代化。智慧乡村建设一定要从乡情出发，充分考虑乡村的特点和需求，遵循乡村建设规律，因时因地制宜，针对当地主要矛盾问题，选择适宜技术手段，开发满足当地需求、适宜当地应用环境的技术产品，实现智慧与特色有机融合。

（1）推进农业农村智慧产业体系发展。建立以市场需求为导向、以智慧平台为核心、以现代信息技术为依托、以品牌建设为驱动力的智慧产业体系是一项系统工程，需要政府、企业、农民的参与，既要注重顶层设计，又要加强实践探索。通过构建农业农村智慧产业体系，实现生产组织智能化、产品质量可溯化、市场经营网络化、社会服务专业化的目标，逐步解决农业资源碎片化、市场信息不对称、农产品质量监管不到位、农业品牌带动力不强、同质化竞争等问题。

（2）大力发展休闲农业与乡村旅游。将农业从单一的生产功能向休闲观光、农事体验、生态保护、文化传承等多功能拓展，不仅可以满足城乡居民对美好生活的向往，还可以将生态环境优势转化为经济社会发展优势。发展休闲农业，有利于带动餐饮住宿、农产品加工、交通运输、建筑和文化等关联产业发展，增加农民各类收入；借助其较高的经济效益，吸引和调动各类经营主体改善农业基础设施、转变经营方式、保护产地环境的积极性；乡村旅游发展的过程，也是弘扬传统耕读文化，不断丰富乡村文化内涵的过程，有利于促进乡风文明建设。

（3）加强新型经营主体与新农人的培育。农村地区人才短缺、农民信息素养较低是目前智慧乡村建设的最大障碍。一是要面向农村不同受众加强信息技能培训，提升农民信息能力，树立农民的信息意识、网络意识、数字化观念；二是要加大专业化人才的引进力度，打造智慧乡村建设专业人才梯队及培养机制，保障可持续发展。同时，结合实施新型农业经营主体培育工程，加快培育种植大户、家庭农场、合作社、龙头企业、农业产业化联合体等新型经营主体，扶持一二三产业融合、经营多样的新型经营主体，培育示范家庭农场、合作社和农业产业化联合体，加大对新型经营主体及带头人的支持力度。

（4）跨界融合形成完备的智慧乡村功能模式。互联网的出现使得其他产业跨界融合成为可能，新的产业将呈出现新的业态需求，以乡村农业生产、交通和居住三大传统空间为基础，在智慧乡村规划结构中纳入新兴功能，打造产业复合、游居完备的乡村功能型融合模式符合现阶段智慧乡村发展需求。挖掘智慧乡村建设需求要把握两个方面：一是满足食品安全、产业发展、村民互动等硬性的信息化需求；二是要挖掘智慧乡村建设带来的文化、环保等软环境的改变，整合各类资源开发特色应用，集成融合，实现智慧乡村全方位的信息化服务。

（5）科技＋创新引领品牌化发展。在科技创新支撑的基础上，结合乡村特色产业发展的具体路径，充分运用“+”的手段，推动科技创新与特色产业的有机结合，创建区域＋产业＋企业＋产品品牌体系支撑，做好品牌定位与品牌体系的建设，创新品牌传播方式，做好品牌的管理与运营。要加快产品认证，培育壮大一批区域特色突出、产品特色鲜明、市场知名度高、发展潜力大、带动能力强的区域公用品牌；推进乡村特色手工业、乡土文化资源与现代消费融合发展，全面推介和展示乡村特色手工业和民族传统文化；开发民俗表演、民间艺术等活动项目，宣传具有民族和地域特色的传统工艺产品，促进乡村文化提高品质、形成品牌。

第二节　派得伟业智慧乡村建设重点

一、北京派得伟业科技发展有限公司概况

北京派得伟业科技发展有限公司（以下简称“派得伟业”）于2001年由北京农业信息

技术研究中心和北京市农林科学院共同投资组建，注册资金1970万元，是专门从事农业与农村信息化技术产品研发、集成、转化和产业化服务的国家高新技术企业。

派得伟业以“立足农业、面向农村、服务农民”为宗旨，取得了双软企业、系统集成、北京市守信企业等资质，获得农业农村部农业物联网系统集成重点实验室、首都科技条件平台北京市农林科学院研发实验基地、国家农业农村信息化示范基地、中关村百家创新示范企业等荣誉称号，承担了国家863计划、科技支撑计划等政府资助项目40余项，先后获得国家科技进步奖、全国农牧业渔业丰收奖等奖项42项，专利14项，软件著作权158项。派得伟业产品及服务网络遍布全国30多个省市地区，逐步形成以物联网、大数据、云服务及智能装备等为核心技术的乡村振兴云平台和智慧农业创新科技成果，已成长为农业和农村信息化领域的龙头企业。

二、重点建设内容与发展布局

自2014年至2018年，派得伟业负责实施的市级及区级智慧乡村项目，累计覆盖门头沟区、通州区、顺义区、大兴区、怀柔区、平谷区、密云区等7个区的51个村，其中2018年涉及3个区的12个村，项目将按照产业兴旺、生态宜居、乡风文明、治理有效、生活富裕的总要求和绿色低碳田园美、生态宜居村庄美、健康舒适生活美、和谐淳朴人文美的标准，因地制宜、突出特色，围绕乡村生产、经营、管理、服务四个重点方面建设智慧乡村。项目可有效提升试点村庄的信息化基础设施，实现农村产业发展智能化、乡村治理现代化、公共服务均等化。

（一）基础设施层面

随着城乡经济的发展和农民群众生活水平的提高，农民群众对农村公共服务的需求不断增加，有关民生改善的农村基础设施建设，包括村内道路建设、自来水供给、污水处理、河道治理、垃圾收集处理、改厕、路灯亮化、通公共交通、电网改造、有线电视等，是落实智慧乡村建设的迫切需求。

在基础设施层面，项目将进一步围绕实现政务网络、互联网宽带、通信网络、有线电视网络全覆盖和提升智能终端拥有率等开展智慧乡村工作布局。

（二）生产经营层面

智慧乡村是“互联网+”现代农业的重要内容，是转变农业发展方式的重要手段，也是扶贫助农的重要载体。加快以特色农产品、农业生产资料、休闲观光农业等为主要内容的电子商务平台建设，对于构建现代农业生产经营管理体系、促进农民收入增长具有重要意义。

在生产经营层面，项目将进一步应用信息技术提升生产智能化、精细化水平，实现从生产到仓储、配送、质量追溯的全程信息化管理；利用多种形式开展农村电子商务，促进农产品产销信息对接，发展在线交易，提升规模化、组织化程度，塑造和宣传产品品牌。

（三）乡村治理层面

乡村治理是社会治理的基础和关键，是国家治理体系和治理能力现代化的重要组成部分。在乡村振兴战略背景下，从乡村社会所处发展阶段的实际出发，遵循乡村社会发展的规律，着力构建以党的基层组织为核心，以村民自治组织为主体，以乡村法治为准绳，以德治为基础的乡村治理体系十分重要。

在乡村治理层面，项目将进一步依托信息技术，实现农村党建、村务管理的现代化、精细化水平，加强对农村集体资产、资源、资金的有效管理；加强村庄人口、土地、财务、档案等基础情况的信息化管理；提升综合治安的保障能力；加强党务、村务、财务公开。

（四）公共服务层面

乡村振兴战略背景下，我国农村经济与社会发展正迎来更好机遇，乡村公共服务需求数量与质量上的要求更高。公共服务涉及教育、社会服务、劳动就业创业、住房保障以及文化体育等，乡村需要构建健全的基本公共服务体系，加强乡村基本公共服务的集成化、高效化、精准化建设，以提升乡村公共服务整体水平，为乡村振兴和乡村和谐稳定发展提供有利条件。

在公共服务层面，项目将进一步依托信息技术，利用互联网和大数据，建设乡村公共服务平台，完善公共服务信息化系统，保障乡村公共服务的精准化供给，提高农村人口计生、民政优抚、劳动就业、医疗卫生、社会保障、科技教育、日常生活等方面的服务水平。

第三节 智慧乡村建设的应用成效

一、派得伟业智慧乡村建设成效

（一）完善乡村信息化基础设施，助力乡村乡风文明建设

为提升农村信息化基础能力，项目在试点村的重点区域，包括生活区、村委会办公区、重要交通枢纽、重点旅游景区和主要公共场所等，实现无线网络全覆盖，为村民和游客提供高效便捷的手机网络服务。村民和游客通过扫描二维码即可实现手机免费上网，通过免费网络及时了解国家政策等各类信息。在试点村的村委会或者广场安装多彩 LED 大屏，不仅丰富了村民的文化生活，还可以宣传先进事迹、德育教育等内容；在试点村安装智能广播设备，使村委会可以及时传达各类通知公告，提高行政效率。项目通过信息化基础设施的建设，将文明乡村、良好家风、淳朴民风带进大众的视野，为乡风文明建设助力。

（二）推广应用物联网、新媒体等技术，促进乡村产业融合发展

根据各村的产业特色和发展方向，围绕生产、经营、管理、服务四个方向，搭建“3+3+N”智慧乡村综合服务服务平台，通过 3 网（生产物联网、村庄视频网、村务管理网）、3 图（特色农产品生产图、智慧乡村分布图、休闲观光旅游图）和 N 种服务，汇聚乡村产业资源，为乡村各类资源的融合开发利用提供平台支撑。搭建智慧农业管理平台，在试点村安装设施传感器和室外气象墒情站，利用物联网等技术为产业生产提供智慧化服务。构建新媒体综合服务生态体系（村级网站、微信公众服务平台、智能导览系统等），为乡村提供全方位、多角度的展示宣传窗口，拓展销售渠道，为乡村产业发展提供有力的支撑。

（三）实现党务、村务移动平台化办公，提升乡村治理能力

为解决乡村治理人口分散的问题，开发“慧村为民”移动村务办公微信小程序，利用微信小程序免安装的特点，只要有网络就可以随时随地的了解村里的大事小情，村委会也

可以随时下发通知和在线召开会议，方便群众办事。建设智慧党建移动系统，解决了农村党员分散的问题，党员可以随时随地在线学习、打卡、开会讨论，还可以应用平台的统计功能，对党员的学习情况、活动情况进行考核。移动党务、村务平台的开发建设，使基层组织更具有凝聚力和活力，推进了乡村治理体系建设，提升了乡村治理能力。

（四）推进网格化 + 视频监控立体式管理模式建设，构造乡村宜居环境

乡村网格化管理平台有效解决了乡村人居环境的管理问题，通过网格化划分，结合乡村视频监控网，在重要节点设置监控点和巡更点。每个区域设定专门的负责人，对网格内突出的问题重点关注，有效解决了乡村外来人口流动、垃圾卫生处理、污水偷排、渣土偷倒等问题，提高了乡村综合管理能力。平台不仅加强了乡村的安防能力，也使乡村的卫生状况得到改善。在西柏店村进行的生活污水景观化处理工程不仅解决了西柏店村生活污水的处理问题，还形成了优美舒适的景观，成了村民纳凉避暑的好地方。通过信息化技术软、硬两方面的建设，农村生态环境得到了有效改善，助力乡村宜居环境建设。

（五）利用电商平台为农业供给侧结构性改革赋能，促进农民增收农业增效

“商品不好卖，卖不上价钱”一直是困扰农民增收的一个严重问题，为解决城乡之间信息不对称，让农民掌握商品销售的主动权，项目将建设农村优品商城，将农村的好货优品、特产山货直接在电商平台上销售，结合生产管理平台，建立商品溯源机制，为乡村商品建立品牌提供支撑。优品商城开放接口，打通与淘宝、京东等大型电商平台的通道，拓展商品销售的渠道，同时进行定期现场培训和线上培训，培养农村自己的电商销售人员，结合淘宝店铺、微店、抖音视频等其他平台形成以优品电商平台为支撑，其他平台为辅助的多渠道农村电商销售网，助力乡村供给侧结构性改革。民宿在线预订系统结合乡村旅游，为乡村民俗旅游拓展了渠道。项目通过一系列信息化手段和新农人培训，改变了乡村传统的商品销售方式，为农民增加了收入，开拓了视野，为农村发家致富提供了新的道路。

二、派得伟业智慧乡村建设案例介绍

（一）西柏店村美丽智慧乡村建设

西柏店村属于北京市平谷区大兴庄镇，位于平谷区西部，大兴庄镇中北部。全村土地面积 1048 亩，有 220 户居民，常住人口 707 人，以畜禽养殖和食用菊花产业为主导产业。从 2014 年起，北京市农村经济研究中心、北京市城乡经济信息中心和平谷区政府选取大兴庄镇西柏店村建设并实施“美丽智慧乡村”集成创新试点项目，项目实施以来卓有成效，已经成为北京市深入推广智慧乡村试点工作、助力新农村建设的一张名片。

1. 建设特色与亮点

（1）项目采用先进技术和理念改善农村环境。立足美丽乡村的功能定位，用新理念、新眼光、新技术来建设新农村。项目主要建设内容包括引进丹麦生活污水景观化处理技术，农村生活垃圾分类处理资源化利用工程，村容村貌综合升级改造规划等。

（2）131 工程打造都市型现代农业。围绕生产、经营、管理、服务四个方向，立足智慧乡村的功能定位，项目建设美丽智慧西柏店村综合服务平台（村级网站、手机 App、多系统管理平台），设施大棚物联网智能监控系统，农产品溯源管理系统及数据采集终端 App，村内视频监控系统，覆盖村域的无线网络接入环境的 131 工程等。

（3）智慧助推休闲农业发展。随着西柏店村休闲农业的火热发展，项目在菊花种植区以二维码为载体，开展智能导览服务，并放置 1 台微信照片打印机，免费为游客打印一张照片作为留念，增强游客互动性及体验性。

（4）依托新媒体宣传推广菊花品牌。项目搭建西柏店村微信公众号，建立集智慧乡村推广、农特产品推介和农家院宣传于一体的移动互联网平台，给旅游者、消费者等带来全新的产品与服务体验。项目还邀请知名主持人来到菊花示范棚做现场直播，直播浏览量达到 5 万人次，起到了很好的品牌宣传效果。

2. 应用成效

（1）农业产业得到显著促进。项目利用信息化手段，对食用菊花生产进行环境监测、远程控制、智能灌溉、网络销售等，促进了农村资源的高效利用，农民素质的快速提升，农业科技的推广应用，生产与消费的有效对接。

（2）农户收入得到明显提升。西柏店村菊花的品牌效应逐步提升，食用菊花种植户销售收入和民俗接待收入逐年提高，2016 年全村菊花的销售收入达到 400 余万元，民俗接待收入同比增长 2~3 倍。

（3）农村环境得到有效改善。生活污水景观化处理工程已经解决西柏店村生活污水的处理问题，成了村民纳凉避暑的好地方。

（4）建设理念得到社会关注。从 2014 年项目建设以来，多位领导先后到西柏店村调研，对“美丽智慧乡村”的建设内容和效果给予了充分肯定。

（5）建设模式得到广泛推广。2014 年项目建设取得阶段性成果后，经过模式探索、经验总结，在 50 个乡村推广“美丽智慧乡村”试点建设模式。目前已经在房山区周口店镇黄山店村、门头沟区妙峰山镇涧沟村、密云区巨各庄镇蔡家洼村、大兴区青云店镇东辛屯村示范推广。

（二）涧沟村智慧乡村建设

涧沟村位于北京市门头沟区东北部，村域面积 11 平方公里。全村有 285 户居民，常住人口 506 人，毗邻著名的民俗旅游胜地妙峰山景区，是著名的北京市民俗旅游村。北京市城乡经济信息中心、门头沟区农业农村局选取涧沟村开展智慧乡村试点示范建设，帮助其提升信息化水平。

1. 建设特色与亮点

（1）完善基础设施，改善信息化条件。项目通过建设机房、多媒体会议室、LED 显示屏、无线网络、宽带网络等，改善了涧沟村的信息化基础条件，不仅为村委会办公和村民生活娱乐提供了便利条件，也提升了游客体验，增强了游客黏性。

（2）视频监控系统，提升安防水平。为了加强涧沟村的安防工作，项目在村内重点区域加装视频设备进行实时监控，覆盖村民生活区；同时将原来摄像头与新装摄像头集成到一个平台，实现游客区域及农户活动区域同步监控。

（3）智能导览服务，方便游客自助旅游。将游客必经路线中与“吃、住、行、游、购、娱”有关的景物配套二维码，游客通过扫描二维码，即可获取该景点的详细信息，实现自助旅游。

（4）产品追溯系统，实现精准生产。涧沟村玫瑰产品实现可溯源，产品包装上粘贴二维码，消费者扫描该二维码就可以全面详细的了解玫瑰产品的产地、施肥等信息，从而提高产品的附加值。

（5）拓宽宣传渠道，加强品牌宣传。村级网站和微信公众号宣传村玫瑰产业和旅游业，带动涧沟村的民俗接待等服务业的发展和农特产品的销售。

2. 应用成效

（1）扩大影响，促进乡村旅游发展。随着信息化水平的提升，涧沟村对游客的吸引力不断增强，智慧旅游导览服务、无线网络全覆盖、功能完善的村级网站和微信公众号，给旅游者、消费者等带来优质服务体验。

（2）扎根三农，信息化服务促进农村发展。建设会议室多媒体、改善安防系统、建设产品溯源系统，涧沟村的村民在办公、生活、生产等方面都享受到了信息化技术带来的便利，缩小了城乡居民在信息化服务方面的差距。

（三）蔡家洼村智慧乡村建设

蔡家洼村位于北京市密云区穆家峪镇，全村有 800 户居民，常住人口 2460 人，村域总面积 2 万亩。全村依山傍水，生态环境优美，地理位置优越，环境幽雅，交通便利。蔡家洼村拥有被列为北京市非物质文化遗产的蔡家洼村五音大鼓。自 2004 年开始，蔡家洼村大力发展观光农业，逐步形成三产联动的发展模式，一是打造 5000 亩都市型现代农业园，形成集休闲旅游、观光采摘、餐饮住宿、农耕体验等多位一体的休闲观光园；二是打造 400 亩现代观光工业园区，利用当地干鲜果品、蔬菜、菌类、豆类等农副产品进行深加工，将产品加工、商品销售、休闲观光融为一体，以独具特色的旅游形式吸引游客，形成观光工业新亮点；三是打造休闲旅游商务区，创建休闲养生健康示范园，开辟北京东线绿色商务旅游新景区。

1. 建设特色与亮点

为提升蔡家洼村信息化水平，市区两级共同启动智慧乡村建设，依托蔡家洼村的村庄资源和产业特色，从生产、管理、经营、服务四个方面来实现特色产业智慧化、生态旅游信息化，建设智慧乡村。

（1）智慧村庄建设。蔡家洼村以玫瑰情园为建设着手点，从蔡家洼村发展历程、玩转蔡家洼村、虚拟景区、旅游服务等方面建设村级网站。

（2）智慧园区建设。蔡家洼村在玫瑰情园景区内建设了信息化机房、网络光纤专线、无线网络；建立微信公众号，对玫瑰情园旅游资源、民俗接待、农家院等内容进行宣传，并实现微信一键上网功能，同时在村域主要地点放置二维码，方便游客进行扫码关注。景区安装二维码智能导览牌，让游客随时获取该景物的图片、文字、语音、电子导览图等内容，实现自助导游；放置 3 台二维码照片打印机，可免费为游客打印一张照片作为留念；制作景区虚拟游览系统，观赏者可控制图像放大缩小，随时观看玫瑰情园的全景图像；安装智能展示触摸屏，以电子书形式，展示玫瑰情园的春、夏、秋、冬四季景色；在现代农业园安装小型气象站，通过物联网实时监控环境信息，实现精准化管理；在现代农业园 10 个主要温室和重点位置安装视频监控；在现代农业园安装 LED 展示屏，介绍各个温室的特色产业及智能化水平。

2. 应用成效

（1）信息化手段提升休闲观光农业的品牌价值。休闲观光农业是蔡家洼村的主导产业，无线网络的覆盖、微信公众号的建立、智能导览和照片打印机的安装，大大方便和满足了游客的需求，增加了交互性体验，进一步提高了玫瑰情园的知名度和美誉度，吸引更多游客观光旅游。温室中的视频监控，在确保安防的同时，让消费者实时查看温室内种植情况，提高产品附加值。

（2）物联网技术深化“互联网+”现代农业的内涵。现代农业园栽植的热带果树、蔬菜和花卉，对环境要求很高。通过建设物联网智能监控系统和远程智能控制，管理者用手机即可操控大棚自动通风、自动卷帘、天窗等，从而使农作物始终处在最佳的生长环境之中，实现农业生产的精准化管理，体现“互联网+”现代农业特色。

科研创新篇

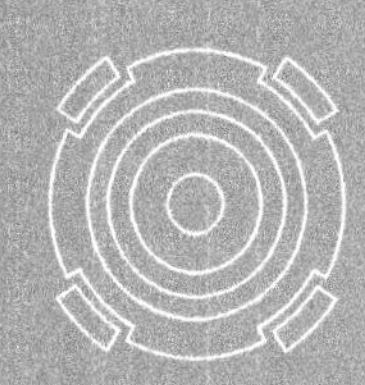

第十八章 18

国家农业信息化工程技术研究中心

国家农业信息化工程技术研究中心（NERCITA）（以下简称“中心”）是2001年由国家科技部批准组建，专门从事农业农村信息化工程技术研究开发的国家级科研机构。中心拥有科研人员近500人，围绕农业智能系统与信息服务、农业遥感技术与地理信息系统、农业精准作业技术与智能装备、农业物联网与智能控制、农产品质量安全与物流、农业农村信息化标准与发展战略六大方向，进行源头技术创新、技术平台构建和重大产品研发，为我国农业现代化和新农村建设提供了有力支撑。中心拥有2500亩的国家精准农业研究示范基地和省部级以上科技创新条件平台30余个，包括农业农村部农业信息技术综合性重点实验室（学科群牵头单位），农业信息软硬件产品质量检测重点实验室，农业遥感机理与定量遥感重点实验室，农业航空应用技术国际联合研究中心，国家农业科技创新与集成示范基地；科技部国家农业信息化工程技术研究中心，国家农业智能装备工程技术研究中心，国家科技成果转化服务（北京）示范基地；国家发改委农业物联网技术国家地方联合工程实验室，农机北斗与智能测控国家地方联合工程实验室，农产品质量安全追溯技术及应用国家工程实验室；中国科学技术协会全国科普教育基地，国家外专局国家精准农业引智基地等。

一、全国农业科教云平台助力乡村振兴

由农业农村部科教司委托开发的全国农业科教云平台，是农技人员、农业专家和职业农民三大体系管理与服务载体，通过平台应用来提升农业科技供给效率与质量，促进小农户与现代农业有效衔接。平台Web端主要提供农情信息、人员管理、机构管理、管理考核、科技服务、成果发布、培训等服务；平台App主要包括技术交流、服务日志、农情上报、知识学习、农技问答、专家社区、成果速递、培训等服务。平台自2017年8月上线以来，累计拥有全国200余万用户，累计访问8.2亿次，日均115万次，全国54万农技员中50%以上使用该App，8个省超过70%的农技员使用该App提供服务，解答问题3.4万余次。平台问题总数188.5万个，每日新增近5000个，解答率92%，解答累计1772.7万条，83.7%的问题被解答后得到认可或回应。平台有效农情30.2万条，每日发布日志农情1万条以上，集聚了先进技术成果和实战经验，构建了立体化农情监测预防体系。平台的应用实现了农业技术问题和服务快速效应，调动了产业体系专家库资源为农户服务，利用平台全面提升区域的生产、经营、管理和服务水平，培育一批标准化、智能化、精细化的生产示范基地，各类科技示范基地、职业农民培育基地2万多个，150门精品课程和专家讲座、直播视频。平台日点击量400万次，平台每日新增知识500条。平台在科技成果转化、农业科技推广、职业农民培育起到了非常重要的作用。

二、基于 Micro-CT 的作物显微表型获取技术体系与表型数据库成功构建

以玉米为研究对象，针对大群体组学信息获取要求，标准化样本前处理、CT 扫描及 CT 图像重构流程，为生物组织大批量、高精度扫描成像提供了解决方案。该技术方法制作的科学实验视频发表在 JoVE 期刊，充分体现了该方法在植物学研究领域中的创新性与实用性。基于该技术流程，系统获取 GWAS 核心种质群体籽粒考种图像、CT 显微图像、吐丝期茎秆基部第三节 CT 显微图像，累计数据量 6TB，初步建立了玉米 GWAS 自然群体籽粒、茎秆显微 CT 图像数据库，为系统开展多重组学分析研究提供数据支撑。

三、设施蔬菜智能生产与精准服务技术研究及应用获得天津市科学技术进步奖二等奖

安全、优质、高效、可持续的设施蔬菜生产是天津市乃至全国现代农业发展的重要组成部分，但与现代都市型设施农业智能生产、精准服务的实际需求仍有不小差距。现代设施蔬菜生产中有效的数据采集、监测、预警、决策和控制等关键技术及模型匮乏，现有的设施蔬菜信息化服务模式单一、主动性差，针对以上问题，中心与天津市农业科学院信息研究所合作开展了设施蔬菜智能生产与精准服务技术研究及应用工作，建立了融合温、光、水、土、营养、生理等多因子的设施蔬菜生产预警与智能决策模型，解决了传统专家系统缺少实时数据支撑和知识库更新缓慢的问题；提出了一种基于卷积神经网络的病害图像诊断模型，攻克了传统设施蔬菜病害诊断环节多、延时长、识别率低、延误最佳防治时机等技术难点，实现决策诊断准确率达 80% 以上。搭建“多租户、可自治、可定制、零部署”的天津市设施蔬菜智能生产服务平台，面向全国 10 余个省市近千个新型农业经营主体辐射应用，推广面积近 2 万亩，获得直接经济效益 1943.2 万元，新增社会经济效益 2 亿多元，推动了设施蔬菜智能化生产进程，促进了行业技术进步。该成果 2018 年已获得天津市科学技术进步奖二等奖。

四、农业农村部农业信息软硬件产品质量检测重点实验室获得 CNAS 资质

2018 年 6 月 2 日，中国合格评定国家认可委员会（CNAS）派出专家组，对农业农村部农业信息软硬件产品质量检测重点实验室进行现场考核，这是 CNAS 申请的最后一个环节，也是最重要的环节。在总计 2 天的考核时间里，第一天考核现场实际操作，专家现场命题，实验室严格按照国家标准要求开展试验测试，规范操作、规范记录，取得了良好的试验效果，获得专家满意评价。实验室圆满完成了 CNAS 申请的全部工作，从 2017 年 3 月 2 日启动申请 CNAS，历时一年半的时间，实验室正式获得 CNAS 资质。

五、精准施肥技术和装备取得重要进展

“智能化精准施肥及肥料深施技术及其装备”项目面向黄淮海、东北、长江中下游、华南、西北等区域规模经营条件下的小麦、玉米、水稻以及马铃薯四大粮食作物和棉花、油菜等经济作物，按照农机 - 农艺 - 信息融合的思路，围绕肥料定位、定量、分层、深施等关键技术问题，研制了适用于作物基肥、种肥、追肥三个施肥环节精准变量施肥技术与装备，构建了肥料利用率评价技术体系，依托施肥播种龙头企业进行田间应用示范。2018 年，项

目突破了小麦基肥分层变量施肥、小麦种行肥行精准拟合、小麦精准对行深施等关键技术；研制了小麦全程精准施肥关键技术装备，实现了小麦基肥分层、种肥拟合、对行深施等功能。该装备施肥控制精度达到 95% 以上，各肥管变异系数小于 4%，对行作业误差在 ±5 厘米以内，作业幅宽 270 厘米，施肥深度 5~15 厘米，施肥量 10~30 公斤 / 亩。该装备通过了北京市农业机械试验鉴定站检测，在北京、河北、山东等地开展了示范应用工作，总示范面积超过 3 万亩。

六、非侵入式动物生理传感器和第二代水质面源污染探查机器人研发成功

中心研究了牛瘤胃 pH 值的光学传感方法，实现 pH 值的非接触、无标定长期监测；研制了胶囊式牛瘤胃 pH 值传感器，传感器可被牛无损吞入，依靠胃液电位差实现长期低功耗供电，并将测得的胃液 pH 值以电磁波形式实时发送到体外接收机。这一非侵入式传感器是动物生理传感领域的重要探索。中心研制了第二代水质面源污染探查机器人，设计了机器人的壳体和旋翼推进方式的动力学结构；研制了数据采集和存储系统，将自主研发的溶解氧、叶绿素、浊度等传感器安装在机器人上，并集成了温度、pH 值等常规传感器；实现了湖泊、水库等大面积水域水质的立体监测，并通过寻污算法对污染源进行探查和定位。这一成果已通过 2018 年度北京市科学技术奖（京津冀地区生态环境用水遥感监测关键技术创新与应用）评审。

七、基于深度学习中卷积神经网络的缺陷苹果在线检测取得突破

近年来，深度学习已成为人工智能领域新的研究热点，多种深度神经网络在大量机器学习问题上取得了令人瞩目的成果，在很多领域取得了出色的应用效果。缺陷苹果的检测一直是水果分选领域中的一个难点，一方面要对苹果图像中具有相似灰度特征的缺陷区域与果梗 / 花萼区域进行有效辨识，另一方面，要对整张苹果图像进行亮度校正，从而有效提取位于苹果图像边缘的缺陷区域。为解决这一问题，中心提出将深度学习中卷积神经网络用于缺陷苹果的在线检测，通过构建深层卷积神经网络，将在线采集的正常苹果图像与缺陷苹果图像用于神经网络的训练，获取分类模型。为实现分类模型的在线应用，中心构建基于深度学习的实时应用检测平台。在该平台下，研究基于不同环境的最优检测效果，实现单张彩色苹果图像 30ms 的检测速度，最终在工控机上成功部署卷积神经网络检测算法，实现每秒 5 个果的在线检测。该方法无需对整张苹果图像进行亮度校正，无需先识别果梗 / 花萼区域，可以直接对单张彩色苹果图像给出分类结果。该方法识别正确率达到 90%，随着样本数据库的增加，识别正确率可以进一步提高。该方法提出了一种新的缺陷苹果检测的解决方案，拓展了人工智能、深度学习在农业生产领域的应用。

八、新型水肥一体化装备获得良好应用效果

在水肥一体化装备研究方面，中心通过选配高精度传感器，开发模块化专用水肥管道以及构建最新灌溉施肥控制决策方法，研发设计了一款新型自动精准水肥一体化设备，新设备在肥液自动混合、精量配比与精准智能灌溉等方面具有重大改进。同时，依托十三五国家重点研发计划“养分原位监测与水肥一体化施肥技术及其装备”，北京农业智能装备技术研究中心提供核心设备，与中国农业大学、青岛农业大学、金正大生态工程集团股份有

限公司等单位在北京、山东寿光等地区联合开展了水肥一体化装备的示范工作，涉及连栋温室椰糠栽培、日光温室集群土壤栽培、砂培等不同应用环境与不同栽培模式下的水肥自动化管理。

九、液态药剂土壤消毒机研发成功

具有自主知识产权的液态药剂土壤消毒机研发成功，首次实现精准控制机械化土壤消毒作业，填补了该领域空白。该领域大型设备一直为西方国家独有，价格非常昂贵。我国一直没有适合温室的精准消毒机，配套精准机具的缺乏非常不利于液态消毒剂的高效利用。为了摆脱这种生产限制，采用智能装备技术和机电一体化技术，实现药剂在线精准调控，省药达 29% 以上，提高作业效率 4~6 倍。在实际推广中，云南文山的三七种植占全国产量 80% 以上，由于土壤种植一茬三七后 20 年内再种几乎颗粒无收，土壤连作障碍使得三七中草药产业几乎难以为继。土壤精准消毒机的推广应用，使得 3 年即可重复种植三七，产量增加 280%，为当地三七中药种植做出贡献。

十、航空植保安全监管与作业计量系统得到大面积推广应用

中心研发的航空植保安全监管与作业计量系统不但实现了对植保作业飞机的实时监管，提高了空域安全，而且能有效提高飞防作业质量和效率，增强航空植保作业流程的智能化程度。根据系统应用对象不同，主要包括面向有人固定翼飞机应用的 A1 型系统、面向有人直升机应用的 A2 型系统和面向无人机应用的 A3 型系统。已经得到大面积推广应用的 A1 型系统采用地面基站通信网络与北斗短报文双模互补通信系统和 GPS 与北斗双模定位系统，可实现对有人固定翼飞机高空转场飞行和低空喷洒作业关键参数的实时跟踪监测。2018 年，中心农业航空部人员先后赴黑龙江、山东、安徽等地为北大荒通航公司 Thrush510G 型、山东瑞达有害生物防控公司 R44 型、山东通用航空服务公司 AS350 型、青岛海利尔药业集团公司 Bell-206 型等农业航化作业飞机安装航空植保安全监管与作业计量系统、有人机植保作业导航与作业管理终端设备，得到了使用单位的高度认可。该系统被国家林业与草原局森林病虫害防治总站作为示范系统，在安徽召开“全国林业有害生物飞机防治智能监管现场会暨‘互联网 + 飞防质量监管’演示”会，向全国林业系统推荐。2018 年，该系统共监管服务作业面积 900 多万亩，产品的稳定性、精准度在实践中得以日益完善。有人机导航与作业管理终端在北大荒通航公司进行了大范围应用，并获得用户认可。有人机导航与作业管理终端辅助飞行员进行植保作业路径规划、飞行导引指示、作业质量可视化显示、作业量实时在线统计、作业障碍物预警等，有效降低飞行员的驾驶疲劳程度，辅助提升飞防喷洒作业质量。

第十九章 19

国家数字渔业创新中心

第一节　建设国家数字渔业创新中心的必要性

一、建设背景

《中共中央 国务院关于实施乡村振兴战略的意见》中提出，“乡村振兴，产业兴旺是重点。必须坚持质量兴农、绿色兴农，以农业供给侧结构性改革为主线，加快构建现代农业产业体系、生产体系、经营体系，提高农业创新力、竞争力和全要素生产率，加快实现由农业大国向农业强国转变。”同时，我国也在积极推动实施国家大数据战略，加快完善数字基础设施，推进数据资源整合和开放共享，保障数据安全，加快建设数字中国，服务我国经济社会发展。为深入贯彻乡村振兴战略和数字中国战略总体要求，根据《全国农业现代化发展规划（2016—2020年）》和《农业科技创新能力条件建设规划（2016—2020年）》，农业农村部结合我国综合农业区划和产业发展特点，以推进数字技术与农业发展深度融合为主攻方向，梳理面临的共性关键技术问题和数字农业创新能力培育的迫切需求，筹措专项中央投资经费，策划了数字农业建设试点项目申报工作。通过试点，示范将带动农业农村数字化转型，将促进提升农业生产经营和管理服务数字化水平，将推动重要领域和关键环节数据资源建设，将增强数字技术研发推广应用能力，将加快突破技术瓶颈，提高数字农业创新能力。

2018年，全国水产品总产量为6457.66万吨，同比增长0.19%。其中，养殖产量为4991.06万吨，同比增长1.73%；捕捞产量为1466.6万吨，同比下降4.73%。其中，水产养殖总产量占全国水产品总产量的比重达78%以上，占全球产量的65%，我国是世界上唯一水产养殖总产量超过捕捞总产量的主要渔业国家，也是世界第一渔业大国和水产养殖大国。渔业为我国城乡居民提供了1/3的优质动物蛋白，对保障国家食品安全发挥了重大作用。但是，我国还不是水产养殖强国，我国当前水产养殖土地和水资源的利用率和劳动生产率较低，分别只有国外先进水平的1/35和1/28，养殖风险大、水环境污染严重、养殖管理简单粗放，渔业转型升级的需求十分迫切，实施水产养殖信息化、数字化和智慧化是解决上述问题的根本途径。

国家数字渔业创新中心为我国渔业生产和捕捞开展试验研究提供场所和服务，承担渔业养殖科技成果的熟化、组装、集成、配套，提供区域发展综合解决方案，以产业数字化、数字产业化为发展主线，以推动数字技术与农业发展深度融合为主攻方向，在数字渔业共性关键技术、数字渔业标准体系、数字渔业技术产品检测、数字渔业技术产品推广应用等方面开展工作，充分发挥数据基础资源和创新引擎作用，探索可复制、可借鉴、可为我国渔业推广的数字渔业创新模式，助推农业农村现代化。

二、建设必要性

（一）我国“数字农业创新中心”的重要组成部分

我国是世界上从事水产养殖历史最悠久的国家之一，具有丰富的养殖经验。改革开放以来，我国渔业调整了发展重点，确立了以养为主的发展方针，水产养殖业获得了迅猛发展，产业布局已从沿海地区和长江、珠江流域等传统养殖区扩展到全国各地。水产养殖业已成为我国农业的重要组成部分和当前农村经济的主要增长点之一。面对经济发展新常态下转变农业发展方式的新需求，为全面提高渔业科技创新能力，建设国家数字渔业创新中心是十分必要的，它也是我国农业农村部专业性农业科学创新中心的重要组成部分。建设国家数字渔业创新中心对于专业性创新中心的完整性是非常重要的，符合《国家中长期科学和技术发展规划纲要（2006—2020 年）》和农业农村部《农业科技创新能力条件建设规划（2016—2020 年）》提出的“系统布局重大农业科学工程、重点学科实验室、农业科学观测站和农业科学创新中心建设任务，整体提升农业科技创新条件，为全面提高农业科技创新能力、引领和支撑现代农业持续稳定发展提供坚实物质保障”的要求。

（二）发展现代渔业，水产养殖产业升级转型的迫切需求

进入 21 世纪，我国农业已经进入了一个新的历史发展阶段，农业形势发生了根本性变化，农业生产进入了主要依靠科技提高农产品质量、加速结构调整、迅速增加农民收入、提高农业整体效益、改善生态环境以及大力提高农业国际竞争力的新时期。劳力密集、资源密集的外延型增长方式已难以保持农业持续增长，以技术密集的内涵型增长方式将成为未来农业发展的必由之路。

近年来，我国渔业综合生产能力上已进入世界前列，并已成为世界第一大水产养殖国，水产品产量约占全世界总产量 65%，也是世界上唯一的养殖产量超过捕捞产量的国家。渔业为我国城乡居民提供 1/3 的动物蛋白食品，水产品养殖在解决粮食危机、食品安全、改善民生，改进膳食结构、增加农民收入等方面发挥了重要作用。我国水产养殖业正处在由传统粗放型向高密度、集约化方向发展的关键时期。高密度的养殖作业中，鱼病害的发病率往往较高，鱼类体内往往有大量的农药等化学残留物，水质也会因此恶化。养殖的高密度、高风险成为制约水产养殖业发展的因素之一。如何建立完整科学的养殖模式，将水产养殖推向可持续性发展方向，合理利用养殖水域和自然资源，保护养殖水域生态平衡，是水产养殖业迫切需要关注的问题。

开展国家数字渔业创新中心建设，为我国渔业生产和捕捞开展试验研究提供场所和服务，承担渔业养殖科技成果的熟化、组装、集成、配套，为渔业养殖提供科学、先进、实用的综合解决方案，有力促进渔业农业科研成果迈向产业化。因此，国家数字渔业创新中心的建设不仅可以为当前我国渔业生产方式转变，发展现代农业提供重要理论和技术支撑，而且对于保障国家农产品供给安全、农产品质量安全、农业生态安全有着重要的经济和社会意义。

（三）我国实施乡村振兴战略的需求

我国是渔业大国，但离渔业强国还有很大的差距，主要表现在信息化应用程度较低、新型农业生产经营主体带动效应较弱等，需要不断提高农业智能化、自动化水平，扩大物

联网应用的规模化程度，全面提升渔业综合生产能力、管理能力和生产决策水平，增强我国在渔业科学研究的整体实力，实现渔业生产能力的跨越式发展。

《中共中央 国务院关于实施乡村振兴战略的意见》中，提出，“夯实农业生产能力基础……。加快建设国家农业科技创新体系，加强面向全行业的科技创新基地建设。深化农业科技成果转化和推广应用改革。加快发展现代农作物、畜禽、水产、林木种业，提升自主创新能力。”因此，国家数字渔业创新中心的建设与实施，有利于信息技术与渔业的深度融合，有利于建立数字渔业技术体系，能够加强我国渔业基础地位，全面提升我国渔业的综合生产能力，同时，建设国家数字渔业创新中心将对我国水产养殖和捕捞产业发展起到重要的支撑作用。

（四）促进渔业可持续发展能力提升的需求

我国渔业信息化应用程度较低，新型农业生产经营主体带动效应较弱，需要不断提高农业智能化、自动化水平，扩大物联网应用的规模化程度，全面提升渔业综合生产能力、管理能力和生产决策水平。建设国家数字渔业创新中心，使我国在传统渔业的改造、水产养殖区的规划、渔业生产计划的制定以及渔业政策的制定方面更加科学，最大限度地节省资源，重视环境保护和生态平衡，以最少的资源耗费获得最大的效益，对我国渔业可持续发展产生巨大的推动作用和深远影响。

三、建设可行性

（一）政策优势

《国家中长期科学和技术发展规划纲要（2006—2020年）》提出，“根据国家重大战略需求，在新兴前沿交叉领域和具有我国特色和优势的领域，主要依托国家科研院所和研究型大学，建设若干队伍强、水平高、学科综合交叉的国家实验室和其他科学研究实验基地。”《全国农业现代化发展规划（2016—2020年）》提出，“坚持以科技创新为引领，激发创新活力，加强农业科技创新条件建设，改善200个农业重点实验室创新条件，提升200个国家农业科学观测站基础设施水平，建设200个现代化科学实验基地。”这些政策为加快推进农业科技创新能力条件建设提供了更加有力的保障。

（二）技术优势

中国农业大学自1997年开始从事水产养殖、专家系统、自动控制及无线传感网络技术等方面的研究开发工作，先后获得国家863计划“集约化水产养殖数字化集成系统研究”“智能化水产养殖信息技术应用系统”“农业病虫害远程诊断技术研究与应用”，全国农牧渔业丰收计划“淡水养殖综合配套技术研究与应用”，天津市农业科技合作重点项目“天津市网络化水产养殖专家系统研制与应用”，948计划“集约化水产养殖水质无线监测关键设备引进”，北京市自然科学基金“集约化水产养殖数字化集成方法研究”等多个国家级和省部级项目的资助，研制了相应数字化信息采集装置，探索了水产养殖数字化技术应用系统，并在天津、北京、山东开展了大规模应用与示范。这些将为国家数字渔业创新中心的建设提供了技术支撑。

在人员方面，国家数字渔业创新中心依托中国农业大学农业工程学科，该学科共有固定人员40人，正高级职称人员15人，副高级职称人员21人，讲师及实验师4人，具有博士学位者36人。研究队伍中，教育部长江学者特聘教授1人，农业农村部有突出贡献的中青年专家 1 人，国家“百千万人才工程”人选 1 人，国家万人计划 1 人，教育部优秀跨（新）世纪人才 3 人，中国青年科技奖获得者 1 人。

在科学研究方面，十二五期间，中国农业大学农业工程学科承担了国家 863 计划、国家科技支撑计划、国家自然科学基金、农业科技成果转化资金、国际科技合作以及省部级项目 238 项。其中，国家 863 计划 49 项，科研经费为 2751 万元；国家科技支撑计划 60 项，科研经费为 2563 万元；国家自然科学基金 40 项，科研经费为 1172 万元；公益性行业科研专项 5 项，科研经费为 290 万元；现代农业产业技术体系专项 4 项，科研经费为 260 万元；948 计划 5 项，科研经费为 190 万元；国际科技合作以及省部级项目 75 项，科研经费为 2653 万元。中国农业大学农业工程学科获国家科技进步奖二等奖 2 项、省部级一等奖 8 项；授权国内发明专利 30 项，国外发明专利 1 项；发表 SCI 论文 432 篇，出版专著 25 部（中文）和 4 部（英文）；鉴定成果 8 项，技术转让成果 5 项；培养硕士生 78 人，博士 26 人，培养出新世纪人才 3 人。

（三）基础设施优势

国家数字渔业创新中心建设试点项目建在中国农业大学信息与电气工程学院中国农业大学信息与电气工程学院拥有农业农村部所属的农业信息获取技术重点实验室、精准农业技术集成科研基地（渔业）、农业信息化标准化重点实验室等，实验室和基地的科研仪器设备与软件条件先进，管理运行体制健全，为科研及生产实践提供了非常便利的条件，也为国家数字渔业创新中心的建设和管理提供经验。

（四）研发实验室和基地优势

1. 中国农业大学宜兴农业物联网“两站一中心”。

农业物联网中国农业大学宜兴实验站是由中国农业大学农业物联网研究中心与中国移动无锡物联网研究院人才队伍、宜兴市农林局各专业技术专家组成的政产学研一体化服务平台。该实验站抢抓智慧农业发展的重大战略机遇，以养殖物联网技术中试、转化、服务为重点，通过物联网渔业项目示范建设、监控演示中心建设、信息服务中心建设、监控软件开发等一系列服务，形成了完整的农业物联网体系，并开展了水产物联网系统、项目和技术等专题研究，促进水产物联网产品和成果的产业化转化，为宜兴市和江苏省乃至全国的水产养殖业的实施都起到了示范引领的带头作用。

2. 中国农业大学莱州试验站

中国农业大学莱州实验站依托莱州明波水产有限责任公司，围绕水产养殖信息智能感知、无线传输、养殖信息智能处理、精准测控智能装备等技术领域，共同建设了明波水产养殖物联网示范基地，突破了水产养殖先进传感关键技术、养殖信息无线传输关键技术、水产养殖智能处理模型及系统，开发了适于水产智能化养殖的系列装备，实现了水产养殖全程数字化信息采集、智能化管理决策和自动化控制，有力保障了水产集约养殖高效、健康、安全、环保和可持续发展。

3. 中国渔业物联网与大数据产业创新联盟

中国农业大学联合全国水产技术推广总站、软通动力信息技术（集团）有限公司、江苏中农物联网科技有限公司、山东东润仪表科技股份有限公司、福建上润精密仪器有限公司等全国从事渔业产业研究的高校、科研单位、信息技术企业、水产养殖龙头企业和技术推广单位等 56 家单位，共同组建了中国渔业物联网与大数据产业创新联盟，联盟构建了以产学研相结合的渔业物联网与大数据合作发展机制和模式，通过技术转让、联合开发、委托开发等方式促进渔业物联网与大数据技术产业化。相关成果在23个省市池塘、陆基工厂、网箱等不同养殖模式开展了规模化应用，推进了我国水产养殖的转型升级，取得了良好经济和社会效益。

4. 农业互联网大数据研究中心

中国农业大学与软通动力信息技术（集团）有限公司联合成立农业互联网大数据研究中心。该研究中心以智慧农业互联网与大数据应用为研究领域，积极为区域经济发展与农业物联网技术，农业大数据应用推广的协调发展，相关政策的制定、执行、监管提供技术支撑。该研究中心重点聚焦于智慧农业互联网与大数据应用研究，互联网农业整体解决方案，农业政策配套软件与集成系统，智慧农业信息化系统，农业物联网应用，农业大数据应用系统等相关领域的合作开发与应用研究。

5. 中国农业大学烟台研究院农业物联网与大数据研究中心

中国农业大学烟台研究院联合山东东润仪表股份有限公司共同成立了农业物联网与大数据研究中心。该研究中心本着发挥学校学科优势，致力优秀人才聚集，开展行业技术研究，服务企业与地方经济的宗旨，充分发挥中国农业大学在渔业智能感知、智能处理、智能装备等方面强大的研发能力，与山东东润仪表股份有限公司强强联合，打造世界一流的农业物联网与大数据中心，为中国农业的发展及社会进步创造价值。

6. 福建上润精密仪器有限公司产学研生产基地与生产线

为充分发挥全国农业信息化技术创新型示范基地效应，积极培育产业链，探索出日渐成熟的、合作共赢的产学研用模式，中国农业大学与福建上润精密仪器有限公司合作，联合定制了首批农业物联网智能感应器产品，实现农业信息感知设备的生产规模化、自动化、信息化。

上述建设的研究基地和联合中心为国家数字渔业创新中心建设试点项目的建设提供了良好科研试验、推广示范的基础。

第二节　建设国家数字渔业创新中心

一、建设目标

国家数字渔业创新中心旨在面向国家现代渔业数字化、精准化、智能化的需求，立足渔业发展现状和技术挑战，整合研究基础和平台，通过建设一系列数字渔业实验室、科学试验基地、科普教育基地、国际联合研究中心、技术产品测试中心等，形成1个国家数字渔业创新北京中心，10个国家数字渔业创新区域分中心，全面提高我国数字渔业的创新能力。

国家数字渔业创新中心以国家宏观政策需求和农业农村部数字农业创新中心建设要求为指导，结合数字渔业技术的要求，按需求调研、明确定位和目标、关键技术攻关、实验验证和落地检验、渔业数字化实时精准测控理论体系、渔业创新技术和标准化、数字渔业集成与示范等多个环节展开建设。国家数字渔业创新中心通过主题学术交流会、论证会和产业化生产各环节实地调研，了解国内外数字渔业现状、适用情况和生产要求情况；通过新技术方法的学术论文研究，综述出新技术的研究切入点和实现技术方法，在现有数字渔业技术基础上，发力“天空地”一体化监测、先进传感与物联网、优化调控模型与系统、智能装备、渔业机器人、能源优化、渔船作业、物流质量安全等先进数字渔业技术研究和应用；通过跟踪行业的研究和应用前沿技术，充分探讨具体的理论、技术、工程工艺方法的稳定性和成熟性，建立渔业智能传感、传输、装备和全要素全产业链云平台；通过示范标准化和产业化的实施推进，形成完备的产业化基础和平台，进而实现项目的产业化，渔业的数字化和转型升级。细化建设目标主要为以下八个方面。

（一）关键技术研究

经过水产养殖信息化的大力发展，渔业数字化和智能化已释放出巨大转型动力，同时，渔业重点领域和环节的关键技术研究也进入深水期，瞄准3个核心关键点，从渔业数字化实时精准测控技术体系的7个关键技术发力，形成配置齐全、创新力强的7个数字渔业创新平台（“天空地”一体化渔业资源环境生态监测创新平台、渔业先进传感与物联网创新平台、渔业机器视觉与水生物行为识别创新平台、渔业大数据分析与人工智能创新平台、渔业智能装备创新平台、渔业机器人创新平台、集成多模式渔业集成实验系统和渔业全产业链管控云平台创新平台），最终形成渔业数字化创新中心。国家数字渔业创新中心将建设示范展示区，利用现场组织观摩和培训，对数字渔业理论、技术和方法进行宣传，带动全国渔业数字化的推广和应用，形成生态可持续发展的特色渔业产业。

（二）建设国际一流的实验室和科学试验基地

围绕关键技术方向，瞄准世界数字渔业技术前沿，国家数字渔业创新中心聚集核心技术成果，整合已有的试验基地资源优势，建成8个一流的数字渔业创新实验室系统（渔业“天空地”一体化信息获取实验室、渔业先进传感与物联网实验室、渔业机器视觉与水生物行为识别实验室、渔业大数据分析与人工智能实验室、渔业智能装备实验室、渔业机器人实验室、渔业约束能源组网和能耗优化调控实验室、渔业系统集成和云平台实验室），涵盖工程化池塘、陆基工厂循环水、工厂化鱼菜共生、网箱和大围网、养鱼工船、渔船捕捞作业等渔业场景和元素。

（三）建设世界一流的国际联合实验室

针对我国数字渔业技术水平还落后于发达国家的基本现实，依托已有的国家国际科技合作基地和欧盟农业信息技术国家联络点，通过与挪威海洋研究所、荷兰瓦格宁根大学、美国加州大学戴维斯分校、美国哈希公司（HACH）、美国YSI等单位开展合作，坚持以我为主的基本方针，建立中美、中挪、中荷数字渔业联合实验室，共同承担国际前沿或重大需求科研任务，持续产出国际学术界公认具有重大学术价值的原创成果，汇聚一流人才团队，充分利用国际化人才培养手段，进一步提升人才培养能力。

（四）建立数字渔业相关产品检测与测试中心

针对目前我国数字渔业相关技术产品缺乏检测技术手段，国家数字渔业创新中心建立数字渔业相关产品检测与测试中心，提供水产传感器、采集器、信息传输终端、智能渔机等产品技术性能、稳定性、准确性、安全性、适用性等方面的检测服务，为数字渔业提供市场准入依据。

（五）制定数字渔业体系标准

依托国家数字渔业创新中心，研究制定包括水体传感器及标识设备的功能、性能、接口，数据传输通信协议，数据格式、物联网应用系统、物联网平台运行、接口规范、设备运维等关键标准，推进数字渔业标准体系建设，为数字渔业大规模推广奠定基础。

（六）建设数字渔业示范基地

依托国家数字渔业创新中心，整合数字渔业试点县和有示范效应的龙头养殖企业，建立数字渔业示范基地。该基地依托中国渔业物联网与大数据产业创新联盟，通过水产养殖物联网 2.0 工作组的 100 余家成员单位，重点推广渔业水体专用传感器、采集器、数字化投饵机、增氧机、养殖平台、循环水数字化控制设备、捕捞装备等设施设备，形成一批数字渔业示范基地，通过区域辐射带动渔业发展转型升级。

（七）建设 7 个数字渔业创新平台分中心

紧紧瞄准先进渔业生产技术需求和前沿技术的转化应用，依托技术创新型企业，建设关键技术研发分中心（渔业“天空地”一体化信息获取技术分中心、渔业先进传感与物联网技术分中心、渔业机器视觉与水生物行为识别技术分中心、渔业大数据分析与人工智能分中心、渔业智能装备分中心、渔业机器人分中心、渔业多模式集成实验系统和渔业全产业链管控云平台分中心），形成关键技术辐射带动作用，促进技术落地生产一线的应用。

（八）建设 10 个数字渔业创新区域性分中心

依托国家数字渔业创新中心，紧密联系我国不同地域渔业特色和要求，依托政府部门引导，联合地域龙头企业，共同建设 10 个国家数字渔业创新分中心，形成产业示范带动辐射作用，促进我国渔业数字化转型和升级。

二、建设需求

（一）亟须创新“天空地”一体化渔业资源环境生态监测

地球上海洋面积巨大，蕴含丰富的资源、能源，未来人类发展的巨大需求将依靠海洋、来自海洋。我国已发力建设海洋强国和蓝色粮仓战略，其中海洋渔业是重中之重。海洋渔业有巨大的时空分布特点，海域环境复杂，养殖和捕捞作业都需要精准化的实时测控技术和装备群。而我国当前面临着渔业的监测手段落后，信息化程度不高，现有技术的实时性、精准性也不够高，因此亟须创新“天空地”一体化渔业资源环境生态监测。

（二）亟须创新渔业先进传感与物联网

针对我国大部分水产养殖业态还没有实现数字实时精准监控，国产化智能水质传感器普及度还不高，面向渔业全场景，需要攻克基于复合新材料和新工艺的电极传感机理及智能变送技术，融合新型自适应通信传输技术，发展灵敏、快速的检测原理和识别方法，并制造参数全、成本低、可靠性高的智能传感器和物联网设备，亟须创新渔业先进传感与物联网。

（三）亟须创新渔业机器视觉与水生物行为识别

水生物是渔业的直接对象，研究水生物生理信息和行为习性，对实现渔业最优作业和管理具有重要意义。由于技术和装备水平发展水平的限制，针对渔业目标物的生理参数主要依靠实验室的化验检测，鱼类行为主要依靠人眼分析和综合判断，实验室检测很难实时反应水体环境对水生物的作用机理，侵入检测又对水生物具有破坏性，依靠人工主观经验分析和判断鱼类行为无法实现准确量化和细微分辨。渔业装备的智能化和数字化也受限与机器视觉技术，因此亟须创新渔业机器视觉与水生物行为识别。

（四）亟须创新渔业大数据分析与人工智能

我国渔业和养殖管理比较简单，渔业信息化平台产生的数据只达到了统计和显示的应用，并没有进一步挖掘出生产与管理中数据的关联性和实际意义，没有进一步实现人工智能计算及实际生产管理的智慧决策。同时，信息化平台产生的数据应用场景有限，相互兼容性不好，存在信息孤岛等问题，需要依据统一标准流程搭建渔业综合大数据基础平台及机器学习工作平台，承载渔业实时精准测 - 传 - 控设备群和数据流，并进行研究分析，打破诸多壁垒和孤岛。因此亟须创新渔业大数据分析与人工智能。

（五）亟须创新渔业智能装备和机器人

我国渔业总产量世界第一，但渔业生产率、水资源利用率和人工利用率不高，装备化程度低是造成问题的一个原因。我国当前及未来很长一段时间，都将面临适龄劳动力短缺的突出问题，必须发力渔业智能装备研发水平，必须提前布局以机器人为代表的无人渔场先进技术，实现渔业机器人代替人力。在渔业装备应用范围和渔业作业环节上，渔业装备化程度还比较低，单一电气设备很难发挥渔业装备的放大作用，只有通过渔业装备数字化和网络化，才能实现渔业装备集群作业和数据通信后按需精准调控，因此亟须创新渔业智能装备和机器人。

（六）亟须创新渔业约束能源组网和能耗优化调控

渔业用能有特定场景限制，离散化程度高，持续待机工作要求高。渔业装备化对能源依赖性强，渔业环境维持和大量装备化需要消耗较大的冷热能和电能。渔业在增产的同时，对增效的要求同步加强，需要攻克多能源互补能量组网技术、多参数耦合下渔业装备群能耗优化调控技术，构建渔业能源物联网系统。因此亟须创新渔业约束能源组网和能耗优化调控。

（七）亟须创新系统集成和云平台

我国渔业模式有不同特征和约束，技术和产业需求出现多元化、多样化，这容易造成对象多变、数据采集点多、硬件接口标准和协议不同、系统集成和平台兼容困难等情况。单一场景单品水生物尚没有实现全要素、全产业链的技术体系有效打通，要改变这一现状，需要搭建多模式渔业实验系统，集成生产管理各项优化调控模型算法，开发渔业全产业链管控云平台。承载数字渔业关键技术的云平台，可以进行传感器、模型算法、装备、云平台工作可靠性和准确性试验，为中试示范推广起到加速作用。因此亟须创新系统集成和云平台。

三、建设内容

2019 年 4 月，农业农村部发布农规发〔2019〕11 号文，对国家数字渔业创新中心项目正式批复，原则同意项目建设地点、建设规模和内容、定位和目标。项目建设期为 2 年，总投资 1203 万元。国家数字渔业创新中心建设小组正式启动北京中心设计和十个区域分中心的布局工作。2019 年 7 月，农业农村部发布农计财发〔2019〕22 号文，通知资金下达建设单位。国家数字渔业创新中心建设项目全部启动，并先期满足国家重大发展战略区域分中心的启动建设，国家数字渔业创新中心创新体系开始加速形成。

国家数字渔业创新中心充分考虑未来渔业数字化智能化发展方向和潜力，立足当前我国渔业数字化现状和渔业产业发展水平，明确共性科学问题、技术难点和挑战，瞄准关键问题，进行基础理论和关键技术攻关，形成1个国家数字渔业创新北京中心；重点突破3个核心关键点，构建7个数字渔业创新平台，远期再构建7个数字渔业创新平台分中心；建设8个数字渔业创新实验室，远期再建成10个数字渔业创新区域性分中心，形成渔业数字化感官——渔业“天空地”一体化信息获取实验室、渔业先进传感和物联网实验室、渔业机器视觉与水生物行为识别实验室；形成渔业数字化大脑——渔业大数据分析与人工智能实验室，渔业约束能源组网和能耗优化调控；形成渔业数字化四肢——渔业智能装备实验室，渔业机器人实验室；形成渔业数字化躯干——渔业系统集成与云平台实验室；最终建成国家数字渔业创新北京中心和地方区域分中心。

国家数字渔业创新中心将进一步深化渔业养殖科技成果的熟化、组装、集成、配套，提供区域发展综合解决方案，以产业数字化、数字产业化为发展主线，以推动数字技术与农业发展深度融合为主攻方向，在数字渔业共性关键技术、数字农业标准体系、数字农业技术产品检测、数字农业技术产品推广应用等方面开展工作，实现渔业数字化延伸——国际一流研发中心、实验室，产品检测与测试中心，科学试验基地，合作交流中心，示范推广中心。国家数字渔业创新中心将充分发挥数据基础资源和创新引擎作用，探索可复制、可借鉴、可为我国渔业推广的数字农业建设模式，助推农业农村现代化。

（一）渔业“天空地”一体化信息获取实验室

1. 渔业信息“天空地”一体化多源数据采集系统

该系统从渔业、资源、环境生态等方面，对渔汛渔船、渔港渔民、渔业水质、渔业装备状态建立“天空地”一体化数据采集。该系统主要采集高空卫星遥感、红外图片，无人机载高光谱图片和照片，水质参数，水文参数，近海平面气候环境参数，空间参数，生物量信息，水下声呐三维成像，水下多光谱图像等。深海环境不同于陆地或近海环境，全天候大通道数据传输需要卫星系统的支持。搭建渔业专用卫星通信系统，可以实现大维度多源渔业资源生态环境等数据快速传输和接收，同时视频会议系统支持可视通话，利于渔船与鱼监部门的联系和调度，建立近远海全天候大带宽卫星通信系统，实现快速稳定的数据通信传输和在线调度。

2. 多光谱遥感 - 多传感器 - 声呐信息协同处理与融合模型

从“天空地”一体化多源数据采集系统获取的多元、高维、海量渔业信息，经过汇聚和存储后，需要进行一系列的智能融合和分析计算，挖掘出数据背后的规律和意义，并对渔业、资源、生态环境信息进行协同处理。从数据预处理，降噪，分类和融合等技术层面，将“天空地”一体化信息采集平台获得的遥感数据进行辐射定标、大气校正和水域提取等预处理，并对遥感高光谱卫星数据和同步水体监测数据，寻找水质指标与单波段反射率、不同波段之间反射率的比值以及不同波段之间反射率的差值之间的相关关系，找到最大相关性的特征波段和特征波段组合，实现渔业资源环境因子的定量反演技术。根据渔业环境深度的深浅，建立3种模型，计算谱带线性组合方程和非线性模型等经验模型，选取合适的模型再将多源数据进行信息融合。

3. 渔业资源环境生态预测预警和监测平台

“天空地”一体化信息采集汇聚和智能处理后，集成“天空地”一体化信息采集设备和智能模型，构建“天空地”一体化观测监测预警平台。该平台采用系统集成技术，开发智能应用终端，包括智能服务技术，渔业决策信息的大数据处理技术，环境及渔业灾害的演变趋势分析技术，实现渔业高精度监测和全面高效防控。

（二）渔业先进传感和物联网实验室

1. 渔业低成本高可靠性智能传感技术研发平台

传感机理和智能变送技术是传感器研发的两个关键技术，传统电化学电极传感面临激励方式、水体腐蚀、电子器件温漂等突出问题，参数测量类别少，工作寿命短。技术上需要突破新材料和工艺电极传感，发展灵敏、快速、原位的检测原理和方法，并制造低成本高可靠的智能传感器。

从传感器电极材料制备合成方式上，进行多功能纳米复合结构材料的研究；从激励源和变送方式上，进行脉冲激励和光学通道新型传感器的研究。探索用于纳米尺度及单分子水平上的分子探针、分子成像和分子诊断技术，研发与生物敏感和水质监测、信息储存和能源利用等具有重要应用前景的光学、纳米材料电子元器件和传感器。建立覆盖海洋水体、循环水水体、池塘水体参数智能传感技术研发平台，空间环境参数智能感知技术研发平台，水产品质量性能参数智能感知技术研发平台。

2. 渔业高稳定性快速智能传输技术研发平台

渔业水域宽、离散度高、设备和作业问题突发性强，需要一个快速稳定的无线传感器网络和物联网传输通道。同时，远海渔业因为距离和功率的问题，需要大带宽快速的卫星通信和数传通道。

针对渔业的典型应用场景和共性组网需求，基于无线通信技术和卫星定位系统，汇聚各个传感器节点和各个中继网关节点进行自由组网和分发、休眠工作。开发节点最短路径，通信协议自适应技术强的通信和数据传输物联网技术，形成近海、循环水、池塘环境水体参数智能传输技术研发平台。

（三）渔业机器视觉与水生物行为识别实验室

针对不同应用场景，利用水下高速高清成像系统和声呐成像系统，对鱼、虾、蟹、参、贝、藻的生物信息和行为进行识别，构建空间定位信息，实现渔业生态环境监测、异物侵入监测、鱼群生物量估算、捕捞目标物识别、水生物尺寸识别分级、网衣完整度巡检识别及死鱼识别等工作。水生物行为识别是装备智能化的基础条件，装备具备有机器视觉能力，可以实现精准投喂、精准增氧和水质调控，可以实现鱼群分级和分类、鱼病识别和诊断、池壁巡检及死鱼识别，为装备智能化自主作业和渔业机器人无人化作业提供技术基础和保障。

（四）渔业大数据分析与人工智能实验室

1. 探索水体环境 - 生物量 - 行为 - 饲喂内在关系和规律

针对不同水产养殖模式、养殖密度、养殖品种等，优化不同养殖品种的营养需求机理模型，构建水体溶氧量等有益参数与鱼类影响需求关系模型，鱼类生长与添加成分需求关系模型；开展基于水体养殖环境和鱼类营养需求的饵料配方模型和投喂决策模型。构建基于机器视觉的鱼类饥饿行为分析模型，鱼类进食行为变化分析模型，构建投饲饵料残余估算模型，基于鱼类生长的饵料投饲量预测与估算模型，构建投喂量和产出量质量和数量分析模型，实现水产养殖的精准、按需、健康投喂。

2. 构建基于大数据和人工智能的水生物水质 - 营养 - 病害关系模型

从水质、营养需求和病害相互作用关系着手，利用人工智能和大数据挖掘技术，对易发疾病水质难测参数与正常水质易测参数构建耦合关系模型，基于机器视觉的鱼类疾病行为分析模型，基于知识推理的鱼病诊断模型，基于机器学习和深度学习的鱼病快速预诊断方法，基于视频图像内容的预鱼病诊断方法，为鱼类疾病诊断提供预测、预警和优化控制提供理论基础和实现方法。

3. 构建水生物生长优化调控模型

探索不同环境的鱼类生长性能影响关系，构建多场景水体水质参数智能预测、预警和精准调控模型，构建渔业生产装备协同控制和智能诊断模型，构建渔业运维巡检作业设备的自动路径规划、导航和控制模型，调控构建矿物质、维生素、糖类等元素对鱼类生长发育影响关系模型，水体污染物等有害元素与鱼类生长相互作用关系模型，构建不同地域鱼类生长适宜性模型，构建养殖鱼类生长性状数据存储管理模型，为鱼类生长优化调控提供决策支持，建立高效、可持续、广适应能力的鱼类生长优化调控模型。

4. 研发渔场智能管理知识库系统

重点针对水质监控管理、精细化喂养、疾病预警与诊断、车间管理、质量追溯等环节，基于大数据、人工智能技术，重点突破多源信息融合、海量信息分布式管理、大数据挖掘等关键技术，开发水产养殖数学模型、知识库模型，实现水产养殖水质管理、精细化喂养、疾病防控、车间管理等全程数字化管理。建立不同养殖对象（鱼、虾、蟹、参、贝、藻等）和全养殖模式下（工程化池塘，陆基工厂循环水，工厂化鱼菜共生系统，网箱和大围网，养鱼工船等）智能管控知识库系统，完成全要素全产业链快速响应和专家知识服务。

5. 大数据基础平台

大数据基础平台基于 Hadoop 技术体系，并支持多种 Hadoop 基础平台平滑切换的大数据基础平台。平台对渔业实时数据和批量数据进行统一采集和存储管理，通过渔业数据加工和渔业数据集市对采集数据进行处理，为数据分析、文本分析、关联分析提供数据集支撑。对于外部平台取数需求，通过数据集市实现数据层的供数，通过接口服务为外部业务系统提供服务。平台主要功能包括多渠道的数据整合集成、数据集市、离线计算、实时计算、文本检索及分析、数据服务接口管理、作业调度集中管控、数据管控等功能，保障数据质量完整、准确、一致和规范。

6. 机器学习工作平台

依托大数据平台开发出机器学习工作平台，开放兼容各项参数调控优化模型以及预测预警模型，提供标准接口和中间件，可以依需要进行渔业海量多维数据的人工智能算法学习，得到特定数据结果和意义，实现渔业自动智慧化优化决策和调控。目前，平台可以支持的数据领域有自然语言处理，视频图像处理和智能推荐算法。其中，图像识别、视频监控等应用技术包括图像特征提取、图像变换等；其基础支撑的机器学习算法包括各类分类、聚类算法，各类降维算法，深度学习算法等。

（五）渔业智能装备实验室

1. 变量智能投饵机

通过生产现场信息获取技术获取水产品生长环境及养殖设备状态的数字化信息，包括水温、溶氧量、水中饲料余量、水生物行为和投饵机喷料状态等信息，结合信息技术与生物养殖技术，对投喂量、投喂速度、抛洒半径等进行智能决策，变量调控投喂量提高饵料利用率。研究智能化水下摄食监控设备监测和控制饵料摄食情况。在投饵过程中，应用水下摄像技术结合计算机视频分析软件、自动气力提升系统以及内置深度和温度传感器，通过无线视频发射器连接基地，可以全天候360° 在线立体监测和控制水产品摄食饵料的过程，实现自动判断残余饵料量并自动控制投饵过程。研发基于红外传感器和水底声波传感器的饵料残余量探测技术，降低饵料投喂量。此外，研发水生物活动迹象的声波探测技术，分析水生物位置改变与水生物自身食欲的关系，实现智能投喂。

2. 精准变量增氧系统

水产养殖中，养殖水体溶液的含氧量提升是保障养殖成功的关键。增氧机通过机械搅动、水体雾化、负压吸气等方式将空气中的氧气转移到养殖水体中，促进水体对流交换和界面更新，从而达到给养殖水体增氧的目的。采用基于物联网实时监控的自动增氧系统，根据实时监测数据自动增氧，有效避免资源浪费，提高操作的自动化程度，降低生产成本和劳动强度。自动增氧系统根据实时监测的水体溶氧量、水温，采用全自动智能变频控制增氧机实现变量增氧，可实时显示图形化历史数据查询；根据溶氧量自动启停增氧机；可以设定时间段强制启停增氧机，规避传感器失效等因素带来的风险；可通过按键或者手机随时启停增氧机，并可灵活设定启停维持时间；发现缺氧、仪器故障、突然停电等异常则立即报警；可扩展气象测量装置，根据系统内置的数据融合预测算法，提前设定控制程序。

3. 水处理系统

循环水养殖设备与工厂化循环水养殖的关键在于低成本高效率的水处理系统，主要针对水处理环节所用设施设备状态的识别和特征提取，通过组网的办法实现网络化，经过平台数据汇聚分析和处理后，实时监管微滤机、弧形筛等信息，监测生化过滤工作状态和生化指标，监测消毒杀菌装置状态和远程自动调控，实现整个循环水养殖设备的数字化、网络化和智能化。

4. 智能巡检收集装备

渔业水域广大，作业重复性强，劳动强度大，需要建立适合大型管桩围网、大水面工程化池塘、陆基工厂循环水养殖池塘的巡检和收集装备。巡检水体参数三维分布，死鱼和侵入异物，网衣池壁检测和冲洗。收集水面垃圾杂物，死鱼以及水体内固体悬浮物和难溶物。同时，研制识别渔船船体状态、识别、空间位置及作业性能等参数一体化的智能监控终端，实现渔民、渔船安全作业，渔政全面统调。

5. 智能捕捞分级分拣装备平台

根据对适龄鱼苗进行分级分拣的总体要求，以鱼类无损、连续、快速收集为目标，对比分析真空式、射流式等收集结构的性能特点，研究并找到最合适的吸鱼速度指标，设计研发连续、无损收集机构；研究基于栅格的柔性分级技术，结合光电计数技术，研发自动化鱼类收集扩展系统；以模块化设计为目标，整合鱼类收集与分级、计数技术，研发适用于不同收集模式的通用型鱼类机械化收集装备。

6. 渔业装备状态识别与故障智能诊断研发平台

渔业装备化是渔业提质增效的重要手段，装备状态感知和识别是重要的保障；装备工作调控的自动化和智能化也需要装备状态监测。装备状态识别需要监测和感知动力性能、传动效率、电气参数、电能质量。平台获取渔业装备参数后，经过预处理和分析，形成装备状态矩阵，通过计算智能算法进行分类训练，运算输出诊断结果并发出预测和预警。整体建设水体传感传输装置，循环水养殖装备状态，网箱和大围网装备状态，渔业捕捞、分拣、作业装备状态的识别与故障智能诊断研发平台。

（六）渔业机器人实验室

1. 研发用于循环水养殖工厂巡检与日常管理机器人

实验室集成现场信息在线获取技术、机器人自主定位导航技术和信息交互传输技术，开发循环水养殖工厂巡检与日常管理机器人。机器人可携带高清摄像机、近红外摄像机、激光雷达、噪音传感器、温湿度传感器等设备对养殖工厂进行巡检，及时发现工厂养殖过程中存在的问题，预防事故发生，并可结合生产环节进行工厂日常管理，逐步实现工厂的自动化、无人值守化。

2. 研发池塘群养殖监测与管理无人机系统

实验室集成池塘群信息在线获取技术、无人机自主导航定位技术和信息交互传输技术，开发池塘群养殖监测与管理无人机系统。实验室用无人机搭载高光谱成像仪、高清摄像机等设备进行成像，将无人机遥感数据和地面传感器数据进行信息融合，实现池塘群养殖监测与管理。重点研究无人机自主定位导航控制技术，实现无人机全方位自主移动，为多角度感知奠定技术基础；集成研究池塘群多参数检测技术，提高多参数检测的准确性、可靠性、稳定性。

3. 研发深水网箱、大围网水下检测、网衣清洗、死鱼捡拾等管理、捕捞收获机器人

实验室集成现场信息在线获取和多信息融合技术、机器视觉技术、卫星定位系统、通信技术、水下机器人自主导航定位技术、耐水生环境腐蚀技术、开发水质立体监测、管理和捕捞收获机器人，重点研究水下环境综合感知与多源信息融合处理技术，远洋卫星通信网络，机器人视觉识别技术，自主定位导航控制技术，实现机器人全方位自主移动，为多角度感知奠定技术基础；集成研究水质多参数检测技术，提高水质多参数检测的准确性、可靠性、稳定性。改进耐水生环境腐蚀、防水密封工艺技术，实现机器人稳定安全运行。

（七）渔业约束能源组网和能耗优化调控实验室

对于离岸远海捕捞渔业和养殖渔业场景，面向潮汐能、风能、太阳能、地热能、生物质能等清洁能源和电网能源等多能源互补现状，基于 Micro PMU 的非侵入式发 - 储 - 用电气成分辨识与分解技术，基于未知负载自动检测与基于聚类分析算法的设备特征自学习技术，基于高分辨率实时测量数据的事件检测技术，构建多能源互补渔业微型电网和能源物联网监测系统；实现电感、电容、电感性渔业装备负载自均衡和最优供能方式选择。基于多能互补技术及理论分析模型，基于流体传热和耗散机理的热能消耗最小化技术，构建多能互补渔业能耗协同优化调控模型和多参数耦合优化调控模型，包括渔业装备工作性能精准感知、工艺农艺精准量化、非线性动态优化求解，实现装备按需动作、合理待机和快速响应，实现渔业环境的维持耗能和设备运行能耗最小化。

（八）渔业系统集成与云平台实验室

1. 多模式渔业实验条件平台

构建数字化池塘养殖实验平台，用于进行集中连片生态池塘养殖的测试、实验和示范；构建数字化陆基工厂循环水养殖实验平台，用于进行集约高效的循环水养殖的测试、实验和示范；构建数字工厂化鱼菜共生养殖实验平台，用于进行鱼菜共生技术的测试、实验和示范；构建数字化海上养殖实验平台，用于进行网箱、管桩围网、养鱼工船等模式养殖的

测试、实验和示范；构建数字化海上渔船捕捞作业实验平台，用于进行高效自主捕捞技术的测试、实验和示范。

2. 水产养殖环境与生产管理过程监测和分析平台

实验室形成多模式渔业实验平台后，还需要进一步配置全场景模式的实时测传控物联网系统，建设水产养殖环境与生产管理过程监测与分析设备，检测和模型验证的平台，同时承载生产、作业、管理等云平台数据层和网络层基础。

3. 构建渔业产业链管控云平台

捕捞和养殖渔业在解决实时精准测控生产后，渔业生产实现集约高效式发展并进一步实现增效增产，但还需要实现渔业产值的增值过程，让渔业参与者有实实在在的获得感。实验室需要打通生产后的水产品捕捞分级分拣、冷链物流、电商营销等全产业链环节信息化和数字化。渔业水产品全产业链管理平台，包括水产品捕捞和分级分拣智能管控环节，水产品加工管理环节，水产品冷链物流智能管理环节，水产品电子交易智能管理环节以及水产品质量安全追溯管控环节。其中，共性建设元素有用户管理，信息管理和发布系统，用户权限管理，监测预警管理，数据统计和分析模块，数据导出和上报管理等；差异化建设元素因环节而已，其中，水产品捕捞和分级分拣智能管控环节，包括渔船调度，地图显示，渔船捕捞作业监管，吸鱼泵和分级分拣调控等模块。水产品加工管理环节包括加工环境监控，检验检疫管理。水产品冷链物流智能管理环节包括运输监控管理，仓储管理，物流路径规划和决策管理。水产品电子交易智能管理环节包括市场趋势分析，供求信息平台，交易服务，支付管理。水产品质量安全追溯管控环节包括身份快速采集，溯源数据中心，数据传递管理等。

第三节 建设粤港澳大湾区分中心

一、粤港澳大湾区分中心建设背景

2019 年 2 月 18 日，中共中央、国务院印发了《粤港澳大湾区发展规划纲要》，指明粤港澳大湾区的战略定位为充满活力的世界级城市群、具有全球影响力的国际科技创新中心、“一带一路”建设的重要支撑、内地与港澳深度合作示范区，以及宜居宜业宜游的优质生活圈。

2019 年 7 月 ，广东省委、省政府印发《中共广东省委 广东省人民政府关于贯彻落实〈粤港澳大湾区发展规划纲要〉的实施意见》，同时，广东省推进粤港澳大湾区建设领导小组印发《广东省推进粤港澳大湾区建设三年行动计划（2018—2020 年）》，形成广东省推进大湾区建设的“施工图”和“任务书”。广州市南沙区在现代基础设施体系建设，构建具有国际竞争力的现代产业体系，生态文明建设，宜居宜业宜游的优质生活圈，粤港澳合作发展平台等方面均有涉及和定位。

南沙地处珠江出海口和粤港澳大湾区地理几何中心，是连接珠江口两岸城市群和粤港澳地区的重要枢纽性节点，区内气候温暖湿润，自然生态优美，人文历史绚烂，土地平坦开阔，水源滩涂湿地资源丰富，农产富饶。水产养殖业是南沙农业发展的重点，占全区农业总产值近 4 成，2018 年水产养殖面积 10.33 万亩，水产总产值 34.6 亿元，面积和产值均为广州市第一。20 多个观赏鱼养殖品种全国份额第一、观赏米虾等高端产品产量全球第一，南沙渔业已成为粤港澳大湾区一张靓丽的名片，具备成为粤港澳大湾区最具竞争力的现代渔业发展高地。

2019 年 6 月，广州市南沙区现代渔业产业园（以下简称“南沙渔业产业园”）成功入选省级创建名单，落户广州南沙现代农业产业集团公司（以下简称“南沙农业集团”）产业布局区，由南沙农业集团牵头建设，规划总面积约 3.9 万亩。园区总体形成“一轴三心五片区”的规划结构，打造以岭南特色渔业展示轴为带动轴，以岭南特色渔业科创转化教育中心（管理及科研中心）、岭南特色渔业对外开放服务平台中心（对外加工物流交易展示服务中心）和岭南水乡渔文化传承展示中心（旅游服务中心）为三大发展核心，带动渔业科研孵化展示与管理服务区、大湾区高标准渔业生态养殖示范区、南沙湿地渔业文旅体验区、“一带一路”渔业育种创新示范区、南沙国际渔业保税产业区五大片区协调发展。南沙渔业产业园坚定“守住绿色底线、融入一流湾区、合作辐射全球、国内领先、国际一流的现代渔业产业园”的建设目标。

2019 年 11 月 4 日，南沙现代农业集团与中国农业大学签订合作框架协议，国家数字渔业创新中心粤港澳大湾区分中心落户南沙渔业产业园，这为南沙渔业产业园科研创新注入强劲动力。国家数字渔业创新中心粤港澳大湾区分中心整合中国农业大学世界双一流学科资源与物联网、大数据、人工智能前沿技术，共同赋能智慧渔业产业发展，打造国际一流的集智慧渔业科技、教育、研发、中试、产业、国际合作交流于一体的现代渔业创新示范区和科创平台；积极探索大湾区智慧渔业产业转型升级和全方位创新引领发展路径，为构建拥有强劲国际竞争力的粤港澳大湾区现代渔业产业体系贡献南沙模式、南沙经验和南沙样板。

二、粤港澳大湾区分中心共建方案

（一）建设目标

粤港澳大湾区分中心集聚中国农业大学国家数字渔业创新中心平台资源、技术、人才，以及全国辐射的研究中心、制造基地、示范基地、产业联盟、国际交流中心、国家政策智库等核心能力，瞄准国家粤港澳大湾区的发展定位，紧紧结合广州南沙现代农业产业集团和广州南沙现代渔业产业园全面发展的需求，赋能智慧渔业产业发展，将南沙渔业产业园以及南沙农业打造成国际一流的粤港澳大湾区闪亮名片和最具竞争力的发展高地，打造国际一流的集智慧渔业科技、教育、研发、中试、产业、国际合作交流于一体的现代渔业创新示范区和科创平台，共建高水平对外开放门户，辐射带动一带一路战略发展。

（二）建设方案

建设粤港澳大湾区智慧渔业科技创新中心，构建开放型区域协同创新共同体。建立以企业为主体、市场为导向、产学研深度融合的技术创新体系，加强科技创新合作能力，广泛参与粤港澳大湾区科技创新活动；加强创新基础能力建设，加强产学研深度融合，整合粤港澳企业、高校、科研院共建高水平的协同创新平台，加强知识产权保护，推动科技成果广泛落地转化。

构建具有国际竞争力的现代渔业产业体系，发挥政产学研用的合作模式。引入和聚集智慧渔业发展基金和资本，共同建设智慧渔业多产业基地，实现渔业全要素、全产业链信息化的示范效应，形成集苗种资源、高效生产、精深加工、冷链物流等一体的现代渔业产业体系，并大力推进粤港澳大湾区智慧渔业检测和测试中心建设及标准化工作，引领现代渔业产业发展方向。

加大推广拥有自主知识产权的水质实时精准测控物联网技术，实现淡水、海水、半咸水等水环境水质立体全参数综合监管和组网，贡献组成大湾区沿海生态带环境保护和珠江口水环境污染防控动态监测系统，为粤港澳大湾区绿色可持续性发展保驾护航。

打造低碳绿色渔业发展模式。加大推广生态高效集约的渔业技术和方案，如集中连片工程化池塘养殖、陆基工厂循环水养殖、陆海接力养殖、鱼菜共生系统及都市渔业模式，实现近零碳排放养殖和养殖固废、废水完全资源化再循环利用，推动大湾区开展绿色低碳发展评价，建设绿色发展示范区。

塑造生态健康的大湾区渔业发展方案，加强食用水产品安全监管合作，建立供港澳渔业追溯冷链制度，改善和建设水产品安全示范区。

贡献宜居宜业宜游的优质生活圈解决方案，构筑以人文科技为主题的休闲渔业湾区，吸引和挖掘优秀人才聚集和落户，扩大交流互鉴，打造智慧渔业教育培养、科普和人才高地；利用中国农业大学的学术地位和影响，吸引培养大湾区新型复合人才、职业农民等，进一步拓展就业创业空间。

构建国际智慧渔业发展交流合作中心，常态化组织学术研讨、产业沙龙等高端智库会议，广泛联系学者和产业精英，就大湾区智慧渔业发展和产业模式进行不断深化和宣传推广，将南沙渔业产业园打造成世界渔业创新交流发展的活跃场地，共同参与一带一路建设，携手扩大对外开放，输出技术和南沙经验、模式。

三、举办中国（南沙）智慧渔业峰会

2019 年 12 月 15 日，中国（南沙）智慧渔业峰会在广州南沙隆重举行，本次峰会由南沙区人民政府、中国农业大学国家数字渔业创新中心主办，南沙区农业农村局、广州南沙现代农业产业集团公司承办。本次智慧渔业峰会以“湾区渔业，明珠领航”为主题，会上专家与业者围绕智慧渔业科技最新动态，开展粤港澳大湾区智慧渔业科研和产业发展探讨，搭建智慧渔业三产深度融合平台，促进现代渔业发展。

广州南沙开发区管委会与中国农业大学签署智慧农业战略合作框架协议，广州南沙现代农业集团公司分别与中国渔业物联网与大数据产业创新联盟、工业化水产养殖与装备产业技术创新战略联盟签订战略合作框架协议，分别与香港品质保证局、广州市品牌质量创新促进会签订战略合作协议。

会上，中国工程院院士、北京农业信息技术研究中心赵春江发表专题演讲，分析我国水产养殖面临的技术瓶颈和突出问题，指出发展智慧渔业已成为国家重大战略需求，其核心要素在于信息技术与渔业深度融合，发展全新的农业生产方式，并就具体智慧渔业内涵进行阐述，最后提出未来需要加强在关键技术研发创新、积极开展渔业应用等方面的工作，随着智能升级和农业数字技术的广泛应用，逐步实现智能化、网络化、数字化、绿色化的水产养殖。

中国农业大学教授，中国工程院院士任发政（由中国农业大学教授毛学英代表汇报）发表精彩报告，报告提到食品是大健康产业的源头，食品要求营养、健康、安全、科学，中国大健康产业仍处于初创期，需要由价格竞争转向以营养健康为需求的价值竞争。建议政府要引导食品产业的营养健康转型，建立营养健康的食品消费观；企业要加大基础研究力度，打破国外垄断现象；重视针对适用人群确切用量的临床评估，增加新型产品的开发和推广，建立基础科技成果转化通道等加强国民营养建设工作。

专题报告中，有来自重点高校知名专家教授和渔业三产企业家高管共计20余人发表了精彩的思考和实践报告，涵盖智慧渔业诸多先进养殖模式，从生态池塘到陆基工厂循环水，从近海网箱、管桩围网养殖到深远海养鱼工船和海洋牧场；涉及多种渔业智慧测控技术，有自主品牌的高可靠环境监测智能传感技术，有融合智能模型的物联网与大数据云平台技术，有深远海养殖作业平台和智能渔业设施和装备技术；还有基于区块链的全程溯源监管技术和产业园综合规划和一体运营技术等。学者专家和企业家们根据南沙领航湾区渔业发展的定位和思考，给出了一系列新趋势、新思考、新模式和新实践，思想观点交流碰撞，迸发活跃生机，助力南沙现代渔业的战略提升和深度发展，带来产学研融合促进的重要机遇。

本次峰会有利于推进粤港澳大湾区智慧渔业科技、资本、产业的合作和交流，促进南沙现代渔业产业园的发展，为南沙成为粤港澳大湾区智慧渔业引领的科创、产业、人才、合作交流中心迈出重要一步。

第四节　建设工厂化鱼菜共生示范基地

我国是世界第一大水产养殖国，水产养殖面积及产量已连续22年位居世界第一，2018年全国水产品产量占全球总产量的65%，水产养殖在解决粮食危机、改善膳食结构、增加农民收入、扩大出口创汇等方面都做出了重要贡献。但我国还不是世界水产养殖强国，主要体现在水产养殖装备数字化程度低，实时精准测控技术缺乏，国外同类技术不适用我国实际需求，导致劳动生产率和资源利用率低、劳动强度大、养殖风险高，严重制约水产养殖业可持续发展。在地球资源、能源有限且持续减少、世界人口总量大且持续增加、水土污染和气候变化加剧的情况下，如何高效利用水、土、光、热、肥等农业资料持续高质高量生产绿色农产品，是未来人类可持续发展必须面临的挑战。

工厂化鱼菜共生系统是运用多学科集成原理，对规模化的鱼菜循环水生态系统，以工业化的生产和管理方式进行全自动精准调控最佳循环水水质和作物生长环境，产出安全、高质、高量农产品的高效复合农业生产方式，可以显著提高水、土、光、热、肥等资源利用率，有效解决当前农业面源污染等突出问题，对生态环保型现代农业发展具有重要意义，是应对未来人类可持续发展的有效解决方案。

目前，工厂化鱼菜共生技术是一种先进代表性的复合养殖技术，国家数字渔业创新中心从2012年开始其研究开发和产业化推进，目前已形成高度智能鱼菜共生技术理念，温室工厂化鱼菜共生模式，单向 - 冷凝循环水处理技术，复合式无土栽培方式，鱼菜动态营养管理技术，固废再利用技术，多能互补能耗优化调控技术，养殖水体溶解氧预测控制技术，基于计算智能的水质和环境参数预测模型，鱼菜共生装备智能故障诊断模型，太阳能热电和地缘热泵水体温度交换模型和调控技术，物联网与云平台技术，水体环境立体感知和无线传感网络技术，智能信息处理技术，智能渔业装备数字化网络化技术等。

一、工厂化鱼菜共生江西会昌示范基地挂牌

江西工厂化鱼菜共生系统是一种超有机智能生态鱼菜共生系统，由会昌诚成发展基金领衔投资，于2017年7月12日在江西省赣州市会昌县麻州镇增丰村正式开工启动建设。规划用地面积140亩，设置冷水鱼菜共生工厂区20亩、温水鱼菜共生工厂区40亩、度假村80亩，实现品种和技术研发、技术服务和培训、配肥输送、育苗供应、品种和技术示范、水产养殖、蔬菜种植、休闲旅游、加工销售共九大功能区。鱼菜共生智能系统通过生态智能设计，将水产养殖与水耕栽培融合于一体——养鱼不换水而无水质忧患，种菜不施肥而正常成长。鱼菜共生让动物、植物、微生物三者之间达到一种和谐的生态平衡关系，实现可持续循环型无污染、无公害、零排放的低碳生产模式。

工厂化鱼菜共生系统共分为两期建设，其中一期总投资1.2亿元，于2018年12月竣工投产。该系统建设温水、冷水鱼菜共生系统2套，生产占地20亩，养殖澳洲墨瑞鳕等高档鱼类，是全球唯一实现墨瑞鳕人工孵化的企业；种植奶油生菜等果蔬，产品质量通过美国BAP、欧盟NSF认证。该系统预计年产鱼类500吨和果蔬1000吨，亩产经济效益超250万元。江西中农晨曦科技有限公司与中国农业大学共同开发、设计建设鱼菜共生系统，实现每立方水养鱼150公斤，养殖密度是传统方式的100倍，耗水量是传统方式的1%，大部分操作仅凭手机即可完成。

二、建设工厂化鱼菜共生北京通州示范基地

2019年6月18日，北京中农天陆微纳米气泡水科技有限公司和中国农业大学国家数字渔业创新中心签订高效鱼菜共生系统实时测控技术产业化研究合同，深化工厂化鱼菜共生技术领域合作，定位服务于京津冀一体化“菜篮子”工程和新型生态可循环农业研发和产业化推广，通过集团企业、都市农业科技园、嘉年华、会议会展等推广平台等进行项目示范和技术推广，推进我国现代农业发展的进程。

国家数字渔业创新中心工厂化鱼菜共生北京通州示范基地坐落在北京国际都市农业科技园水科技馆，占地600平方米，具有落地式鱼菜共生系统、立体鱼菜共生系统以及景观鱼菜共生系统3种模式，由北京中农富通园艺有限公司旗下北京中农天陆微纳米气泡水科技有限公司共同升级建设。本示范基地以绿色生态发展为指引，开发农业新功能，通过高效鱼菜共生系统实时测控技术产业化研究，将高效循环水养殖和无土栽培技术有机融合，通过工艺优化和先进实时测控技术产业应用，形成高效鱼菜共生系统和模式，可以有效节约水资源、实现废弃物零排放、实现养殖废水零排放、提高种养殖生产率、提升水产养殖品种的品质，粪便和残饵等固体废弃物得到了资源化利用，实现提质增效和节水减排的目标，有效推动种养殖业的健康可持续发展和首都食品安全与营养健康产业创新发展，增加北京当地优质农产品供应，提高北京市场农产品的自给率，丰富首都“菜篮子”，保障全市绿色农产品有效安全供给。

北京中农天陆微纳米气泡水科技有限公司在循环水养鱼和鱼菜共生项目研究、设计和建设方面积累了丰富的经验，经过5年的研发与实践，制定了微纳米气泡发生装置的企业标准，并通过了国家级科学技术成果鉴定。该装置可产生100纳米到10微米的气泡，专家评价该技术已经达到了国际领先水平。该公司围绕自主研发的微纳米气泡发生装置及其在

各个领域上的应用，目前共申请 61 项知识产权专利，包括 6 项发明专利，42 项实用新型专利，13 项外观设计专利。

未来，双方将发挥各自在产业和技术上的优势，利用现有实验基地的设施和资源等条件，因地制宜，优化设计，将鱼菜共生实时测控技术和解决方案落地和建造实现，并进行系统运维和生产，形成国家数字渔业创新中心工厂化鱼菜共生北京通州示范基地。同时，双方通过标准化研究及产业化应用示范，积极辐射和带动通州区涉农企业、合作社及农户产业升级，推进国内鱼菜共生技术和产业发展水平。

发展政策篇

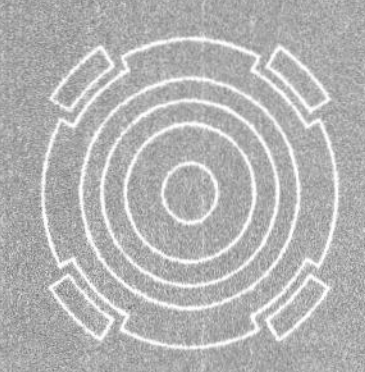

第二十章 20
政策法规

2018年1月2日，中共中央、国务院发布《中共中央 国务院关于实施乡村振兴战略的意见》，强调实施乡村振兴战略，是党的十九大作出的重大决策部署，是决胜全面建成小康社会、全面建设社会主义现代化国家的重大历史任务，是新时代"三农"工作的总抓手。

2018年1月23日，国务院办公厅印发《关于推进电子商务与快递物流协同发展的意见》。

2018年1月29日，国务院办公厅印发《关于推进农业高新技术产业示范区建设发展的指导意见》，强调为加快推进示范区建设发展，提高农业综合效益和竞争力，大力推进农业农村现代化。

2018年2月5日，中共中央办公厅、国务院办公厅印发《农村人居环境整治三年行动方案》。

2018年4月20日，习近平总书记在全国网络安全和信息化工作会议上强调，信息化为中华民族带来了千载难逢的机遇。我们必须敏锐抓住信息化发展的历史机遇，加强网上正面宣传，维护网络安全，推动信息领域核心技术突破，发挥信息化对经济社会发展的引领作用，加强网信领域军民融合，主动参与网络空间国际治理进程，自主创新推进网络强国建设，为决胜全面建成小康社会、夺取新时代中国特色社会主义伟大胜利、实现中华民族伟大复兴的中国梦作出新的贡献。

2018年5月2日，国务院办公厅印发《关于全面加强乡村小规模学校和乡镇寄宿制学校建设的指导意见》，强调乡村小规模学校（指不足100人的村小学和教学点）和乡镇寄宿制学校（以下统称两类学校）是农村义务教育的重要组成部分。办好两类学校，是实施科教兴国战略、加快教育现代化的重要任务，是实施乡村振兴战略、推进城乡基本公共服务均等化的基本要求，是打赢教育脱贫攻坚战、全面建成小康社会的有力举措。

2018年6月16日，中共中央、国务院发布《关于全面加强生态环境保护 坚决打好污染防治攻坚战的意见》，强调良好生态环境是实现中华民族永续发展的内在要求，是增进民生福祉的优先领域。

2018年8月31日，中华人民共和国第十三届全国人民代表大会常务委员会第五次会议通过《中华人民共和国电子商务法》，自2019年1月1日起正式实施。

2018年9月26日，中共中央、国务院印发《乡村振兴战略规划（2018—2022年）》，以习近平总书记关于"三农"工作的重要论述为指导，按照产业兴旺、生态宜居、乡风文明、治理有效、生活富裕的总要求，对实施乡村振兴战略作出阶段性谋划，分别明确至2020年全面建成小康社会和2022年召开党的二十大时的目标任务，细化实化工作重点和政策措施，部署重大工程、重大计划、重大行动，确保乡村振兴战略落实落地，是指导各地区各部门分类有序推进乡村振兴的重要依据。

2018年12月29日，国务院印发《关于加快推进农业机械化和农机装备产业转型升级的指导意见》，强调农业机械化和农机装备是转变农业发展方式、提高农村生产力的重要基础，是实施乡村振兴战略的重要支撑。

2019年2月19日，2019年中央一号文件《中共中央 国务院关于坚持农业农村优先发展做好“三农”工作的若干意见》发布，这是新世纪以来第16个聚焦“三农”的一号文件。

2019年5月16日，中共中央办公厅、国务院办公厅印发《数字乡村发展战略纲要》，提出分四个阶段实施数字乡村战略，部署加快乡村信息基础设施建设、发展农村数字经济、建设智慧绿色乡村等十项重点任务。

2019年7月24日，农业农村部办公厅印发《关于全面推进信息进村入户工程的通知》，深入实施信息进村入户工程，加大整省推进支持力度，督导各省份做好益农信息社建设运营工作。

专家视点篇

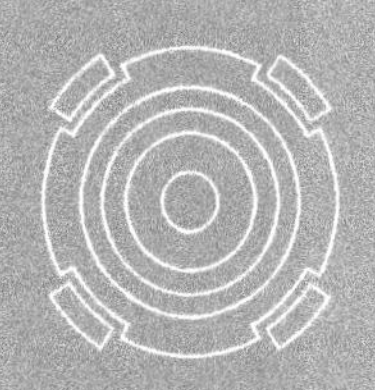

第二十一章 21

强化数字农业科技创新

中国工程院院士、中国农业科学院院长　唐华俊

农业农村部与中央网信办联合印发《数字农业农村发展规划（2019—2025年）》，对推进数字农业农村发展作出顶层设计和系统谋划。全面贯彻落实该规划的部署要求，需要强化数字农业农村科技创新，打造农业农村现代化新引擎和新动能。

数字技术与农业农村加速融合，但数字农业农村发展仍面临着诸多挑战。以移动互联网、大数据、云计算、人工智能为代表的新一代信息技术发展日新月异，数据爆发增长、海量集聚，数字化、网络化、智能化加速向农业产业体系、生产体系、经营体系广泛渗透，深刻改变全球经济版图格局。党中央、国务院大力推进数字中国建设，实施数字乡村战略，科技创新能力不断提升，设施装备研发显著加快，遥感、物联网与大数据应用蓬勃发展，数字产业化与产业数字化同步发展，数字新产业新业态竞相涌现，带动传统农业农村数字化转型升级。与工业和服务业等领域相比，农业农村领域数字化研究应用还明显滞后。基础设施依然薄弱，数据资源体系建设还不完善，标准缺失阻碍应用协同，发展基础"空档"；核心关键技术研发力量不足，农业机器人、智能农机装备适应性较差，创新能力"掉档"；数字技术与农业农村融合不够，数据整合不充分、开发应用不足，信息系统集成应用不够，产业化水平"断档"，因而迫切需要补齐数字化不足的"短板"。

推进数字农业农村科技创新，以数据赋能农业农村现代化。要以"数据—知识—决策"为主线，突破核心关键技术、装备和集成系统，厚植数字农业农村发展根基。一是加强精准感知和数据采集技术创新，构建"天空地"一体化的农业农村信息采集技术体系，开展数据采集、输入、汇总、应用、管理技术的研究，提升原始数据获取和处理能力，解决"数据从哪来和如何管"这一基础问题。重点是推进满足农业农村需求的专业遥感卫星研发，突破无人机农业应用的共性关键技术，攻克农业生产环境和动植物生理体征专用传感器，实现重要农区、牧区的农业资源环境、生产、经营、管理和服务等跨区域、全要素、多层次的数据采集；研发农业农村大数据管理平台，突破"集中＋分布式"农业农村资源资产一体化云架构、数据安全等关键技术。二是加强数据挖掘与智能诊断技术创新，构建农业大数据智能处理与分析技术体系，加强人工智能、虚拟现实、区块链＋农业、大数据认知分析等战略性前沿性技术超前布局，解决"数据如何处理与分析"的关键问题。重点是开展共性关键技术攻关，集成农学知识与模型、计算机视觉、深度学习等方法，研发动植物生产监测、识别、诊断、模拟与调控的专有模型和算法，实现农业生产全要素、全过程的数字化、智能化诊断；围绕农村数字化服务，加强农业农村数据资源关联挖掘、智能检索、智能匹配与深度学习等关键技术研发，满足农民对公益服务、便民服务、电子商务、体验服务等全方位信息需求。三是加强精准管控与信息服务技术创新，构建数据赋能农业

农村智能化决策与管理技术体系，加快行业管理与服务流程的数字化改造，解决“数据如何服务”的出口问题。重点是加强农业农村专有软件与信息系统的整合集成研究，研发环境智能控制系统、农产品质量快速检测与冷链物流技术、农产品可信追溯技术；加强智能装备自主研发能力，创制一批农业智能感知、智能控制、自主作业等物质装备，重点突破农业机器人、数控喷药、智能检测、智能搬运、智能采摘、果蔬产品分级分选智能装备；进行数字农业标准规范研制，建立数据标准、数据接入与服务、软硬件接口等标准规范。

构建数字农业农村科技创新体系，提升数字农业农村自主创新能力。加快数字农业农村科技创新，既要发挥政府作用，也要调动各方力量，形成合力，共同推进。建议各级政府部门进一步加大投入力度，完善专用设施和研发基地，围绕战略性前沿性技术布局、关键共性技术攻关、技术集成应用与示范、农业人工智能研发应用，建设一批国家数字农业农村创新中心和专业分中心，构建技术攻关、装备研发和系统集成创新平台。将数字农业农村科技攻关作为国家重大专项和重点研发计划的支持重点，建立现代农业产业技术体系数字农业农村科技创新团队，推动数字技术和农业农村深度融合。协同发挥科研机构、高校、企业等各方作用，培养造就一批数字农业农村领域科技领军人才、工程师和高水平管理团队。加强数字农业农村业务培训，开展数字农业农村领域人才下乡活动，普及数字农业农村相关知识，提高“三农”干部、新型经营主体、高素质农民的数字技术应用和管理水平。作为国家综合性农业科研机构，中国农业科学院将集聚全院乃至全国研究力量和科技资源，瞄准我国数字农业农村发展的战略需求，凝练重大科技命题，从更高层面、更广视野开展数字农业农村农业重大理论、关键技术和装备的协同创新和联合攻关，解决重大科学技术难题；围绕数字技术与农业农村现代化的深度融合，有效整合现有先进装备、实用成熟技术和系统成果，进行标准化组装、集成、熟化和应用验证，加快数字农业农村科研成果的转化和示范应用，探索“创新链＋产业链”双向融合机制，为实施乡村振兴战略、解决好我国“三农”问题提供强有力的科技支撑。

（文章来源：农业农村部官网）

第二十二章 22

用信息技术突破农业农村现代化瓶颈

农业农村部信息中心主任　王小兵

在现代信息技术与农业农村加速融合的关键时期，农业农村部、中央网信办联合印发《数字农业农村发展规划（2019—2025）》（以下简称《规划》），恰逢其时，意义重大而深远。

第一，《规划》的出台，是顺应信息革命发展趋势的战略举措。当前，新一轮科技革命和产业变革正在孕育兴起，互联网、物联网、大数据、人工智能、区块链等快速发展。现代信息技术日益成为创新驱动发展的先导力量，正在推动社会生产力发生新的质的飞跃。为此，世界主要发达国家都将数字农业作为战略重点和优先发展方向。我国作为农业大国，应当因势而谋，应势而动，顺势而为。

第二，《规划》的出台，是贯彻落实党中央、国务院决策部署的重大行动。党的十八大以来，习近平总书记就发展农业农村信息化作出一系列重要指示，强调要瞄准农业现代化主攻方向，提高农业生产智能化、经营网络化水平，帮助广大农民增加收入。党的十九届四中全会首次把数据列为生产要素，提出要优化经济治理基础数据库。农业农村部门必须坚决贯彻落实中央的决策部署，细化实化政策措施，推动数字农业农村加快发展。

第三，《规划》的出台，是推动乡村振兴战略高质量实施的现实选择。乡村振兴战略的总目标是农业农村现代化，这既包括“物”的现代化，也包括“人”的现代化，还包括乡村治理体系和治理能力的现代化。从国内外的实践看，数据已经成为农业新的生产要素，数字技术已经成为农村新的生产力，现代信息技术对突破农业农村现代化瓶颈制约的作用日益凸显。

2020年，是全面建成小康社会和“十三五”规划收官之年，又是编制“十四五”规划、为实现第二个百年奋斗目标打好基础的关键之年。因此，应重点在以下几个方面下功夫。

一是在切实发挥大数据两大核心功能上下功夫。大数据具有预测预警和优化投入要素结构两大核心功能。要充分发挥大数据在农产品市场监测预警、农业重大自然灾害监测防御、动植物疫病防控等方面的作用，通过数据有效对接产销、促进产销平衡，做到“未病先治”；要把数据作为新要素和新“农资”，以动植物生长发育需要为依据，建立生长模型，优化组合土、肥、水、饲料等投入要素，既最大程度降低投入成本，又让动植物健康生长、产能最大化。

二是在加快构建统一的农业农村大数据中心上下功夫。要从2020年开始，力争用5年左右的时间，基本建成国家统一、部省联动的国家农业农村大数据中心体系。在建设过程中，要注重软硬结合、远近结合，既要创新完善现行统计调查方式方法，又要积极探索推行利用物联网、无人机、卫星遥感等数据采集的主渠道。同时要加快建立健全数据资源开放共享、协作协同、开发利用的制度机制，打造产学研用一体化的农业农村数字生态圈。

三是在协同发展条和块两个大数据上下功夫。一方面，条数据要以重要农产品全产业链大数据建设为主线，加快实现生产、加工、流通、消费、进出口等关键环节的数据在线化，加强和贯通数据采集、分析和利用，提高数字化生产力。另一方面，块数据要以推动大数据在“五区一园”和县域落地应用为重点，加快建设国家农业农村地理信息平台，加强环境、市场、生产等各方面数据的叠加汇聚和关联分析，着力提高家庭农场、农民合作社等新型农业经营主体生产智能化水平，以此带动小农户与现代农业发展有机衔接，发挥数据的指数效应。

四是在统筹推进农业数字转型和乡村数字治理上下功夫。发展数字农业农村，既要对农业产业进行全方位、全领域、全过程、全角度数字化改造，实现数字转型，更要从建设中国特色社会主义善治乡村的高度，坚持以人民为中心的发展思想，推进数字乡村治理。要立足发展农业农村数字经济，把着力点放在农业产业数字化上，通过节本、提质挖掘和释放数据价值，同时推进数字产业化，大力发展农业物联网设备、智能农机等制造业，创新发展农村电子商务，深入实施信息进村入户工程，启动实施“互联网+”农产品出村进城工程，建设农业农村数字经济示范区，把农村培育成为数字经济发展的新空间。推进乡村数字治理，要充分发挥数字技术在土地确权、基本农田建设、宅基地管理、人居环境整治、农业农村环境污染防治、党务村务财务公开、教育医疗、平安乡村建设等方面的重要作用，完善民生保障信息化服务，让农民在分享数字化发展成果上有更多获得感、幸福感、安全感。

（文章来源：农业农村部官网）

第二十三章 23

以“数字乡村”战略统筹推进新时代农业农村信息化的思考与建议

农业农村部市场与经济信息司　王耀宗
农业农村部工程建设服务中心　牛明雷

党的十八大以来，以习近平同志为核心的党中央紧紧抓住信息化发展的历史机遇，作出一系列重大决策、提出一系列重大举措，以信息化引领驱动新型工业化、城镇化、农业现代化同步发展，取得了令人瞩目的成就。各种现代信息技术在农业农村领域开始广泛应用，对农业农村经济社会发展战略性和全局性的影响开始逐渐显现，农业农村信息化已经成为农业农村发展破局的时代选择。但是，农业农村信息化发展不平衡不充分的问题仍然较为突出，城乡数字鸿沟依然存在，各行业各领域各环节各地区间的发展程度差距较大，严重制约了农业农村信息化的进一步发展。

《中共中央 国务院关于实施乡村振兴战略的意见》中涉及农业农村信息化工作的共有 9 条意见，包括加强农村信息基础设施建设，大力发展数字农业，实施智慧农业林业水利工程，实施数字乡村战略，发展电子商务，加强公共服务、社区治理、产权管理、教育、医疗、文化等领域的信息化应用等。但是这 9 条意见使用了数字农业、智慧农业、数字乡村等几个易混淆的相近概念，部分工作内容有交叉，且多数内容穿插在其他领域工作中一笔带过，尚未形成统筹推进农业农村信息化的顶层设计。有必要进一步加强对农业农村信息化特别是农村信息化工作的总体布局，以“数字乡村”战略统筹协调推进农业农村信息化各项工作，充分发挥信息化对农村经济、政治、文化、社会、生态发展的引领、驱动和倍增作用，助力乡村振兴战略实施。

一、“数字乡村”的内涵与特征

（一）“数字乡村”的内涵

党的十九大报告提出，要建设数字中国、智慧社会。“数字乡村”是一个新的概念，是国家信息化战略的重要组成部分，需要结合数字中国、智慧社会等概念进行界定。

国家互联网信息办公室发布的《数字中国建设发展报告（2017 年）》提出，数字中国是新时代国家信息化发展的新战略，涵盖经济、政治、文化、社会、生态等各领域信息化建设，包括“宽带中国”、“互联网 +”、大数据、云计算、人工智能、数字经济、电子政务、新型智慧城市、数字乡村等内容。

智慧社会是在智慧城市概念基础上的进一步延伸，是我国智慧城市实践的重要成果。2018 年召开的“中国智慧社会发展与展望论坛”提出，智慧社会是继农业社会、工业社会、信息社会之后一种更为高级的社会形态。汪玉凯提出，智慧社会就是数字化、网络化、智能化深度融合的社会，在数字化基础上实现万物感知，在网络化基础上实现万物互联，在智能化基础上使社会更加智慧，包括智能治理、智慧产业、智慧商务、智慧服务、智慧生活、智慧生态等6个方面。

结合已有研究，数字乡村是新时代国家农业农村信息化发展的总体布局，是数字中国战略的重要组成部分，是智慧社会建设在乡村的延伸，通过现代信息技术在农村经济、政治、文化、社会、生态各领域各环节广泛而深度的应用，实现数字化升级改造和全面感知，依靠信息技术创新驱动农业农村发展质量变革、效率变革、动力变革，形成创新、协调、绿色、开放、共享的农业农村新经济发展模式，以及在线化、精准化、智能化的农村公共服务和社会治理模式，建成全面融入数字中国、智慧社会的新时代社会主义现代化新农村。

（二）“数字乡村”战略的阶段性特征

信息化是一个长期发展的过程，在每个阶段呈现出不同的发展特点。国内外学者对信息化发展阶段的研究有很多，包括诺兰模型、“S曲线”理论等。周宏仁提出，信息化发展，可分为数字化、网络化、智能化三个阶段。李道亮从定性的角度提出，当前我国农业信息化处于诺兰模型的第二、三阶段，即信息化普及和发展阶段。在农业农村信息化现有的发展水平上实施“数字乡村”战略，应该抓住数字化、网络化、智能化融合发展的契机，根据不同地区不同领域建设需求，同步推进产业数字化、数字产业化、服务在线化、治理精准化、数字一体化。

产业数字化就是利用互联网、大数据、人工智能等现代信息技术，对农村一二三产业进行全方位、全角度、全链条的改造，加快实现产业数字化、网络化、智能化，提高全要素生产率，释放数字对产业发展的放大、叠加、倍增作用。

数字产业化就是依靠信息技术创新驱动，不断催生基于互联网平台的农业农村新产业新业态新模式，促进生产信息产品与提供信息服务的相关企业规模化、产业化，形成农业农村经济发展新动能。

服务在线化就是推动与农民生产生活相关的政务服务、公共服务、便民服务以及其他各类信息服务上网进村，构建全流程一体化在线服务平台，实现在线化、高效化、人性化办理。

治理精准化就是利用信息化手段感知农村社会态势、畅通沟通渠道、辅助科学决策，加强农村资产、资源、生态、治安等领域的精准管理，推进农村治理能力现代化。

数字一体化就是统筹城乡信息化战略部署，推进城乡信息化各领域各环节之间数据畅通流动，并以信息流带动城乡一体化发展。

二、加快推进“数字乡村”建设的必要性和重要性

（一）“数字乡村”是新时代农业农村信息化发展的必然结果

唯物辩证法认为，事物都是变化发展的，事物的发展要与其所处的阶段和地位相适应，要用发展的观点分析和处理问题。我国的信息化是在一个较低水平上开始发展的，特别是农业农村信息化的基础更为薄弱，只能在信息基础设施建设、农业生产信息化、农村电子商务、电子政务等重点领域进行分头突破，不断积累技术、经验、人才，培育形成学网、懂网、用网的社会氛围。通过这些年的发展，物联网、大数据、人工智能等新一代信息技术已经在农业农村不同程度应用，新产业新业态新模式正在不断涌现，农村互联网普及率达到35.4%，农村网民数量达到2.09亿，智慧城市建设为系统推进区域性信息化工作也积

累了经验，实施“数字乡村”战略的条件基本具备。进入新时代，随着基础条件和建设需求的改变，农业农村信息化的工作重点也将从分领域推进各项重点工作，转变为系统推进“数字乡村”战略。

（二）“数字乡村”是统筹推进乡村振兴战略的内在需求

唯物辩证法认为，矛盾是事物发展的动力，事物的发展是内因和外因共同起作用的结果，内因是事物发展的根据，决定着事物发展的基本趋向。坚持农业农村优先发展，实施乡村振兴战略，这是党中央着眼于推进“四化同步”、城乡一体化发展和全面建成小康社会作出的重大战略决策。实施乡村振兴战略，建设“产业兴旺、生态宜居、乡风文明、治理有效、生活富裕”的现代化新农村，面临着资源环境、人才技术、要素生产率等诸多瓶颈制约，依靠传统手段难以解决。在信息革命的时代背景下，就要充分利用互联网思维和信息化手段寻求超常规的解决办法，推动农业农村发展质量变革、效率变革、动力变革，引领驱动农村经济社会全面跨越式发展，助力乡村振兴战略实施。

（三）“数字乡村”是数字中国、智慧社会建设的外在要求

历史唯物主义认为，人民群众是历史发展的动力、主体，必须坚持以人民为中心的发展思想。农业是国民经济的基础，农村是社会的重要组成部分，农村常住人口数量仍占总人口的四成以上，抛开农业农村谈数字中国、智慧社会建设，是不完整、不现实、不可行的，也不符合马克思主义政党以人民为中心的根本立场和价值取向。有必要统筹推进数字中国、智慧社会建设，实施“数字乡村”战略，实现以城带乡、以强带弱的信息化发展新格局，加快补齐农业农村信息化短板，用信息流带动资金流、技术流、人才流双向流动，推动城乡一体化发展，让农民在信息化发展中有更多获得感、幸福感、安全感。

（四）“数字乡村”是贯彻落实习近平网络强国战略思想的具体体现

党的十八大以来，以习近平同志为核心的党中央重视互联网、发展互联网、治理互联网，不断推进理论创新和实践创新，提出一系列新思想新观点新论断，形成了习近平网络强国战略思想。习近平网络强国战略思想是新时代推进我国网信事业发展的指导思想和理论基础。习近平总书记提出，“网信事业发展必须贯彻以人民为中心的发展思想”“要加快信息化发展，整体带动和提升新型工业化、城镇化、农业现代化发展”“要发展数字经济，加快推动数字产业化”“要推动产业数字化”“要加大投入力度，加快农村互联网建设步伐”“要瞄准农业现代化主攻方向，提高农业生产智能化、经营网络化水平”“要发挥互联网优势，促进基本公共服务均等化”。实施“数字乡村”战略，推动农业农村产业数字化、数字产业化、服务在线化、治理精准化、数字一体化，就是在农业农村领域深入贯彻落实习近平网络强国战略思想的具体措施。

三、农业农村信息化的发展现状和存在的问题

近年来，在党中央、国务院和各级政府部门的大力推动下，农业农村信息化发展迅速，成效显著，可以概括为四个方面。

（一）农业农村信息化基础设施建设已经取得较大发展

通过实施宽带乡村战略，开展电信普遍服务试点工作，推进光缆、卫星通信进行政村，按需实现光纤入户网络和第四代移动通信（4G）网络向自然村和住户延伸覆盖。2017 年末，我国网民中农村网民占比 27%，农村网民数量达到 2.09 亿；农村地区互联网普及率达

到 35.4%，农村宽带用户达到 9377 万户，其中建档立卡贫困村通宽带比例已经超过 90%。

（二）农业全产业链信息化应用已经取得初步成效

移动互联网、物联网、大数据、智能决策等现代信息技术在农业全产业链各环节得到不同程度的应用。在农资供应环节，农资电子商务快速发展，基于地理信息系统、测土配方的化肥定制化生产等技术开始推广应用。在生产环节，遥感监测、远程诊断、精准作业、环境自动监测与控制、水稻智能催芽、水肥药智能管理、精准饲喂等技术开始大面积应用。据中国农业大学农业信息化评价研究中心于 2016 年在部分省市开展的农业信息化发展情况试评结果看，生产信息化应用指数的均值已达到 0.325。在加工环节，传统手工生产设备逐渐升级为机械化、自动化大型设备，出现网络化、智能化、精细化的现代加工新模式。在流通环节，电子商务成为新的流通渠道，网络期货期权、大宗农产品电子交易、批发市场网络交易成为新的交易手段，产销信息对接效率大幅提高。2017 年，全国生鲜农产品电商交易额达到 1391.3 亿元，大宗农产品电子交易实物交收额超过 10 万亿元。在产业管理方面，政务信息化深入推进，信息统计监测体系基本建立，农产品质量安全追溯平台开始应用，各类行政许可事项基本实现在线办理。在综合应用方面，出现了“云农场”“农场云”“田田圈”等集中农资供应、农技指导、产品销售等相关环节的智能农场管理系统、农产品供应链管理体系，部分实现了农业全产业链的网络全流程管理。

（三）农村互联网新产业新业态新模式大量涌现

农村电商发展迅速，2017 年农村网络零售额 12448.8 亿元，其中实物类产品 7826.6 亿元、服务类产品 4622.2 亿元，农村网店达到 985.6 万家，带动就业人数超过 2800 万人，农村地区网民使用网上支付的比例达到 47.1%。截至 2017 年年底，返乡下乡创业创新人员达 740 万人，其中 54.3% 的人都使用互联网等新一代信息技术获得信息和营销产品。基于互联网的共享经济、众筹农业、在线旅游、在线餐饮等一些创新应用在农村加速推广。

（四）农村在线服务、在线治理开始应用推广

各类农村信息服务站大规模设立，依托信息进村入户工程设立的益农信息社可以提供公益服务、便民服务、电子商务和培训体验服务。截至 2018 年 3 月底，全国共建成运行益农信息社 16.9 万个，开展便民服务 2.33 亿人次。12316 三农综合信息服务平台为农民提供科技、市场、政策、价格、假劣农资投诉举报等全方位的即时信息服务，已经惠及全国 1/3 以上农户。“互联网 +”教育、文化、医疗等在农村开始发挥积极作用，例如：教育部门利用数字教育资源和远程教育，解决 400 多万偏远贫困地区学生因师资缺乏而开课不足的问题；文化部门开展了全国文化信息资源共享工程，建立了大批乡镇服务点，建成农村数字院线 252 条。“互联网 +”社会治理、精准扶贫等取得了良好成效。例如：浙江省绍兴诸暨市枫桥镇推行基于“四个平台”的网格化管理，提高农村基层社会治理水平；“为村”平台让村民可以更好地监督村务、党务；扶贫开发大数据平台为精准扶贫提供了技术支撑。

虽然农业农村信息化在各个方面都取得了较大发展，同时也存在一些重要问题，限制了其发展速度和效果。一是城乡信息化差距较大。截至 2017 年年底，我国城镇地区互联网普及率为 71.0%，是农村地区的近一倍；城乡地区网民在互联网应用的使用率也存在明显差异，网络购物、旅行预订、网上支付及互联网理财等应用的差距在 20%~25% 之间；在线政务服务用户规模达到 4.85 亿，但服务内容和服务主体主要是城市居民。二是农业农村信息化内部发展不平衡。电子商务成为农业农村信息化最突出的亮点，信息化在农业产业方面的发展速度要快于在农民生活、农村治理方面的应用，东部、中部、西部及东北地区的应用规模和发展速度存在明显差异。三是农业农村信息化产业体系尚未形成。农业农村信息化发展呈现点状、条块特征，各地区各部门各自开展试点工作，个别地区个别领域个别案例的成功经验不能快速推广，系统化、规模化程度不高，产业体系尚未形成。据农业信息化评价研究中心不完全统计，7省市农业信息化产品研发生产企业2016年营业收入均值为1.63亿元，最高也仅为6.0亿元。

四、基于农业农村信息化现有基础的“数字乡村”建设路径

“数字乡村”战略是在农业农村信息化现有发展基础上的新战略，应该坚持服务“三农”发展、适应“三农”特点、满足“三农”需求的基本立场，坚持激发市场主体活力、更好发挥政府作用的基本原则，坚持统筹布局数字中国、智慧社会战略中城市和乡村两个部分，统筹推进农业农村各领域各环节信息化建设，以提高全面感知能力、贯通信息流动渠道、建立智能决策机制、实施精准管理控制为技术主线，加快推进农业产业数字化、农村数字经济产业化、农村服务在线化、农村社会治理精准化、城乡数字资源一体化。

（一）加快推进农业产业数字化

1. 建立“天空地”一体的数据感知网络

充分整合在轨卫星资源，补充必要的专用观测卫星，结合高低空无人机遥感和地面移动式监测平台，建成全覆盖、高分辨率、适应多样化任务需求的遥感观测平台。充分整合农业气象观测站点、农田水利监测站点观测信息，根据大田种植、设施园艺、畜禽养殖、水产养殖等不同生产环境对监测数据的不同需求，因地制宜，全面推广各类环境监测、个体感知的物联网设备。建立智能终端报送网络，提高人工采样信息报送效率。在农产品加工、储藏、流通阶段，大力推广RFID、二维码等技术，加强对农产品流程的感知能力。

2. 构建农业产业基础数据体系

建设耕地基本信息数据库，完善土地调查监测体系和耕地质量监测网络，建立健全耕地质量和耕地产能评价制度，对永久基本农田实行动态监测。结合资源要素权属和人口、工商登记信息，以及农业补贴发放、投入品监管等工作，建立农业生产经营信息“一张卡”制度。建立覆盖世界主要国家的农产品市场信息监测体系，形成农产品生产、消费、库存、进出口、市场价格、成本收益等6大类基础数据。推动各类监测信息互联互通，建立中央数据库和各层级监测平台，按需求按权属管理、查看信息。

3. 建立农业智能生产决策控制体系

在大田规模种植区域，重点推广测土配方施肥、智能催芽、智能灌溉、智能农机、航空施药、远程调度等设备和作业模式。在设施农业领域，加强作物生长决策模型研究和开发，重点推广水肥一体化智能灌溉系统、室内环境自动控制系统、智能育苗、采收嫁接机器人等技术，形成智能化、工厂化种植模式。在畜禽水产养殖基地，重点推广网络选育、饲料精准投喂、疾病自动诊断、智能收获、废弃物循环处理等技术和设备，构建畜禽全生命周期质量安全管控系统。通过各种智能设备和技术的应用，建立农业智能生产决策控制体系，提高全要素生产率，实现节本增效和绿色生产。

4. 加强农业全产业链数字化管理

依托数据感知网络和基础数据资源体系，建立农业全产业链大数据分析决策系统，提

供市场预警、政策评估、资源管理等决策支持，提高行政管理效率。开发应用基于 ERP 系统的农场信息管理系统，实现农业基本生产单位的数字化、精准化管理。推广贯通全产业链的“云农场”等管理模式，以及电子商务、订单农业、农产品期货、大宗农产品电子交易等交易形式，建立按需生产、就近配送的农产品智能供应链，提高农产品供给效率。加强农产品质量安全监管追溯管理信息平台建设，实现从田间到餐桌的质量安全全流程监管。

（二）加快推进农村数字经济产业化

1. 大力发展农业农村电子商务

深入实施电子商务进农村综合示范、农产品电子商务出村工程等项目，重点解决农产品销售中的突出问题，加快建设适应农产品电商发展的分等分级、采后处理、包装储运、冷链物流、服务管理的设施设备和标准体系，打造农产品销售农村服务站点和县级公共服务中心，建立智能冷链物流体系，加快推动农产品上行。以解决电商发展需求为目标，提供文案撰写、图像影像制作、宣传策划、包装设计、营销分销、代运营等电商服务，建立农产品电商服务体系和孵化基地。

2. 推动农村互联网创业创新

创新开发农业多功能价值，加强休闲农业、乡村旅游等基础设施建设，搭建在线乡村旅游平台，发展乡村旅游经济。打造网络交易平台，推动闲置分散的农房、农机、劳动力、土地和车辆等进入市场，发展共享经济，盘活资产、提高收益。打造农村创业创新众创空间、产业园区，提供一站式服务和多种形式支持，降低创业创新成本，发展众筹农业、创意农业、特色文化产业等新业态。

3. 建立农业农村信息化产业体系

加快农业农村信息化研发成果转化应用，推动科技创新成果与农业生产经营有效对接，开发适应“三农”特点的新型信息技术、产品、应用和服务。引导建立安装维护、软件应用调试等社会化配套技术服务体系，建立健全软件和设备检验检测体系。培育一批农业农村信息化龙头企业，探索完善企业协作机制，带动上下游中小企业发展，形成产业链条健全、专业协作机制完善、竞争力强劲的创新应用企业集群。

（三）加快推进农村公共服务在线化

1. 推进涉农服务事项在线办理

重点推进与农民生产生活密切相关的党建、民政、残联、法律、人力社保、建设、卫生、人口计生、公安、农业、林业等各类政务服务事项，以及车票购买、水电气缴费、小额取贷款等便民服务事项，实现在线化办理。鼓励网络购物、就业求职、旅行预订、影音娱乐、金融理财等适应农民特定需求的各类互联网平台和应用向农村延伸。全面实施信息进村入户工程，整合各部门、企业在农村的服务站点，提高益农信息社覆盖率，实现各类涉农服务事项一站式办理，解决农村非网民的上网需求。

2. 利用各类远程平台就近提供优质服务

加强农村学校信息化基础设施环境建设，推动教学点数字教育资源全覆盖，推进远程教育，为农村中小学生就近提供优质教育。完善新型农村合作医疗信息系统，加强乡镇卫生院和农村卫生站点信息化建设，利用远程医疗汇聚专家资源，为农民就近提供优质医疗服务。建立推广面向“三农”的法律咨询、心理咨询、政策咨询、技术咨询等各类远程咨询平台，为农民提供各类在线咨询服务。

3. 利用互联网建立新型农业社会化服务体系

整合全国农技推广服务体系专家资源和12316“三农”综合信息服务平台，提供远程农技指导。建立农业生产性服务网络交易平台，推动土地托管、代耕代种、农机作业、农业植保、农业气象等各类农业生产性服务资源与生产需求更好对接，提高服务资源使用效率。鼓励各类农业专业化服务组织，利用农业产业基础数据资源体系，针对农民个性化需求，提供个性化服务。

（四）加快推进农村社会治理精准化

1. 推进农村地区资产资源数字化管理

采用卫星遥感、空间地理信息等技术，实现耕地、草原、林地、水资源以及民房、宅基地等农村地区各类资产资源和权属“一张图”管理，完成土地承包经营权、林权、宅基地、集体建设用地等确权登记颁证工作，推进资产资源权属动态更新和快速核查。建立农村集体资产网络管理平台，建立集体资产登记、保管、使用、处置等管理电子台账。建立农村各类产权网络交易平台，引导农村产权规范流转和交易。

2. 推进农村社区智能化管理

推进“雪亮工程”建设进农村，加强农村视频监控设备布点，推进人脸识别等大数据应用，构建智能防控体系。利用遥感、传感器、视频监控等各类适用技术，推进对生产废弃物排放、生活垃圾处理、土壤水源等农村环境关键区域关键环节的在线监测，提高农村环境实时感知能力。推动气象、地震、泥石流、火灾等自然灾害和突发事件预警信息精准推送。推进农村网格化管理，加强互联感知、数据分析、智能决策技术的应用，整合人口信息、综治工作、市场监管、综合执法、污染防控等网络平台和数据库，利用大数据等技术实现基层服务和管理精细化精准化。

3. 推动形成互动参与的农村基层自治模式

推进村务、党务在线公开，创新各种方便农民在线交流、在线议事、在线投票、在线监督的互联网应用，提高便捷性、降低议事成本，保障农民参与基层自治的落实知情权、参与权、决策权和监督权。加强网络民意搜集和整理，及时分析、及时发现、及时解决农民最关心的现实问题。与农民切身利益相关的重大事项，通过网络等各种形式广泛征求农民意见，激发农民的创造性，提高决策的科学性。

4. 推进网络精准扶贫

构建统一的扶贫开发大数据平台，建立扶贫动态跟踪监测机制，为每个贫困户建立致贫原因、收入状况、生产生活条件、家庭成员等特征的数字化档案，开展对贫困户从识别到帮扶、脱贫后跟踪监测的全过程管理，实现扶贫对象精准识别、精准帮扶和精准脱贫。推进扶贫相关数据资源共享，为贫困户提供精准信息服务，帮助贫困户依靠网络创业就业。

（五）加快推进城乡数字资源一体化

1. 加强信息化战略的统一规划

加强数字中国、智慧社会战略中城市和乡村的统一规划，推进城乡信息化各项措施和项目工程的统一布局，协同推进“智慧城市”和“数字乡村”建设。统筹推进“数字乡村”各项工作，按照中央层面建立“数字乡村”大数据平台，各省份或有条件的地市统一建设“数字乡村”软硬件平台，县级按需定制部分服务项目，村级站点提供信息服务的总体思路，加强平台系统和数据中心的集中开发建设。

2. 推进数字资源共享开放

统筹推进城乡信息化硬件环境、软件系统、数据共享等相关标准体系建设，建立数据质量、数据交换、开放共享的监督评估机制，推进数字资源跨层级、跨地域、跨系统、跨部门、跨业务协同管理和服务，提高数据的可利用性，推动形成“数字乡村”大数据。编制数字资源共享开放目录清单，逐步推进部内各单位之间、涉农部门之间、中央与地方之间数据共建共享。建立数据分级分类制度，建设政府数据统一开放平台，实行分级共享开放，鼓励社会各方对公共数据资源进行深度加工和增值利用。

3. 形成数据驱动的城乡一体化发展

推动城乡各类在线公共服务事项无缝衔接，推动城乡公共服务基础设施的互联互通，促进城乡公共服务均等化。打通产业各环节横向、纵向信息传递渠道，构建城乡全覆盖的智慧出行、智慧物流、智能供应链等智慧网络，以信息链带动产业链、价值链、创新链，逐步形成数据驱动的产业链和产业集群，推动城乡产业联动和一二三产融合发展。

五、以“数字乡村”战略统筹推进农业农村信息化建设的政策建议

（一）加强组织领导

中央和各级地方政府成立“数字乡村”建设领导小组，建立“数字乡村”战略统筹协调推进机制，在各级农业农村部门内设“数字乡村”专职工作机构，加强机构队伍建设和政策协调，统筹推进重大项目和重点工作，形成中央统筹、省市负责、上下协同的工作机制。加强“数字乡村”战略顶层设计，制定具有前瞻性、全局性、可操作性的《国家“数字乡村”战略发展规划》和各部门协同推进工作计划、各地区具体实施方案，有序推进“数字乡村”建设。建立“数字乡村”的统计监测体系、发展水平评价体系，建立绩效考核制度、工作奖惩机制，营造支持改革、鼓励创新、允许试错、宽容失败的发展环境。推进“数字乡村”战略专家咨询委员会和智库建设，完善社会化专业服务体系，形成社会各界共同建设“数字乡村”的合力。

（二）完善扶持政策

合理划分政府和市场界限，使市场在资源配置中起决定性作用，更好发挥政府作用，加大政府在“数字乡村”建设中基础设施建设、公共服务、社会治理等领域的支持力度。整合面向农业农村的信息化建设项目，加大中央财政资金和基建投资投入力度，完善项目补贴、以奖代补、贷款贴息、融资担保、政策性保险等多种资金支持方式，推进相关应用项目建设和技术研发产业化。结合各地实际，研究出台“数字乡村”建设用地、用水、用电的支持政策。拓宽投融资渠道，创新项目建设和运营模式，探索PPP项目、政府购买服务等方式，逐步建立以政府投资为引导、企业投资为主体、金融机构积极支持、民间资本广泛参与的“数字乡村”建设投融资模式。引导设立创投扶持基金，支持各类人才利用现代信息技术和互联网平台在农业农村领域创业创新。慎重稳妥推进农村承包土地的经营权和农民住房财产权抵押贷款试点，推动金融机构依法合规创新股权众筹融资、融资租赁、供应链金融等业务。

（三）强化科技创新

制定“数字乡村”技术研发计划，加强对农业农村信息化前沿技术、核心技术和关键技术的统一研发布局和科技攻关力度，加强对国内外相关理论和技术的跟踪研究，提升原

始创新、集成创新和引进消化吸收再创新能力，逐步实现重点领域的自主、安全、可控，强化对“数字乡村”建设的技术支撑。构建以企业为主导、政产学研用紧密结合的科技创新体系，壮大农业农村信息技术学科群、实验室、研发中心等建设，采取政产学研用相结合的协同创新和基于开源社区的开放创新模式，推进跨界交叉领域的协同创新。加快农业农村信息化技术标准体系建设，统筹推进物联网、大数据、电子商务、信息服务等技术标准和管理规范的制定，充分发挥标准化在促进“数字乡村”各领域资源整合和集成应用中的作用。建立完善技术转化、推广、服务体系，研发推广一批性能稳定、操作简单、价格低廉、维护方便的适用信息技术产品和集成解决方案。

（四）建立人才队伍

加快培育农业农村信息化领域的领军人才和创新团队，建立高端技术人才、管理人才队伍和跨学科、跨领域的复合型人才队伍。推进企业和科研机构联合建设一批农业农村信息化技术人才实训基地、研发机构和实验中心，推进产教融合。创新人才评价机制，完善农业农村信息化领域科研成果、知识产权归属、利益分配机制，鼓励科研人员创业创新。充分利用农村职业教育、新型职业农民培育、农业农村实用人才培训等教育培训资源，加大农业农村信息化培训力度。创新培训机制，拓宽培训渠道，对于符合政府培训方向和培训要求的，采取购买培训服务的方式，支持相关企业、科研单位向农民提供农业农村信息化培训，制作一批培训教材和影视资料，通过网络和农村信息、文化服务站点广泛宣传。

（五）加强网络安全

建立各层级“数字乡村”网络安全保障机制，加强网络安全防护能力、态势感知能力和应急处置能力建设，基本形成基础网络、重要网站和信息系统、重要控制设备的网络安全管理体系，农业农村网络安全态势总体可控。建立关键信息基础设施目录体系，重点加强关键信息基础设施网络安全。严格落实网络安全等级保护制度，组建农业农村网络安全测评中心，提高农业农村网络安全检测评估技术能力，建立信息系统全生命周期的网络安全监管机制。建立“数字乡村”网络安全应急预案和风险评估机制，及时预判风险因素，组织应急演练，防范化解网络安全潜在威胁。成立各层级网络安全应急处理团队，切实提高网络安全应急处置能力。完善农业农村大数据安全风险评估机制，严格规范网络数据的收集、存储、使用和销毁等行为，加强数据防攻击、防泄露、防窃取等安全防护技术手段建设，构建大数据安全保障技术体系。

（文章来源：《农业部管理干部学院学报》）

第二十四章 24

加快农业信息技术创新 支撑数字农业农村发展

中国工程院院士、国家农业信息化工程技术研究中心主任 赵春江

进入新时代，信息化已经成为引领创新和驱动转型的先导力量，世界主要国家都在加紧对农业农村信息化布局，抢占未来竞争制高点。加快推进农业信息技术研究与应用，推动信息技术与农业农村全面深度融合，是实施农业农村数字化战略的重要支撑，对提高我国的农业农村现代化水平，实现乡村全面振兴具有重大意义。

回顾美国、欧洲、日本、韩国等发达国家农业信息技术的发展，大致经历了四个阶段。第一阶段是20世纪50—60年代开展的，以科学统计计算为主的农业计算机应用；第二阶段是20世纪70—80年代开展的数据处理、模拟模型和知识处理的研究，典型代表技术为农业专家系统；第三阶段是20世纪90年代—21世纪初以网络信息服务、3S技术（遥感技术、地理信息系统和全球定位系统）、智能控制等应用为主的全面信息化时期，典型代表技术为精准农业技术；第四阶段是2008年以来，物联网、大数据、云计算、人工智能区块链等新一代信息技术在农业领域的广泛应用，典型代表技术为农业物联网技术和农业机器人技术。世界农业发展和国内外信息技术实践经验表明，信息技术和产品已经成为重要的农业投入品，能显著提高农业资源利用率、土地产出率、劳动生产率和生产经营管理水平。

我国农业信息技术经过近30年的发展，已初步形成了包括农业大数据与云计算、农业传感器与物联网、动植物生命与环境信息感知、多尺度农业遥感信息融合、动植物生长数字化模拟与设计、农产品质量安全无损检测、农业飞行器智能控制与信息获取、农业机器人智能识别与控制、农业精准作业技术与装备、全自动智能化动植物工厂等技术的智能化农业技术体系。但与美国、日本、欧盟等发达国家或地区相比，在技术创新能力、产业化水平和体制机制等方面均存在较大差距。一是核心关键技术多处于跟踪阶段。根据科技部《“十三五”数字农业领域国内外技术竞争综合研究报告》，绝大多数的智能农业关键技术处于跟踪阶段，总体发展水平与国际领先水平平均相差12年。二是与产业结合的深度不够。相较于发达国家相关技术已进入了产业化阶段而言，我国各项关键技术的主要集中在实验室、中试阶段，信息技术没有作为本质要素真正参与到农业生产、管理、经营、服务各个环节中。三是技术的集成度不够。技术和装备之间缺乏有机集成、难以充分衔接，“感知 - 传输 - 控制”的“闭环”没有完全建立，基于信息和知识的级联放大效能远远没有发挥出来。

面向世界农业信息技术发展前沿，面向国内现代农业发展的重大需求，当前和今后一段时期，农业信息技术的发展应以提高农业劳动生产率、资源利用率和土地产出率，促进农业发展方式转变为目标，加强人工智能技术与农业领域融合发展的基础理论突破、关键技术研究、重大产品创制、标准规范制定和典型应用示范，建立以“信息感知、定量决

策、智能控制、精准投入、个性服务”为特征的农业智能生产技术体系、农业知识智能服务体系和智能农业产业体系，支撑农业生产经营方式实现“电脑替代人脑”“机器替代人力”“自主可控替代技术进口”三个转变，全面推进我国农业农村现代化进程。一是智能农业关键技术研发。针对农业“非结构化复杂农田作业环境与作业对象的生物特性”等特点，研究智能农业总体技术、理论方法、核心技术和软硬件工具，构建智能农业应用的理论方法和技术架构体系。二是智能农业重大产品创制。面向现代农业产业发展和智能农业产业培育，创制并熟化一批农业智能感知、智能控制、自主作业、智能服务等智能农业重大技术产品，培育形成产业链条完整、产业集群度高的智能农业产业。三是智能农业技术集成应用。面向智能农业生产价值链，全面推进人工智能技术与农业深度跨界融合，建立高可控智能化植物工厂、智能农场、智能牧场、智能渔场、智能果园、农业装备智能工厂、农产品加工智能车间和农产品绿色智能供应链等技术集成和应用模式，构建高效能、高效率、高效益的全新生产方式。四是农业知识智能服务工程。重点面向农村地区农民和新型农业经营主体精准化、个性化主动服务的重大需求，构建面向农业生产、农民生活、农村生态、农村商务和基层政务等应用领域全过程、全环节的农业知识智能服务平台，提供高效便捷、简明直观、双向互动、视听结合的农业知识主动服务。

展望未来，前景可期。在农业信息技术强有力的支撑下，我国农业将在2025年经历科技转型；到2035年，农业生产将全面实现数字化；到2050年，农业信息将渗透到农业全过程、全要素、全系统中，全面实现智慧化。

（文章来源：《农民日报》）

第二十五章

力推数字技术与农业农村的深度融合

中国工程院院士、中国农业大学　汪懋华
长江学者、中国农业大学　李道亮

农业农村部、中央网信办正式发布《数字农业农村发展规划（2019—2025年）》（以下简称《规划》），《规划》的实施必将开启我国数字农业农村建设的新篇章，有效促进农业生产精准化、农业经营网络化、乡村治理数字化。

第一，大力推进农业生产精准化。从世界发达国家农业现代化进程看，都先后经历了从机械化到数字化再到智能化的发展过程。农业农村部一直高度重视农业生产数字化与精准化，从2014年起，在黑龙江、北京、江苏3个省（市）分别开展了大田种植、设施园艺、畜禽水产养殖国家物联网应用示范工程，随后又在安徽、上海、天津等9个省（市）开展了农业物联网区域试验示范工程。在全国建设了13个数字农业试点县，持续推进了“畜禽规模养殖信息云平台”和“数字奶业信息服务云平台”建设，建设了一批数字渔业岸台基站，全面实施渔船动态监控管理系统。经过近十年的发展，农业生产信息化取得了明显进步，但是总体上看，我国农业数字化发展基础还比较薄弱，数字资源分散，“天空地”一体化数据获取能力较弱、覆盖率低，生产信息化、精准化水平与发达国家有很大的差距。

为此，《规划》提出，要推进种植业信息化，加快发展数字农情，加快建设农业病虫害测报监测网络和数字植保防御体系，建设数字田园，推动智能感知、智能分析、智能控制技术与装备在大田种植和设施园艺上的集成应用，推进种植业生产经营智能管理；要推进畜牧业智能化，推进畜禽圈舍通风温控、空气过滤、环境感知等设备智能化改造，集成应用电子识别、精准上料、畜禽粪污处理等数字化设备；要推进渔业智慧化，推进水体环境实时监控、饵料精准投喂、病害监测预警、循环水装备控制、网箱自动升降控制、无人机巡航等数字技术装备普及应用，发展数字渔场；要推进种业数字化，建立信息抓取、多维度分析、智能评价模型，开展涵盖科研、生产、经营等种业全链条的智能数据挖掘和分析，建设智能服务平台。

第二，大力推进农业经营网络化。通过网络化，将分散的农民组织起来，开展标准化生产、网络化经营是未来一段时期我国农业农村发展的必然趋势。2018年，全国农村电商超过980万家，累计建设县级电子商务服务中心和县级物流配送中心1000多个，乡村服务站8万多个，快递网点已覆盖乡镇超过3万个，全国快递网点乡镇覆盖率达96.36%，全国农产品网络零售额达2305亿元，全国农村网络零售额达1.37万亿元，创新发展的势头明显。但也存在社会信用体系不健全、农村物流体系不发达、生鲜农产品质量得不到有效保障等问题。

为此，《规划》提出，要大力提倡新业态多元化，鼓励发展众筹农业、定制农业等基于互联网的新业态，深化电子商务进农村综合示范，实施“互联网+”农产品出村进城工程，推动人工智能、大数据赋能农村实体店，全面打通农产品线上线下营销通道；推进质量管控全程化，引导生产经营主体对上市销售的农产品加设品名产地、商标品牌、质量认证等标识。

第三，大力推进乡村治理数字化。近年来，农业农村部会同有关部门大力推动乡村治理数字化建设，如大力推进“阳光村务工程”，推动村务、财务网上公开，打通政府密切联系群众的“最后一公里”。2018年，利用专用财务软件处理财会业务的村共38.8万个，占总村数的66%。实施了信息进村入户工程，在全国建成了27.27万个益农信息社。但乡村数字治理基础设施还很薄弱，治理水平还偏低。

为此，《规划》提出，要建设数字农业农村服务体系，深入实施信息进村入户工程，普遍建立农村社区网上服务站点，加快建设益农信息社，汇集社会服务管理大数据。要建立农村人居环境智能监测体系，结合人居环境整治提升行动，开展摸底调查、定期监测，汇聚相关数据资源，建立农村人居环境数据库。建设乡村数字治理体系，推动“互联网+社区”向农村延伸，提高村级综合服务信息化水平，逐步实现信息发布、民情收集、议事协商、公共服务等村级事务网上运行。

（文章来源：农业农村部官网）

实践探索篇

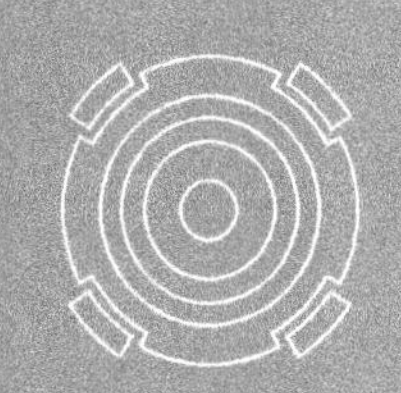

第二十六章 实践探索 26

一、深入推进信息进村入户工程

农业农村部办公厅印发了《关于做好2018年信息进村入户工程整省推进示范工作的通知》，进一步扩大整省推进示范范围，在自愿申报、竞争性遴选的基础上，新增天津、河北、福建、山东、湖南、广东、广西、云南等8省（市）开展整省推进示范。加强督导调研，重点督查2017年信息进村入户整省推进示范省，及时了解推进情况，确保各项建设要求和规范落实到位。截至2018年年底，全国共建成运营益农信息社27.2万个，提供公益服务9579万人次，开展便民服务3.14亿人次，实现电子商务交易额244亿元。2018年11月15—18日，在全国新农民新技术创业创新博览会上，农业农村部组织展示了信息进村入户推进成效，举办了全国信息进村入户工程推进经验交流，部分省、县及运营企业代表交流了做法和经验，还发布了100个信息进村入户村级信息员典型案例。

二、加快推进农业电子商务发展

农业农村部积极贯彻落实国务院常务会议部署，在深入四川省凉山州、甘肃省陇南市等贫困地区开展专题调研的基础上，组织起草实施"互联网+"农产品出村工程的指导意见和实施方案，推动"互联网+"农产品出村工程加快落地，有效解决农产品出村瓶颈，促进贫困地区农产品网络销售。农业农村部组织大型电商企业举办丰收购物节，开展了为期近1个月的农产品促销、农资促销、网络直播以及各类线下庆丰收活动，直接带动贫困地区在内的农村优质特色农产品上网销售额超过200亿元。农业农村部推动电商企业开设扶贫频道，组织电商企业参与全国贫困地区农产品产销对接行动，在北京、甘肃、新疆等地面向全国和贫困地区集中采购农产品。2018年11月15—16日，农业农村部在江苏省南京市召开全国农业农村电子商务工作会议，全面推进农业农村电子商务工作。

三、加快推进数字农业农村建设

农业农村部继续推动农业物联网区域试验示范，加快建设农业物联网平台，研究起草了《全国农业物联网数据共享平台数据资源共享管理办法》，推动与天津、上海、安徽、吉林、江苏等5省（市）农业物联网区域试验试点地区及部分农业物联网基地的数据对接。农业农村部组织物联网行业相关专家，研究制定农业物联网应用软件征集标准草案，同时开展农业物联网硬件软件接口标准研究工作。

四、深入开展农民手机应用技能培训

2018年，农业农村部继续将农民手机应用技能培训作为为农民办的一项实事，多次组织相关事业单位，就举办手机培训周活动、开展助农 App 榜样分享活动、完善手机培训线上平台、编写《手机助农营销实用手册》以及贯穿全年的培训工作进行了专门研究。农业农村部印发《农业农村部办公厅关于开展农民手机应用技能培训周活动的通知》，2018 年 7 月 23—29 日，在全国范围内开展手机培训周活动，线上线下相结合，采用农民喜闻乐见的方式，让农民通过手机轻松学习，切实提高查询信息的能力、网络营销的能力、获取服务的能力、便捷生活的能力。

五、持续推进“互联网 +”现代农业

按照《国务院关于积极推进“互联网 +”行动的指导意见》部署要求和《“互联网 +”现代农业三年行动实施方案》任务分工，农业农村部会同发展改革委、中央网信办、科技部、商务部、市场监管总局、林草局等协同推进“互联网 +”现代农业各项工作，加强农业与信息技术融合，提高农业信息化水平，引领驱动农业现代化加快发展。农业农村部向发展改革委报送了“互联网 +”行动部际联席会议成员名单和“互联网 +”行动专家咨询委员会推荐专家名单，提交了《2017 年“互联网 +”行动重点工作落实情况汇总》《2018 年“互联网 +”行动重点工作汇总》。2018 年 6 月 27 日，国务院常务会议听取了深入推进“互联网 + 农业”促进农村一二三产业融合发展情况汇报，会议强调，要加快信息技术在农业生产中的广泛应用，要实施“互联网 +”农产品出村工程，要鼓励社会力量运用互联网发展各种亲农惠农新业态、新模式，满足“三农”发展多样化需求。

六、夯实网络安全基础

农业农村部为贯彻落实《中共中央 国务院关于实施乡村振兴战略的意见》等部署要求，研究制定了《2018 年农业部网络安全与信息化工作要点》，印发了《农业部办公厅关于开展部系统网站整合工作考核验收的通知》，对各单位网站整合工作进行考核验收。2018 年 5 月 22—25 日，农业农村部在广州湛江组织召开了农业网络安全和信息化培训班，来自各省农业部门、部机关司局、直属事业单位网络安全和信息化有关负责同志参加了培训。农业农村部印发了《农业部办公厅关于做好 2018 年“两会”期间网络安全工作的通知》《农业农村部办公厅关于做好上合峰会期间网络安全工作的通知》，进一步保障“两会”和上合峰会期间网络安全保障和应急工作。农业农村部组织各单位开展信息系统等级保护备案有关工作，印发了《农业部办公厅关于办理信息系统等级保护备案有关工作的通知》。农业农村部制定并印发了《农业农村部办公厅关于开展 2018 年网络安全检查的通知》，认真组织农业农村部各单位开展网络安全检查，切实落实了安全责任，深入分析了安全风险，系统评估了安全状况，全面排查了安全隐患。2018 年 9 月 24—30 日，农业农村部开展了网络安全宣传周系列活动，开展了“我国网络安全面临的形势和对策”的专题讲座，印制发放了《网络安全法及关键信息基础设施安全保护条例宣传册》等材料，提高了干部职工网络安全意识和防护技能。

七、加强经验总结和宣传

2018 年，农业农村部组织编撰《中国农业百科全书 · 农业信息化卷》。2018 年 4 月，农业农村部参加首届数字中国建设峰会，发布农业农村信息化发展趋势及有关政策，同期

信息进村入户整省推进示范建设成果参加首届数字中国建设成果展。2018 年 11 月 15—18 日，农业农村部会同中央网信办、江苏省人民政府共同举办了全国新农民新技术创业创新博览会，期间组织开展了农业农村信息化系列活动，同期组织了农业农村信息化展馆，展览面积 1.2 万平方米，展示内容涉及智慧农业、数字乡村、都市现代农业等内容，共 36 个展区，其中包括 1 个农业农村信息化展区、22 个省级展区、12 个企业展区和 1 个苹果大数据联合展区，展示新农民、新技术、新模式等发展成就。

大事记篇

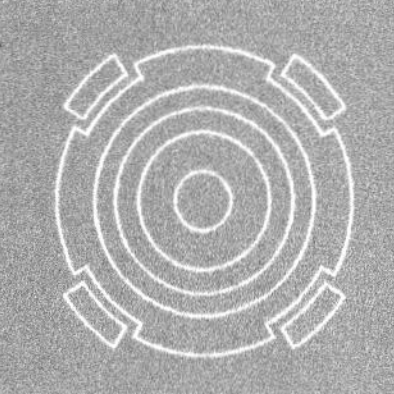

第二十七章 大事记

27

一、首颗农业高分观测卫星成功发射，精准支持数字农业发展

2018 年 6 月 2 日，高分六号卫星成功发射，这是我国第一颗搭载了能有效辨别作物类型的高空间分辨率遥感卫星，将与在轨的高分一号卫星组网运行，大幅提高农业对地监测能力，加速推进“天空地”数字农业管理系统和数字乡村建设，为乡村振兴战略实施提供精准的数据支撑。高分六号卫星具有精、宽、高的功能特点，适应了农业监测时效性和准确性高、覆盖范围广的要求，可以称为“中国农业一号卫星”。

二、国务院常务会议聚焦“互联网 + 农业”，持续推进农业信息化发展

2018 年 6 月 27 日，国务院常务会议听取了深入推进“互联网 + 农业”促进农村一二三产业融合发展情况汇报。会议指出，按照党中央、国务院部署，深入实施乡村振兴战略，更大发挥市场作用，依托“互联网 +”发展各种专业化社会服务，促进农业生产管理更加精准高效，使亿万小农户与瞬息万变的大市场更好对接，对推动农业提质增效、拓宽农民新型就业和增收渠道意义重大。

三、中央政治局第九次集体学习，强调推动我国新一代人工智能健康发展

2018 年 10 月 31 日，中共中央政治局就人工智能发展现状和趋势举行第九次集体学习。中共中央总书记习近平在主持学习时强调，人工智能是新一轮科技革命和产业变革的重要驱动力量，加快发展新一代人工智能是事关我国能否抓住新一轮科技革命和产业变革机遇的战略问题。要深刻认识加快发展新一代人工智能的重大意义，加强领导，做好规划，明确任务，夯实基础，促进其同经济社会发展深度融合，推动我国新一代人工智能健康发展。

四、数字乡村发展论坛提出加快建设数字乡村，引领乡村振兴

2018 年 11 月 15 日，由中央网信办、农业农村部等主办的数字乡村发展论坛在江苏南京举办。会议指出，当前和今后一个时期要从以下三个方面着力，扎实推进数字乡村战略实施。

一是瞄准农业农村现代化主攻方向，大力发展数字农业，推动农业农村数字化转型。

二是夯实数字中国基础，加快建设数字乡村，运用数字化技术不断提升农村自身发展能力。

三是坚持以人民为中心的思想，大力提升农民数字化生活水平，让广大农民群众分享信息化发展成果。

五、农业农村部首次开展农业信息化发展延伸绩效考核

2018年，农业农村部首次在天津、河北、辽宁、吉林、黑龙江、江苏、浙江、福建、江西、山东、河南、湖南、广东、广西、重庆、四川、贵州、云南等18省（市）开展农业信息化发展延伸绩效管理试点工作，重点对农业农村部门重视程度和信息进村入户工程、农业生产智能化应用、农业农村电子商务推进、农民手机应用技能培训、农业农村大数据应用等重点工作推进落实情况进行考核。18个试点省（市）高度重视农业信息化工作，以延伸绩效考核为抓手，不断强化机构队伍和资金保障，优化发展环境，推动农业生产、管理、经营、服务各环节信息化取得明显进展。

六、中央一号文件明确要求深入推进“互联网＋农业”发展

2019年2月，《中共中央 国务院关于坚持农业农村优先发展做好“三农”工作的若干意见》发布，这是新世纪以来第16个聚焦“三农”的一号文件。文件提出实施数字乡村战略，深入推进“互联网＋农业”，扩大农业物联网示范应用。推进重要农产品全产业链大数据建设，加强国家数字农业农村系统建设。继续开展电子商务进农村综合示范，实施“互联网＋”农产品出村进城工程。全面推进信息进村入户，依托“互联网＋”推动公共服务向农村延伸。

七、《数字乡村发展战略纲要》开启城乡融合发展和现代化建设新局面

2019年5月，中共中央办公厅、国务院办公厅印发《数字乡村发展战略纲要》，明确分四个阶段实施数字乡村战略，部署加快乡村信息基础设施建设、发展农村数字经济、建设智慧绿色乡村等十项重点任务。通过“填鸿沟”“补短板”“促融合”等一系列措施，充分挖掘信息化在乡村振兴中的巨大潜力，让信息技术连接“三农”，为农业全面升级、农村全面进步、农民全面发展提供新动能。

八、农业农村部深入推进全国农民手机应用技能培训工作

2019年8月23日，为深入推进2019年度全国农民手机应用技能培训工作，在第二届“中国农民丰收节”即将到来之际，农业农村部和中国农民丰收节组织指导委员会主办的2019“庆丰收消费季”和农民手机应用技能培训启动仪式在北京举行。举办此次启动仪式旨在倡议社会各界积极参与“庆丰收·消费季”和农民手机应用技能培训，营造强农惠农富农的节日氛围，让农民既丰产也增收，让手机成为广大农民的“新农具”，助力农产品出村进城。

九、农业农村部全面推进信息进村入户工程

农业农村部印发《关于全面推进信息进村入户工程的通知》，提出到2019年年底，中央财政已投资支持的信息进村入户工程整省推进省份，要完成益农信息社覆盖本地区80%以上行政村的建设目标，其中第一批支持的10个省份要尽快实现服务全覆盖。其他省份及新疆生产建设兵团，要加快实施信息进村入户整省推进工作。确保益农信息社覆盖全国50%以上的行政村并具备持续运营能力，优先覆盖贫困地区。到2020年年底，益农信息社

覆盖全国 80% 以上的行政村，“政府 + 运营商 + 服务商”三位一体的推进机制进一步完善，公益服务、便民服务、电子商务、培训体验服务等服务内容基本满足农民生产生活需求，各类服务在一个平台协同运行，具备可持续运营能力，基层信息服务体系基本健全，服务农业农村经济社会发展的能力大幅提升。

参考文献

[1] 中央网信办信息化发展局，农业农村部市场与信息化司．中国数字乡村发展报告（2019）[R/OL].（2019-11-15）. http ：//www. moa. gov. cn/xw/bmdt/201911/t20191119_6332027. html.

[2] 陈钦源．农机智能化和智慧农业应用的发展趋势探讨 [J]. 南方农机，2019，50（13）：62.

[3] 农业行业观察．落后国外 20 年中国智慧农业要如何反思 [J]. 农家之友，2019（07）：24-27.

[4] 高伟．我国智慧农业发展对策思考 [J]. 南方农业，2019，13（15）：121-123.

[5] 佚名．我国智慧农业发展规模前景趋势分析 [J]. 新农业，2019（04）：15.

[6] 刘澎．发轫智慧农业，红四方剑指行业破局新方向 ![J]. 营销界（农贸与市场），2019（01）：74-75.

[7] 农博网．智慧农业九大发展趋势分析：可视化将成为智慧农业发展所趋 [J]. 现代畜牧兽医，2018（12）：61-62.

[8] 张敬斐，吴群仙，赵应苟．我国智慧农业发展态势、面临的挑战及对策研究 [J]. 江西农业，2018（22）：61.

[9] 李晓兵，唐平，吴健．智慧农业的内涵及其发展存在的问题 [J]. 现代农业科技，2018（20）：266-270.

[10] 佚名．他山之石：国外智慧农业借鉴 [J]. 中国农村科技，2018（01）：47-48.

[11] 佚名．国外的“智慧农业”将为我国现代农业发展提供哪些借鉴 ?[J]. 饲料与畜牧（新饲料），2016（11）：47.

[12] 王海宏，周卫红，李建龙，等．我国智慧农业研究的现状·问题与发展趋势 [J]. 安徽农业科学，2016，44（17）：279-282.

[13] 中国农业科学院农业信息研究所，中国农业机械化科学研究院，中国农业工程学会，等．2013 中国（国际）精准农业与高效利用高峰论坛（PAS2013）论文集 [C]. 上海，2013.

[14] 中国智慧农业网．未来农业发展的五大方向（EB/OL）.（2019-8-30）. http ：//www. chinacwa. com/511. html.

[15] 陈定洋．智慧农业：我国农业现代化的发展趋势 [J]. 农业工程技术，2016，36（15）：56-58.

[16] 启迪农科．中国智慧农业发展存在的问题及对策（EB/OL）.（2019-8-3）. http ：//www. sohu. com/a/331287227_100086201.

[17] 赵春江．智慧农业发展现状及战略目标研究 [J]. 智慧农业，2019，1（1）：1-7.

[18] 高瑞霞，游斌强，易亚运．智慧农业：让美丽乡村振兴腾飞 [J]. 中国合作经济，2018（06）：27-28.

[19] 周斌．我国智慧农业的发展现状、问题及战略对策 [J]. 农业经济，2018（01）：6-8.

[20] 汪开英，苗香雯，崔绍荣，等．猪舍环境温湿度对育成猪的生理及生产指标的影响 [J]. 农业工程学报，2002（01）：99-102.

[21] 滕光辉．畜禽设施精细养殖中信息感知与环境调控综述 [J]. 智慧农业，2019，1（03）：1-12.

[22] 王纪华，郑文刚，张石锐，等．畜舍恶臭气体监测系统及方法：201110431587. 8[P]. 2012-07-04.

[23] 董大明，郑文刚，赵贤德，等．禽舍硫化氢气体浓度检测系统及方法：201110209434. 9[P]. 2011-12-07.

[24] 娇雷子，董大明，鲍锋，等．一种气体浓度场测量方法和装置：201711047199. 3[P]. 2018-06-12.

[25] 董大明，郑文刚，赵贤德，等．畜舍内甲烷分布的测量系统及测量方法：201310512690. 4[P]. 2014-01-22.

[26] 王朝元，李宗洋，施正香，等．一种颗粒物浓度在线监测设备：201822070764. 4[P]. 2019-08-30.

[27] 宗超，曹孟冰，滕光辉，等．畜禽舍颗粒物浓度监测设备：201910688267. 7[P]. 2019-11-08.

[28] 王朝元，计博禹，施正香，等．一种畜禽舍空气环境质量检测系统及其使用方法：201610274762. X[P]. 2016-07-06.

[29] 李道亮，杨昊 . 农业物联网技术研究进展与发展趋势分析 [J]. 农业机械学报，2018，49（01）：1-20.
[30] 许世卫 . 畜牧业信息监测与大数据分析技术及展望 [J]. 兽医导刊，2019，（15）：6-7.
[31] 熊本海，杨亮，郑姗姗 . 我国畜牧业信息化与智能装备技术应用研究进展 [J]. 中国农业信息，2018，30（01）：17-34.
[32] 孟超英，张雪彬，陈红茜，等 . 基于 Hadoop 的蛋鸡设施养殖智能监测管理系统研究 [J]. 农业机械学报，2018，49（09）：166-175.
[33] 杜晓冬，滕光辉，王朝元，等 . 基于声谱图纹理特征的蛋鸡发声分类识别 [J]. 农业机械学报，2019，50（09）：215-220.
[34] 邓秀新 . 中国水果产业供给侧改革与发展趋势 [J]. 现代农业装备，2018（4）：13-16.
[35] 董朝菊，张放，吴涛，等 . 大数据在中国果业发展中的应用现状与前景展望 [J]. 中国果业信息，2016（7）：1-8.
[36] 刘晖，李兆雄，詹杰，等 . 基于无人机的果园冠层图像采集装置设计 [J]. 农业技术与装备 . 2018，346（10）：80-81.
[37] 农业农村部科技教育司 . 世界农业科技前沿 [M]. 北京：中国农业出版社，2018.
[38] 申格，吴文斌，史云，等 . 我国智慧农业研究和应用最新进展分析 [J]. 中国农业信息，2018，30（2）：1-14.
[39] 赵春江，杨信廷，李斌，等 . 中国农业信息技术发展回顾及展望 [J]. 农学学报，2018，83（01）：178-184.
[40] 周国民，丘耘，樊景超，等 . 数字果园研究进展与发展方向 [J]. 中国农业信息，2018，30（1）：10-16.
[41] 周国民 . 数字果园研究现状与应用前景展望 [J]. 农业展望，2015（5）：61-63.
[42] 周国民 . 我国数字果园的研究与发展 [J]. 农业网络信息，2012（1）：10-12.
[43] 徐小琪，李燕凌 . 我国农业信息化发展及主要推动因素分析 [J]. 江西社会科学，2019，39（04）：195-200.
[44] 张成红 . 农业信息化的科学计量及发展对策研究 [D]. 重庆：重庆师范大学，2018.
[45] 罗骏，杨杰 . 现代农业体系中的信息化发展探析 [J]. 中国集体经济，2018（11）：3-4.
[46] 梁帅 . 论现代农业信息化发展战略 [J]. 现代经济信息，2017（21）：331.
[47] 郭宇，曾志康，兰宗宝，等 . 广西家庭农场信息化建设现状与应用模式研究 [J]. 农业网络信息，2017，255（09）：77-82.
[48] 杨璐璐，危薇 . 农村土地规模经营的智慧农业信息化建设 [J]. 国土资源科技管理，2017，34（01）：48-56.
[49] “互联网 +”南疆特色农业、合作共赢发展——第二届南疆农业信息化发展论坛召开 [J]. 塔里木大学学报，2016，28（01）：F0002.
[50] 章建新 . 浙江省农业集约化与信息化协调发展的现状与路径 [J]. 特区经济，2012（10）：48-50.
[51] 张新华，唐志，杨雪雁 . 农业合作经济组织信息化模式探究 [J]. 浙江林学院学报，2004（04）：442-445.
[52] 张小栓 . 试论农业合作金融信息化瓶颈及对策 [J]. 中国农村金融，1999（11）：7-8.